成本管理會計

（第四版）

主　編　胡國強、陳春艷
副主編　馬英華、劉永東

第四版前言

隨著高等教育規模的擴張,教育質量潛在的憂患不言而喻,為此,教育主管部門及各大高等院校及時採取了各種有效措施,以保證教育質量的穩定與提高。

本書第四版有兩大變化:其一,更注重本書的適應性和應用性,並且吸收實務界專家加入編寫團隊;其二,在體系上作了較大的變動,把作業成本作為單獨的一章,將成本預測和決策合為一章,增加了成本審計內容。本著實用與創新的原則,本版內容結構共包括9章:第1章是導論,第2、第3、第4、第5章是成本核算,第6章是成本報表與成本分析,第7章是成本預測與決策,第8章是成本計劃與控制,第9章是成本考核與審計。為了滿足學生學習、教師教學的需要,每一章都有相應的學習目標、關鍵術語、思考題和練習題。另外本版作者還編寫了配套的學習指導並做了詳細的教學課件。本套教材內容體系能夠滿足高校成本管理會計課程建設與教學的需要,具有廣泛的適用性。

本版的作者是長期工作在成本會計和管理會計教學一線的專業教師,具有多年的教學經驗,累積了豐碩的教學經驗和科研成果,在共同討論、反覆研究的基礎上設計了全書的內容綱要。本版作者在寫作過程中大量翻閱了中外各種版本的成本會計、管理會計和成本管理會計教材,取長補短、去粗取精,精心組織了各章節的內容。同時,教材內容也吸收了作者與理論界成熟的科研成果,進一步豐富和完善了成本管理會計的教學內容體系。

書中疏漏之處,敬請廣大讀者批評、指正。

編者

目 錄

第一章 導論 (1)
第一節 成本 (1)
一、經濟學的成本觀 (1)
二、管理學的成本觀 (2)
三、會計學的成本觀 (2)
四、成本的分類 (6)
五、成本的作用 (10)
第二節 成本管理 (11)
一、成本管理的發展歷程 (11)
二、成本管理的含義 (14)
第三節 成本管理會計 (15)
一、成本管理會計系統的目標 (15)
二、成本管理會計系統的結構 (15)
三、成本管理會計系統的功能 (16)
四、成本管理會計系統的特徵 (17)
五、成本管理會計系統的組織和規範 (18)
本章思考題 (18)
本章練習題 (19)
本章參考文獻 (19)

第二章 成本核算的基本原理 (20)
第一節 成本核算的基本要求、程序及帳戶設置 (20)
一、成本核算的基本要求 (20)
二、成本核算的程序 (22)
三、成本核算的帳戶設置 (24)
第二節 要素費用的歸集和分配概述 (26)
一、要素費用含義和種類 (26)
二、要素費用的歸集 (27)
三、要素費用的分配 (27)
第三節 材料費用的歸集和分配 (28)
一、材料費用的歸集 (28)
二、直接材料費用的分配 (28)

目 錄

第四節　外購動力費用的歸集和分配 …………………… (31)
　　一、外購動力費用的歸集 ……………………………… (31)
　　二、外購動力費用的分配 ……………………………… (31)
第五節　薪酬費用的歸集和分配 ………………………… (33)
　　一、薪酬費用核算的內容 ……………………………… (33)
　　二、薪酬費用核算的原始記錄 ………………………… (34)
　　三、薪酬費用的歸集 …………………………………… (35)
　　四、薪酬費用的分配 …………………………………… (35)
第六節　輔助生產費用的歸集和分配 …………………… (37)
　　一、輔助生產費用歸集 ………………………………… (37)
　　二、輔助生產費用的分配 ……………………………… (39)
第七節　製造費用的歸集和分配 ………………………… (47)
　　一、製造費用的歸集 …………………………………… (47)
　　二、製造費用的分配 …………………………………… (48)
第八節　生產費用在完工產品與在產品之間的歸集和分配
　　………………………………………………………… (51)
　　一、在產品數量的確定 ………………………………… (51)
　　二、生產費用在完工產品和在產品之間的分配 ……… (53)
本章思考題 …………………………………………………… (64)
本章練習題 …………………………………………………… (64)
本章參考文獻 ………………………………………………… (71)

第三章　產品成本核算的基本方法 …………………………… (72)
　第一節　產品成本核算方法概述 ………………………… (72)
　　一、產品成本計算方法的選擇 ………………………… (72)
　　二、產品成本計算方法的種類 ………………………… (75)
　第二節　產品成本計算品種法 …………………………… (78)
　　一、品種法的特點及適用範圍 ………………………… (78)
　　二、品種法的成本計算程序 …………………………… (78)
　　三、品種法舉例 ………………………………………… (79)
　第三節　產品成本計算分批法 …………………………… (85)
　　一、分批法的適用範圍及特點 ………………………… (85)

目錄

　　二、分批法的計算程序 ································ (86)
　　三、簡化的分批法 ···································· (91)
第四節　逐步結轉分步法 ···································· (94)
　　一、分步法的適用範圍和基本特點 ······················ (94)
　　二、逐步結轉分步法 ·································· (95)
　　三、綜合結轉分步法 ·································· (96)
　　四、成本還原 ······································· (101)
　　五、分項結轉分步法 ································· (105)
第五節　平行結轉分步法 ··································· (108)
　　一、適用範圍和特點 ································· (108)
　　二、平行結轉分步法的基本計算程序 ··················· (108)
　　三、各步驟費用中應計入產成品成本份額的確定 ········· (109)
　　四、平行結轉分步法的優缺點 ························· (110)
　　五、逐步結轉分步法和平行結轉分步法的比較 ··········· (111)
本章思考題 ·· (116)
本章練習題 ·· (116)
本章參考文獻 ·· (129)

第四章　作業成本法 ··· (130)
　第一節　作業成本法概述 ·································· (130)
　　一、作業成本法的概念及產生背景 ····················· (130)
　　二、作業成本法的概念體系 ··························· (131)
　　三、作業成本法與傳統成本計算法的區別 ··············· (134)
　　四、作業成本法的意義 ······························· (135)
　第二節　作業成本法的基本原理 ···························· (136)
　　一、作業成本法的原理與特徵 ························· (136)
　　二、作業成本法計算程序 ····························· (137)
　第三節　作業成本法的應用 ································ (142)
　　一、作業成本法在企業的實際應用 ····················· (142)
　　二、作業成本法的應用的關鍵點 ······················· (149)
　　三、作業成本法的適用與局限性 ······················· (149)
本章思考題 ·· (151)

3

目錄

　　本章練習題 ………………………………………………… (151)
　　本章參考文獻 ……………………………………………… (152)

第五章　產品成本核算的其他方法 ………………………… (153)
　第一節　分類法 ……………………………………………… (153)
　　一、分類法的特點、計算程序和適用範圍 ……………… (153)
　　二、分類法應用 …………………………………………… (155)
　第二節　變動成本法 ………………………………………… (159)
　　一、變動成本法 …………………………………………… (159)
　　二、變動成本法與完全成本法的比較與分析 …………… (160)
　　三、變動成本法的優缺點 ………………………………… (164)
　　四、變動成本法與完全成本法的結合 …………………… (165)
　第三節　定額法 ……………………………………………… (165)
　　一、定額法的特點和適用範圍 …………………………… (165)
　　二、定額法的成本計算程序 ……………………………… (166)
　　三、定額成本的制定 ……………………………………… (166)
　　四、脫離定額差異的計算 ………………………………… (167)
　　五、定額變動差異的計算 ………………………………… (170)
　　六、材料成本差異的計算 ………………………………… (171)
　　七、完工產品與在產品成本的計算 ……………………… (171)
　　八、定額法綜合應用 ……………………………………… (172)
　本章思考題 …………………………………………………… (173)
　本章練習題 …………………………………………………… (174)
　本章參考文獻 ………………………………………………… (175)

第六章　成本報表與成本分析 ……………………………… (176)
　第一節　成本報表概述 ……………………………………… (176)
　　一、成本報表的含義 ……………………………………… (176)
　　二、成本報表的作用 ……………………………………… (176)
　　三、成本報表的編製要求 ………………………………… (177)
　　四、成本報表的種類 ……………………………………… (177)
　第二節　成本報表的編製 …………………………………… (178)

4

目 錄

  一、全部產品生產成本表的編製 ………………………… (178)
  二、主要產品單位成本表的編製 ………………………… (180)
  三、製造費用明細表的編製 ……………………………… (182)
 第三節 成本報表的分析 ……………………………………… (183)
  一、成本分析的含義 ……………………………………… (183)
  二、成本分析的意義 ……………………………………… (183)
  三、成本分析的內容 ……………………………………… (183)
  四、成本分析的方法 ……………………………………… (184)
  五、成本分析 ……………………………………………… (187)
 本章思考題 …………………………………………………… (197)
 本章練習題 …………………………………………………… (197)
 本章參考文獻 ………………………………………………… (200)

第七章 成本預測與決策 …………………………………… (201)
 第一節 成本預測 ……………………………………………… (201)
  一、成本預測概述 ………………………………………… (201)
  二、成本預測的方法 ……………………………………… (204)
  三、目標成本、定額成本、計劃成本與成本預測 ……… (210)
 第二節 成本決策 ……………………………………………… (215)
  一、成本決策概述 ………………………………………… (215)
  二、成本決策中的成本概念 ……………………………… (220)
  三、成本決策方法 ………………………………………… (221)
  四、成本決策方法的實際運用 …………………………… (224)
 本章思考題 …………………………………………………… (231)
 本章練習題 …………………………………………………… (231)
 本章參考文獻 ………………………………………………… (233)

第八章 成本計劃與控制 …………………………………… (234)
 第一節 成本計劃 ……………………………………………… (234)
  一、成本計劃概述 ………………………………………… (234)
  二、成本計劃的編製方法 ………………………………… (236)
  三、成本計劃的編製 ……………………………………… (245)

目 錄

第二節　成本控制 ………………………………………………… (252)
　一、成本控制概述 ……………………………………………… (252)
　二、成本控制方法 ……………………………………………… (255)
　三、成本控制方法的綜合運用 ………………………………… (277)
本章思考題 ………………………………………………………… (278)
本章練習題 ………………………………………………………… (279)
本章參考文獻 ……………………………………………………… (280)

第九章　成本考核與審計 ………………………………………… (281)
第一節　成本考核 ………………………………………………… (281)
　一、成本考核的內涵與意義 …………………………………… (281)
　二、成本考核的原則 …………………………………………… (282)
　三、成本考核的範圍和內容 …………………………………… (282)
　四、成本考核的指標 …………………………………………… (286)
　五、成本考核的方法與程序 …………………………………… (287)
第二節　成本審計 ………………………………………………… (290)
　一、成本審計的內涵、意義和任務 …………………………… (290)
　二、成本審計的內容 …………………………………………… (291)
　三、成本審計的方法 …………………………………………… (292)
本章思考題 ………………………………………………………… (294)
本章練習題 ………………………………………………………… (294)
本章參考文獻 ……………………………………………………… (295)

第一章 導論

【學習目標】
（1）瞭解經濟學、管理學和會計學的成本觀，以及成本管理的發展歷程；
（2）掌握成本、費用、損失、成本管理、成本管理會計的概念，以及成本的分類、作用和成本管理會計的各個構成要素；
（3）加深理解成本、費用、損失三者之間的關係，以及成本、成本管理和成本管理會計三者之間的關係。

【關鍵術語】
成本　費用　損失　成本管理　成本管理會計　成本策劃　成本核算　成本控制　業績評價

第一節　成本

一、經濟學的成本觀
（一）馬克思政治經濟學的成本觀
馬克思關於成本理論揭示了成本本質的經濟內涵。成本是商品生產中耗費的活勞動和物化勞動的貨幣表現。馬克思在《資本論》中指出：「按照資本主義方式生產的每一商品 W 的價值，用公式來表示是 W＝C+V+M。如果我們從這個產品價值中減去剩餘價值 M，那麼，在商品中剩下來的，只是一個在生產要素上耗費的資本價值 C+V 的等價物或補償價值。」由此可見，在資本主義商品生產中，用以補償資本家所消耗的生產資料價格和所使用的勞動力價格的部分，就是商品的成本價格，也是 C+V 的貨幣表現。所以，資本主義制度下的成本，是由轉移的生產資料的價值和勞動力的價格所組成。勞動者在生產中創造的剩餘價值那部分，為資本家的資本增值，轉化為利潤，不包括在成本之內。

（二）西方經濟學的成本觀
大部分《西方經濟學》教科書中對成本的定義為：「企業的生產成本通常被看成企業對所購買的生產要素的貨幣支出。然而，西方經濟學家指出，在經濟學的分析中，僅從這樣的角度來理解成本概念是不夠的。為此，他們提出了機會成本以及顯性成本和隱性成本的概念。」機會成本範疇就概括了廣義經濟成本的內涵，而顯性成本和隱性

成本之和等於經濟成本。顯性成本指的是：「廠商在生產要素市場上購買或租用他人所擁有的生產要素的實際支出。」隱性成本指的是：「廠商本身自己所擁有的且被用於該企業生產過程的那些生產要素的總價格。」機會成本指的是：「生產者所放棄的使用相同的生產要素在其他生產用途中所能提到的最高收入。」隨著社會的發展，西方經濟學家們對成本的定義不再只是圍繞在企業的生產過程所涉及的成本，而是放眼於企業與外界以及企業內部組織之間發生的費用，提出了社會成本和交易成本。所謂社會成本是指：「從整個社會的角度來考察的進行生產的代價，既包括各項私人成本，又包括各種各樣的外在成本，後者是指由於單個廠商的生產行為所引起的整個社會利益的損失。」所謂交易成本是指：「交易成本是獲得準確的市場信息所需支付的費用以及談判和經常性契約的費用。」

二、管理學的成本觀

成本在管理學中被理解為一種企業生產、技術、經營活動的綜合指標，產品產量的多少、品種的變動、質量的優劣、工時和臺時的利用、資源及能源的消耗、資金週轉的快慢等都會直接或間接地在成本中有所反應。企業管理中之所以強調成本這個手段，是因為它可以對企業各方面工作起到組織和促進的作用。「管理學所說的成本，是指成本-效益，或消耗-效益，就是在一定的消耗下獲得的效益最大，或在既定的效益下，消耗最小，這也正是企業管理所要追求的中心內容與目標。管理學成本內容的核心在於決策成本、控制成本和責任成本三大類：①決策成本，主要是企業管理當局做決策時需要考慮的成本。企業在進行生產經營活動、投資活動、融資活動時，都需要對不同的方案進行比較、選擇，然後從中選出可行的或者最優的方案來具體實施。在對不同方案進行財務比較、選擇的時候，一個共同的基礎就是看不同的方案成本的大小。這裡的成本就是決策成本。決策時需要考慮的成本很多，其核心是機會成本，機會成本選擇恰當與否，直接關係到方案的科學性與合理性。因此，在決策階段，會計人員應當提供科學的機會成本，為管理當局決策服務。②控制成本，企業的各方案確定以後，就需要各部門、各單位分工協作，相互配合來完成方案確定的任務。為了達到這個目標，管理當局需要制定各種預算指標和標準成本，通過對這些預算指標和標準成本的分解與落實，把各部門和各項任務都納入預算體系，促使各部門提高工作效率。同時，將各部門實際完成情況與預算指標、標準成本進行比較，可以發現存在的問題，並及時進行糾正，保證目標的實現。在控制階段，會計人員不僅要參與預算指標和標準成本的制定，更要利用其掌握的成本信息優勢，對生產經營活動進行全過程控制。管理會計所應用的控制成本，其核心是預算成本和標準成本。③責任成本，企業各種活動的結果既要通過其所取得的收入來反應，也要通過其所花費的成本來考核。為了有效評價各管理層的經營業績，需要對發生的各項費用進行考核。按照「誰負責，誰承擔責任」的原則來考核，其考核的依據就是各管理層的責任成本。但在對管理人員進行業績評價時，不能依據成本總額，而應依其所能控制的成本來進行。因為只有依據各自能夠控制的成本進行的評價才是恰當的，所以，責任成本的核心是可控成本。

三、會計學的成本觀

會計學的成本概念有狹義和廣義之分：狹義的成本是指財務會計範疇內的費用概

念。費用和成本是密切相關的，美國會計學會名詞委員會在成本歸屬理論（Cost Attach Theory）中提及已耗成本（Expired Cost）概念，並將已耗的歷史成本定義為費用，而未耗的歷史成本則定義為資產。在這裡，人們一般會把費用（已耗成本）理解為成本，即狹義成本的概念，人們在區分成本與費用時把成本稱為按成本對象歸集化了的費用。廣義的成本概念要比狹義的成本概念寬泛得多，20世紀20年代現代會計的分支——管理會計出現以來，成本的範疇得到了急速擴展，產品成本、項目成本、責任成本、質量成本、資本成本、機會成本、沉沒成本、變動成本、固定成本等概念層出不窮。人們已感到很難給成本一個明確的定義，成本概念是管理會計理論與方法中發展最快的概念之一。

（一）國外對會計學中成本內涵的界定

1925年，勞倫斯（W. B. Lawrence）在《勞氏成本會計》中提出，成本是「一工廠製造與推銷其產品時所發生之一切費用總數」。

1951年，美國會計學會（AAA）《成本概念與標準》的報告指出：「成本是為了實現一定目的而付出的（或可能付出的）用貨幣測定的價值犧牲。」

1956年，美國會計學會（AAA）《成本概念與標準》對成本概念修訂為：「成本通常指為了取得或創造有形或無形的財源，而有意放棄或將予放棄的一定量價值。」

1957年，美國會計師協會（AICPA）所屬名詞委員會發布的《第4號會計名詞公報》指出：「成本是指由於取得或將能取得資產或勞務而支付的現金、轉讓的其他資產、給付的股票或承諾的債務，並以貨幣衡量的數額。」

1980年，美國財務會計準則委員會（FASB）發布第3號財務會計概念公告《企業財務報表的要素》，把成本解釋為經濟活動中發生的犧牲，即為了消費、儲蓄、交換、生產等所放棄的資源。

1984年，美國加利福尼亞大學米切爾·馬赫（Michael Maher）教授在《成本會計》中寫道：「成本是資源的一種損失，是資源的一種犧牲。」

1986年，美國查爾斯·T. 霍恩格論在《高級成本管理會計》中寫道，成本是「為了達到某一特定目標所失去的或放棄的資源」。

日本大藏省頒布的《成本計算標準》中指出：「成本是指經營者為獲得一定的經營成果而消費的物質資料或勞務價值。」

此外，加拿大、英國、澳大利亞以及國際會計準則委員會（IASC）均對成本概念有過相近似的表述。

（二）中國對會計學中成本內涵的界定

1951年，婁爾行等學者認為：「成本是完成一項作為時，或者企圖完成一項作為中間，直接、間接因作為而耗費的，有形和無形的代價。」「成本——在會計意義上是生產『產品』或供給『勞務』（如蒸汽、風力等）所發生的一切支出。」

1963年，中國人民大學出版社出版的《工業會計核算》教材將成本表述為：「產品成本是指工業企業用於生產和銷售一定種類和數量的產品所耗費的全部支出……從價值方面體現著生產過程中活勞動和物化勞動的耗費。」

1988年，中國成本研究會編寫的《成本管理文集》中，有人認為：「成本是為了實現一定目的（目標）而付出的（或可能將要付出的）可用貨幣測定的價值犧牲或代價。」

1988年，曲曉輝在《廈門大學學報（哲學社會科學版）》第2期撰文《論成本觀念的廣義化》中寫道：「成本既不是犧牲的價值，也不是放棄的價值，因為它的發生必須基於一定的動機，因此，確切地說，成本是為特定目的支出的價值。」

1996年，中國會計學會核工業專業委員會課題組在《會計研究》第9期撰文《中國當代企業的成本管理問題——成本觀念需要更新》中寫道：「成本是企業為實現一定經濟目的而耗費的本錢。」即「成」者完成，實現之意；「本」者資本之本，本錢之本。

2001年，中國頒布的《企業會計制度》表述為：成本是指企業為生產產品、提供勞務而發生的各種耗費。

2006年，中國頒布的《企業會計準則——基本準則》第三十五條規定：「企業為生產產品、提供勞務等發生的可歸屬於產品成本、勞務成本等的費用，應當在確認產品銷售收入、勞務收入等時，將已銷售產品、已提供勞務的成本等計入當期損益。」可見，《企業會計準則——基本準則》並沒有給成本一個明確的定義。但在第九章會計計量中對歷史成本、重置成本、可變現淨值、現值、公允價值分別作了界定：①歷史成本是指在歷史成本計量下，資產按照購置時支付的現金或者現金等價物的金額，或者按照購置資產時所付出的對價的公允價值計量。負債按照因承擔現時義務而實際收到的款項或者資產的金額，或者承擔現時義務的合同金額，或者按照日常活動中為償還負債預期需要支付的現金或者現金等價物的金額計量。②重置成本是指在重置成本計量下，資產按照現在購買相同或者相似資產所需支付的現金或者現金等價物的金額計量。負債按照現在償付該項債務所需支付的現金或者現金等價物的金額計量。③可變現淨值是指在可變現淨值計量下，資產按照其正常對外銷售所能收到的現金或者現金等價物的金額扣減該資產至完工時估計將要發生的成本、估計的銷售費用以及相關稅費後的金額計量。④現值是指在現值計量下，資產按照預計從其持續使用和最終處置中所產生的未來淨現金流入量的折現金額計量。負債按照預計期限內需要償還的未來淨現金流出量的折現金額計量。⑤公允價值，是指市場參與者在計量日發生的有序交易中，出售一項資產所能收到或者轉移一項負債所需支付的價格。（參見2014年39號具體會計準則對2006年基本準則的定義進行的修訂）

2013年，中國頒布的《企業產品成本核算制度（試行）》表述為：產品成本，是指企業在生產產品過程中所發生的材料費用、職工薪酬等，以及不能直接計入而按一定標準分配計入的各種間接費用。

綜上所述，會計學的成本概念更強調成本的計量屬性。因此，會計學所指的成本概念必須是可計量和可用貨幣表示的。財務會計受制外部報表使用者對會計信息要求，將成本理解為企業為了獲得營業收入而發生的耗費。

（三）會計學中的成本、費用和損失

會計學中的成本、費用和損失的定義，在美國會計師協會（AICPA）1957年發布的《第4號會計師名詞公報》（Accounting Terminology Bulletin No.4）中給出了明確的規定：

（1）成本的定義。美國會計師協會（AICPA）1957年發布的《第4號會計師名詞公報》把成本定義為：「成本是指為獲取財貨或勞務而支付的現金或轉移其他資產、發行股票、提供勞務，或發生負債，而以貨幣衡量的數額。成本可以分為未耗

（Unexpired）與已耗（Expired）。未耗成本可由未來的收入負擔，例如存貨、預付費用、廠房、投資、遞延費用等屬之；已耗成本不能由未來的收入負擔，故應列為當期收入的減項，或借記保留盈餘，例如出售產品或其他資產的成本及當期費用屬之。」根據以上定義可知，成本是為獲取財貨或勞務而支付的現金或其等價物，也就是說，成本為獲得某種利益之支出，如購房屋，是為了獲得其使用利益之支出，屬於成本；雇用勞務，是為了取得其服務之支出，也屬於成本，至於支出形式可以為現金，也可為其他等價物，所獲利益可以為有形資產或無形勞務，每一種支出如果是為了獲得某種利益都代表一項成本。成本的未耗和已耗之分在於：未耗成本指支出換取的利益在沒有實際耗用以前是一種資產，如存貨、廠房等，它是為了獲得未來收入的一種經濟資源；已耗成本指支出換取之利益已經耗用，如出售產品的成本，它是為了獲得當期收入所支付的代價，所以，要與收入密切配合，不得遞延。

（2）費用的定義。美國會計師協會（AICPA）1957年發布的《第4號會計師名詞公報》把費用定義為：「最廣義的費用，是指可由收入中減除的一切已耗成本。在損益表中，已耗成本常有各種不同的名稱，包括成本、費用或損失，例如銷貨成本、銷售費用、銷售費用及出售資產損失。」根據以上定義，費用有廣義、狹義之分，廣義的費用包括損失在內，狹義的費用不包括損失。企業的一切支出，最後不一定都能獲得收益，如果成本消耗後不能獲得收益，則支出變成了損失；如能獲得收益，則為費用。所以，費用是為產生收益而喪失的成本。

（3）損失的定義。美國會計師協會（AICPA）1957年發布的《第4號會計師名詞公報》把損失定義為：「損失是指：其一，就廣義而言，為某期間所有費用超過收入的數額，其二，當資產出售、廢棄或因意外災害或衝銷而致全部或局部毀損時，其成本超過相關收入的部分。若損失的發生是因上述第二種情況時，應列為收入的減項，因其屬於廣義的費用。」

根據以上定義，損失是無補償的已耗成本。它分為兩種：一種是費用超過收入的部分，另一種是對收入沒有貢獻的部分。

（4）成本、費用、損失三者之間的關係通過上述對美國會計師協會（AICPA）1957年發布的《第4號會計師名詞公報》成本、費用和損失的理解，三者之間的關係如圖1-1所示：

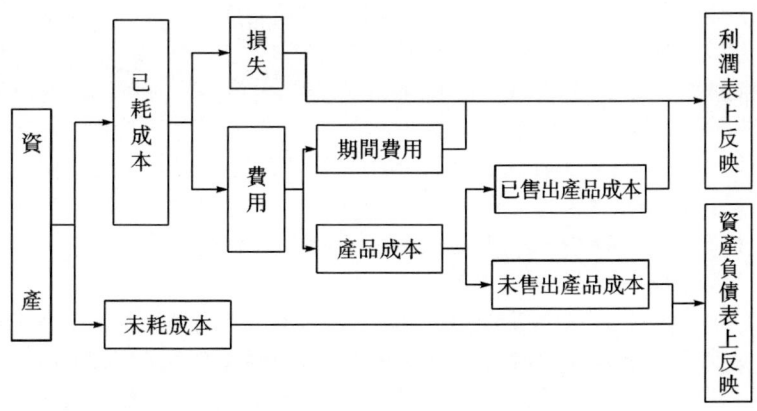

圖1-1　會計學中成本、費用、損失三者之間關係圖

圖1-1中包含了以下幾層意思：第一，把企業的資產分成兩個方面的成本，即已耗成本和未耗成本；第二，未耗成本指支出換取的利益在沒有實際耗用以前是以資產的形態存在，在當期資產負債表上反應；第三，已耗成本指支出換取之利益已經耗用，如果無補償的或無貢獻的歸為損失，在利潤表中反應，如果有補償的或有貢獻的歸為費用；第四，歸為費用的已耗成本，如果能夠「對象化」則構成當期產品成本，如果不能夠「對象化」則構成期間費用直接在利潤表中反應；第五，「對象化」的費用構成當期產品成本，如果當期銷售出去則構成已售出產品成本，直接在利潤表中反應，如果當期沒有銷售出去則構成未售出產品成本，直接在資產負債表中反應。總之，成本、費用、損失都是對資產的耗費，而耗費資產的目的是獲取價值更大的資產。

四、成本的分類

為適應成本管理理論研究和滿足企業成本管理工作的需要，必須要對成本進行分類。成本分類與成本層次密切相關，成本可以劃分為以下幾個不同的層次進行分類：

（一）理論層次上的成本分類

理論層次上的成本分類，抽象了成本的具體內容，從本質方面說明成本的屬性和理論構成，對理論研究具有指導意義。成本從理論層次上可以分為宏觀經濟成本和微觀經濟成本：

（1）宏觀經濟成本。宏觀經濟成本是從國民經濟的投入和產出的關係方面，對維護社會擴大再生產，在生產要素上發生資源耗費補償價值的考察，宏觀經濟成本可以從社會平均成本、社會經濟成本和社會必要勞動耗費等不同的角度去認識。

（2）微觀經濟成本。微觀經濟成本即企業成本，是企業為提供產品或勞務而發生的耗費。根據企業的性質不同，微觀經濟成本又可以分為生產性成本和勞務性成本；生產性成本是指生產性企業為生產一定質量和數量的產品在生產要素上耗費的個別物化勞動和活化勞動的補償價值；勞務性成本是指勞務性企業為提供某種勞務在生產要素上耗費的個別物化勞動和活化勞動的補償價值。

（二）價值鏈層次上的成本分類

根據邁克爾‧波特提出的價值鏈的概念，企業作為一個整體來看是無法形成競爭優勢的，競爭優勢來源於企業的經營過程。企業創造價值的過程可以分解為一系列不相同但相互聯繫的經濟活動，即作業鏈。從經濟增值角度衡量其總和就構成了企業的「價值鏈」。企業內部價值鏈分為九項活動，隸屬於基本活動和輔助活動兩大類，即企業基本職能活動、人力資源管理、技術開發、採購、內部後勤、生產經營、外部後勤、市場營銷和服務。每一項活動都要耗費一定的資源，即以成本為代價，故其經濟效果如何，將取決於企業成本方面的競爭能力的高低。所以，價值鏈的背後又隱藏著企業的「成本鏈」。按照這一推理，企業的產品或項目的內部的「成本鏈」包括設計層成本、供應層成本、生產層成本、銷售層成本。

（1）設計層成本。設計層成本是指設計階段根據技術、工藝、裝備、質量、性能、功效等方面的因素對某產品設定的目標成本。設計層成本具體又分為產品設計成本和工藝設計成本；產品設計成本是指設計階段根據相關因素對某產品成本項目（直接材料、直接人工和製造費用）設定的目標成本；工藝設計成本是指設計階段根據相關因素對生產產品工藝的每個環節設定的目標成本。

(2) 供應層成本。供應層成本是指為準備生產產品而發生的資金耗費，包括資金、存貨、固定資產和無形資產等取得成本，以及對這些資產的維護和儲存成本等。

　　(3) 生產層成本。生產層成本是指產品生產過程中發生的各種資金耗費，包括直接材料、直接人工、製造費用、管理費用等。

　　(4) 銷售層成本。銷售層成本是指銷售產品的成本和為銷售產品而發生的各種資金耗費，包括主營業務成本、銷售費用、儲存成本和售後服務成本等。

(三) 管理層次上的成本分類

　　如果從橫截面剖析價值鏈上的活動，可以劃分為三個層面的管理活動，即戰略管理活動、戰術管理活動和作業任務活動。企業的價值流伴隨著成本流，所以，企業的成本據此可以分為戰略層成本、戰術層成本和作業層成本。

　　(1) 戰略層成本。戰略層成本表現為企業價值鏈上的成本結構，是指企業從行業維、市場維和生產維等方面對產品未來成本的預計，包括行業進入成本、市場進入成本、產品全生命週期成本、產品設計成本等。

　　(2) 戰術層成本。戰術層成本表現為與成本目標的差異，是指為實現企業成本戰略而制定各種「成本標桿」，包括標準成本、計劃成本、定額成本、質量成本、作業成本、責任成本等。

　　(3) 作業層成本。作業層成本是指產品生產執行層面具體活動所引起的資源耗費的一種貨幣表現，包括產品成本、作業成本、實際成本、可控成本等。

(四) 功能層次上的成本分類

　　功能層次是就成本管理的作用而言的，即成本在經濟工作中的作用。成本按照其在經濟工作中的作用，可以劃分為財務成本、管理成本和技術經濟成本三類。

　　(1) 財務成本。財務成本是根據實際成本原則和權責發生制要求，以及國家財務和會計制度的規定，按各成本受益情況，採用一定的核算程序和計算方法，所計算的企業成本。對於生產性企業而言財務成本可以再作進一步的分類：比如按照成本發生的環節可以分為購買成本、生產成本、儲存成本、銷售成本和期間成本等；按照成本的發生空間可以分為班組成本、工序成本、車間成本和工廠成本等；按照成本所依附的實體不同可以分為自製半成品成本、在產品成本、產成品成本等。

　　(2) 管理成本。管理成本是根據企業生產經營經濟決策、成本策劃、成本控制和業績評價等方面的要求，所建立的成本指標體系。成本策劃方面的成本指標有固定成本和變動成本、相關成本和非相關成本、可避免成本和不可避免成本、差別成本、機會成本、交易成本、邊際成本、沉沒成本、預測成本、目標成本等；成本控制和業績評價方面的成本指標有標準成本、定額成本、計劃成本、可控成本和不可控成本、責任成本等。

　　(3) 技術經濟成本。技術經濟成本是為研究成本和技術、功能與質量的關係，滿足企業研究開發新產品、新工藝的需要，所設計的成本指標，具體包括功能成本、設計成本、質量成本和投資成本等。

(五) 要素層次上的成本分類

　　要素層次是就成本構成的具體內容而言的，實際上就是在生產經營過程中對各項生產要素的耗費。就生產企業而言，企業費用要素一般包括外購材料、外購燃料、外購動力、職工薪酬、折舊費和其他支出；外購材料是指企業為生產而耗費的一切從本

企業以外所購入的原料及主要材料、輔助材料、外購半成品、包裝物、修理備用件和低值易耗品等；外購燃料是指企業為生產而耗費的一切從本企業以外所購入的固體、液體和氣體燃料；外購動力是指企業為生產而耗費的一切從本企業以外所購入的電力、熱力等動力；職工薪酬是指企業應計入生產費用的全部職工工資、職工福利費、住房公積金、各種保險費等；折舊費是指企業按照規定從生產費用中提取的固定資產折舊費；其他支出是指不屬於以上各項費用要素的支出。根據成本管理的實際需要，要素層次上的成本可以按照以下幾種不同的標準進行分類：

(1) 生產費用按經濟內容分類。生產費用按經濟內容分類即按生產要素上的耗費分類，可分為勞動資料方面的費用、勞動對象方面的費用和活化勞動方面的費用：①勞動資料方面的費用是指在生產過程中為使用和維護勞動工具而發生的資金耗費；②勞動對象方面的費用是指在生產過程中為生產產品或提供勞務而耗費的各種原材料、輔助材料、外購半成品、燃料、動力、包裝物、修理備用件和低值易耗品的費用；③活化勞動方面的費用是指在生產過程中為生產產品或提供勞務人員而支付的工資、獎金、津貼、補貼和按規定提取的職工福利費等。

(2) 生產費用按企業成本的生產費用經濟用途分類。生產費用按企業成本的生產費用經濟用途的不同，可分為製造成本費用和期間費用。

①製造成本費用是指可以直接或間接計入產品或勞務成本的費用。製造成本又可分為直接材料、直接薪酬和製造費用：A. 直接材料是指企業在生產過程中直接用於產品生產實際消耗的原材料、輔助材料、外購半成品、燃料、動力、包裝物、修理備用件和低值易耗品以及其他直接材料；B. 直接薪酬是指企業直接從事產品的人員的工資、獎金、津貼、補貼和按規定提取的職工福利費；C. 製造費用是指企業各個生產單位（分廠、車間）為組織和管理生產而發生的各項間接費用，包括生產單位管理人員的工資、職工福利費、折舊費、修理費、物料消耗、水電費、辦公費、差旅費、保險費等。

②期間費用是指不能計入產品或勞務成本，期末直接計入當期損益中的費用。期間費用成本又可再分為管理費用、財務費用和銷售費用：A. 管理費用是指企業為組織和管理生產而發生的期末直接計入當期損益中的各種費用，比如廠部管理人員的工資、職工福利費、折舊費、修理費、物料消耗、水電費、辦公費、差旅費、保險費等；B. 財務費用是指企業籌措和使用資金而發生的期末直接計入當期損益中的各種費用，比如銀行手續費、債務利息等；C. 銷售費用是指企業因擴大產品的銷售或提供勞務而發生的期末直接計入當期損益中的各種費用，比如廣告費、展銷費等。

(3) 按生產費用計入企業成本的程序分類。按生產費用計入企業成本的程序，可分為單要素成本和綜合要素成本：①單要素成本是指只由一種經濟性質的費用要素構成的成本項目；②綜合要素成本是指由兩種或兩種以上經濟性質的費用要素構成的成本項目。

(4) 按生產費用計入企業成本的方法分類。按生產費用計入企業成本的方法，可分為直接費用成本和間接費用成本：①直接費用成本是指能夠根據原始憑證記載的耗費信息直接歸集到某種成本計算對象的費用；②間接費用成本是指不能夠根據原始憑證記載的耗費信息直接歸集到某種成本計算對象，而需要通過一定的分配方法才能計入某種成本計算對象的費用。

（5）按生產費用與生產經營活動的關係分類。按生產費用與生產經營活動的關係，可分為基本費用成本和一般費用成本：①基本費用成本是指由生產經營活動自身引起的各項費用匯集而成的成本費用項目，比如直接材料、直接薪酬等；②一般費用成本是指由組織和管理生產經營活動而發生的各項費用匯集而成的成本項目，比如製造費用和期間費用。

（6）按成本習性或者成本性態分類。成本按其習性或者性態，可分為固定成本、變動成本和半變動成本：①固定成本是指在一定業務量範圍內，總額不受業務量變動的影響而保持不變的成本。由於固定成本總額不受業務量變動的影響而保持不變，因此，單位固定成本隨業務量的增加或減少而呈反比例變動。企業的固定成本按其支出數額大小是否受管理當局的決策影響，又進一步劃分為「約束性固定成本」和「酌量性固定成本」。②變動成本是指在一定時期和一定業務量範圍內，總額隨業務量的變動而發生正比例變動的成本，變動成本的總額將隨產量或銷量的變動而呈正比例變動，但從單位業務量觀察，單位產品的直接材料、直接人工等都是等量的，即在一定時期和一定業務量範圍內，單位變動成本不受業務量變動的影響而保持不變。變動成本還可以再進一步劃分為短期變動成本和長期變動成本：短期變動成本以業務量為基礎，與產品產量或銷量成正比例變動。長期變動成本以活動量（Activity）為基礎，並隨著活動量的變動而變動。長期變動成本實質上就是產品成本中的變動製造費用部分。③半變動成本是指總成本雖然受產量變動的影響，但是其變動的幅度並不同產量的變化保持嚴格的比例。這類成本由於同時包括固定成本與變動成本兩種因素，所以，實際上屬於混合成本。

(六) 成本分類小結

在成本管理會計中，為了滿足成本管理會計的不同需要，從不同的角度採用不同的標準，對成本進行不同的分類。這些分類之間即有區別，又有聯繫。現將它們之間的區別和聯繫用表1-1表示：

表1-1　　　　　　　　　　　成本分類

分類標誌	標誌解釋	分類名稱	分類用途
1. 理論層次	成本的本質屬性和理論構成	宏觀經濟成本和微觀經濟成本	對理論研究具有指導意義
2. 價值鏈層次	企業的產品或項目的內部「成本鏈」	設計層成本、供應層成本、生產層成本、銷售層成本	識別企業的成本競爭優勢
3. 管理層次	企業價值鏈的橫截面	戰略層成本、戰術層成本和作業層成本	成本的策劃和控制
4. 功能層次	成本在經濟工作中的作用	財務成本、管理成本和技術經濟成本	成本策劃和核算
5. 要素層次	成本構成的具體內容	分為多個方面	成本預算、計劃、核算、控制、報表、分析和和考核
(1) 經濟內容	生產要素上耗費	勞動資料、勞動對象和活化勞動	成本預算和報表

表1-1(續)

分類標誌	標誌解釋	分類名稱	分類用途
(2) 經濟用途	成本構成項目	製造成本費用和期間費用	成本計劃、核算、控制和分析
(3) 計入程序	生產費用計入企業成本的程序	單要素成本和綜合要素成本	成本預算和分析
(4) 計入方法	直接和間接計入成本	直接費用成本和間接費用成本	計劃和核算
(5) 與生產經營活動關係	生產費用與生產經營活動的依存關係	基本費用成本和一般費用成本	成本核算和控制
(6) 成本習性或者性態	與業務量的依存關係	固定成本、變動成本和半變動成本	成本預測、決策、控制、計算和分析

五、成本的作用

產品成本的實質是產品生產過程中的各項勞動耗費及其補償價值，是反應企業生產經營管理工作的綜合性價值指標，同時又是確定企業盈虧和制定產品價格的基礎。其作用具體表現在以下四方面：

(一) 成本是生產耗費的補償尺度

成本是企業為生產一定種類和數量的產品所發生的各項耗費的總和，這種耗費必須能夠用貨幣表現，並通過產品銷售過程實現產品價值後，從產品銷售收入中獲得補償。產品成本的高低，是衡量這一補償份額大小的重要尺度。要想維持企業的簡單再生產，使企業在產品生產過程中消耗的物化勞動和活勞動得以補償，就必須有一個補償耗費的價值尺度，這個價值尺度就是成本。這種耗費是用銷售收入來補償的，企業在取得銷售收入以後，必須把相當於成本的數額劃分出來，用以補償生產經營中的耗費，維持資金週轉按原有的規模進行，保證再生產的繼續進行。

(二) 成本是綜合反應企業工作質量的重要指標

成本是企業生產過程中發生的以貨幣表現的各項資金耗費，是一項綜合性的經濟指標。企業生產經營各個方面的工作質量和效果都可直接或間接地在成本上反應出來。企業生產經營管理各個方面的工作業績，如產品設計的好壞、生產工藝的合理程度、固定資產的利用程度、原材料消耗是否合理和節約、勞動生產率的高低、產品質量的優劣、產品產量的增減以及供、產、銷各環節是否銜接協調等，都可以通過成本直接或間接地反應出來。通過對成本的考核和分析，可以借鑑企業在管理中的成功經驗和發現其中所存在的問題，從而有的放矢地加強對企業的管理，充分挖掘潛在的力量，以盡可能少的勞動耗費，取得盡可能多的勞動成果。

(三) 成本是制定產品價格的基礎

在市場經濟條件下，產品價格是產品價值的貨幣表現。在現實的經濟社會中，產品的價值還無法得以準確地計量，制定產品價格只能以成本為基礎，也就是以產品成本作為制定產品價格的最低經濟界限。產品價格若低於其成本，勞動耗費就無法得以補償，企業就難以生存。但是，作為制定產品價格依據的成本，不是指一個企業的個

別成本，而是指生產該產品的部門平均成本或社會成本。生產經營好的企業，其個別成本低於社會成本，取得的銷售收入不僅能足額補償生產所耗，還能給企業帶來較多的盈利；反之，生產經營差的企業，個別成本高於社會成本，必然會發生虧損，甚至墊付資本也會逐步消蝕。當然，制定產品價格考慮因素很多，如國家價格政策及稅收、信貸等經濟政策，還有產品在市場上的供求狀況等，但產品成本仍是制定產品價格的重要因素。

（四）成本是進行經營預測、決策和分析的重要依據

在市場經濟條件下，市場競爭異常激烈。企業要在激烈的市場競爭中取勝，就要面向市場，對生產計劃的安排、工藝方案的選擇、新產品的開發等，都採用現代化科學管理的手段進行經營預測，從而做出正確的決策。同時，為了更好地對企業的生產經營活動進行管理和控制，還必須定期與不定期地對企業的生產經營情況進行分析，從而採取有效措施，促使企業完成各項計劃任務。只有及時提供準確的成本資料，才能使預測、決策和分析等活動建立在可靠的基礎之上。所以，成本指標就成為企業進行經營預測、決策和分析的重要數據資料。

第二節　成本管理

一、成本管理的發展歷程

成本管理的發展歷程可以分為四個歷史階段：19世紀中期以前、19世紀中期至20世紀40年代、20世紀50年代至20世紀90年代、20世紀90年代至今。

（一）19世紀中期以前：簡單成本計算時代

在19世紀中期以前，生產方式主要表現為手工和單件生產，這個時期的會計職能主要是記錄企業之間的業務往來。隨著工業革命爆發，生產經營規模的日益擴大，企業為了降低單位產品所耗費的資源，開始重視成本信息的加工與利用，將成本記錄與普通會計記錄融合在一起，出現了記錄型成本會計，並且開始利用成本信息對企業內部員工的業績進行評價。據美國會計史學家研究考證表明，最早的製造業成本記錄是19世紀上半葉新英格蘭集中的多步驟棉紡織企業的成本記錄，這些記錄揭示出當時企業應用了一套非常複雜的成本帳。早期成本管理系統發展的最大動力來自於19世紀中葉鐵路業的產生和發展，鐵路業是當時規模最大的企業組織，其生產經營管理比19世紀初的新英格蘭紡織工業要複雜得多，鐵路業的管理者為了更好地控制成本，發明了許多與成本相關的經濟計量指標。這個時期的物質生產管理系統可以說是業主主觀導向型的管理系統，即根據自己擁有的技術來適應市場的需求，最後核算自己的業績，可用圖1-2表示：

圖1-2　基於業主主觀導向型的生產管理系統

基於以上原因，這個時期成本管理的特徵主要表現為：①成本管理主體是手工業作坊業主；②成本管理目標主要體現為產品價格的確定和年末損益的計算兩個方面；

③成本管理空間範圍主要在狹義的生產環節；④成本管理時間範圍只限於事後的成本計算；⑤成本管理基本沒有採用什麼科學的管理方法，只是對員工現場監督，防止員工的偷懶和浪費。

(二) 19 世紀中期至 20 世紀 40 年代：生產導向型成本管理時代

在 19 世紀後半期至 20 世紀的 40 年代，英國和美國的工業得到了迅猛的發展，這個時期生產方式由單件生產方式發展到大量生產方式，市場競爭日益激烈。所有者和經營者都意識到，企業生存與發展不僅取決於產量的增長，更重要的是取決於成本的高低，企業的產品價格決定權已經由企業讓位於市場，生產者只能決定其產品成本，企業的成本管理目標已經由單純的計算盈虧轉向通過成本控制降低成本水平。這個時期成本管理理論發展的主要標誌是泰羅的科學管理理論的出現和標準成本管理方法的形成和發展。20 世紀初發展起來的從事多種經營的綜合性企業和科學管理理論，為成本管理系統的進一步創新提供了機會。被譽為「科學管理之父」的美國工程師泰羅在 1911 年出版了《科學管理原理》一書，該書系統地闡明了產品標準操作程序及操作時間的確定方法、建立了詳細、準確的原材料和勞動力的使用標準，並以科學方法確定的工作量為標準來支付工人的報酬，同時以此為基礎，發明了許多新的成本計量指標。1911 年美國會計師卡特‧哈里遜第一次設計出一套完整的標準成本會計制度，並在 1918 年發表了一系列論文，其中對成本差異分析公式及有關帳務處理敘述得非常詳細。這個時期的物質生產管理系統是基於生產技術導向型的管理系統，即根據自己擁有的生產技術來確定業績目標，進而滿足市場的需求，可用圖 1-3 表示：

圖 1-3　基於生產技術導向型的生產管理系統

基於以上原因，這個時期成本管理的特徵主要表現為：①成本管理主體是所有者和企業管理當局；②成本管理目標主要體現為通過制定標準成本對生產過程進行控制，以達到降低成本和提高利潤的效果；③成本管理空間範圍已經擴展到企業內部的各個環節，主要涉及企業供、產、銷三大環節；④成本管理時間範圍從事後延伸到事中和事前，但仍以事中和事後為主；⑤成本管理技法逐漸豐富起來，表現以標準成本管理為主，同時還創造性地提出和使用了一些成本管理方法，如定額成本管理、預算管理控制等。

(三) 20 世紀 50 年代至 20 世紀 90 年代：市場導向型成本管理時代

從 20 世紀 50 年代開始，人們逐漸認識到剛性自動流水線存在許多自身難以克服的缺點和矛盾。面對市場的多變性和顧客需求的個性化、產品品種和工藝過程的多樣性，以及生產計劃與調度的動態性，人們不得不去尋找新的生產方式，同時提高工業企業的生產作業系統的柔性和生產率。為了適應社會經濟環境的變化，高等數學、運籌學、數理統計學等學科中的許多科學數量方法和以計算機為主流的信息處理技術開始引進到現代成本管理工作中，「成本計算的目的也呈現出多元化的趨勢」。在這一背景下，把自然科學、技術科學和社會科學的一系列成就應用到企業成本管理上來，使成本管理發展到一個新階段，也是一種必然。在這一階段，成本管理的重點已經由事中控制成本、事後計算和分析成本轉移到事前預測、決策和規劃成本，出現了以事前成本控

制為主的成本管理新階段。目標成本管理、責任成本管理、質量成本管理、作業成本管理、成本企畫等成本管理理論與方法也在這一階段得以形成。這個時期物質生產管理系統是基於市場導向型的管理系統，即根據市場的因素變動來確定業績目標，進而調整生產管理系統，可用圖1-4來表示：

圖1-4　基於市場導向型的生產管理系統

基於以上原因，這個時期成本管理的特徵主要表現為：①成本管理主體已經擴展到每一個員工，成本管理已經成為一種「全員」式成本管理；②成本管理目標已經轉變為通過不同的成本管理方法對企業整個經營過程進行成本策劃、成本控制、成本分析與考核，求得降低成本或提高成本效益以達到「顧客滿意」，從而使企業的利潤得到提高；③成本管理空間範圍已經從企業內部的各個環節擴展到與企業所涉及的有關方面，「全過程」式成本管理基本上得以形成；④成本管理時間範圍已經從事中控制成本、事後計算和分析成本轉移到事前如何預測、決策和規劃成本，出現了以事前控制成本為主的成本管理新階段，「全時序」式成本管理也基本上得以形成；⑤成本管理方法又一次得到了豐富，比如目標成本管理（含成本企畫）、責任成本管理、質量成本管理、作業成本管理等成本管理方法的形成和應用，但各種成本管理方法缺乏一定的相互融合性。

（四）20世紀90年代至今：戰略導向型成本管理時代

20世紀90年代主要是計算機集成製造系統在生產過程中得以廣泛的運用。面對生產方式巨大的變化和市場競爭的日趨激烈，成本管理研究正向戰略領域延伸，人們的觀念也開始由「正確地做事」向「正確地做事」和「做正確的事」並舉轉變，並且以「做正確的事」為重點。企業開始重視制定競爭戰略，並隨時根據顧客的需求和競爭環境的變化，做出相應的調整。隨著戰略管理理論的發展和完善，1981年著名的管理學家西蒙首次提出了「戰略管理會計」，他認為戰略管理會計應該側重企業與競爭對手的對比，收集競爭對手關於市場份額、定價、成本、產量等方面的信息。之後，1993年美國學者桑克（J. K. Shank）等結合波特的戰略理論出版了《戰略成本管理》一書，使戰略成本管理更加具體化。在中國，隨著2000年夏寬雲編著的《戰略成本管理》一書的出版，以及2001年陳軻的博士論文《企業戰略成本管理研究》的出版，進一步地推動了戰略成本管理理論在中國的發展和應用。戰略成本管理應全面考慮各種潛在機會，分析各種機會成本，以顧客滿意為宗旨，以實現股東財富的最大化為目標，並不斷提高企業的盈利水平。這個時期物質生產管理系統是基於市場導向型的戰略性生產管理系統，即根據市場的因素變動和企業所處的環境來確定戰略性的業績目標，進而調整生產管理系統，可用圖1-5來表示：

圖1-5　基於市場導向型的戰略性生產管理系統

基於以上因素，這個時期的成本管理的特徵主要表現為：①成本管理主體仍然是企業所有者、管理當局和每一個員工，成本管理已經成為一種相對完善的「全員」式成本管理；②成本管理目標已經由降低成本或提高成本效益向取得持久的成本競爭優勢轉變；③成本管理空間範圍已經從企業的內部價值鏈方面逐漸擴展到企業的縱向價值鏈（企業的上下游）和橫向價值鏈（競爭對手之間）方面，「全過程」式的成本管理得到進一步的發展和完善；④成本管理時間範圍已經向產品整個生命週期延伸，「全時序」式的成本管理也得到了進一步的發展和完善；⑤成本管理方法主要是對上一階段管理技法的修補和完善，但也逐漸出現各種成本管理方法融合式研究的傾向，如國內陳勝群博士和欒慶偉博士對此就進行了有益的嘗試。

二、成本管理的含義

理論界對成本管理的含義的認識並不統一，目前具有代表性的觀點主要有以下五種：

（1）日本《會計學大辭典》對成本管理的定義是：「在日本，一般所謂成本管理，歷來被理解為『成本控制』，它是指管理和控制在一定經營條件下發生的成本。特別是就生產成本而言，成本管理應理解為：要對其基本發生根源即生產作業活動，規定標準作業條件，規定產品生產中應該發生的成本標準（標準成本），並發動職工管理好作業活動，使實際成本盡可能地接近標準成本。這就要把標準成本作為責任成本傳達給各部門管理作業活動的負責人，要求他們在責任成本範圍內完成作業活動的計劃。」

（2）日本《成本計算準則》所下的定義：「這裡所說的成本管理，是指制定標準成本，記錄計算實際成本的發生額，同標準成本進行比較，分析差異原因，向經營管理人員提供有關資料以採取措施，提高成本效率。」

（3）成本管理這一概念在美國過去的成本會計文獻中很少見到。近幾年來，成本管理這個名詞在美國已被廣泛地使用，但目前對此仍無統一的定義。中國人民大學出版社出版的美國查爾斯·T.亨格瑞（Charles T. Horngren）等學者所著的《成本會計（第八版）》中，認為成本管理是「經理人員為滿足顧客要求，同時又持續地降低和控制成本的行動」。

（4）中國的《國營企業成本管理條例》規定了成本管理的基本任務，指出：「成本管理的基本任務是：通過預測、計劃、控制、計算、分析和考核，反應企業生產經營成果，挖掘降低成本的潛力，努力降低成本。」

（5）中國《成本管理大辭典》對成本管理的定義是：「成本管理是對企業的產品生產和經營過程中所發生的產品成本有組織、有系統地進行預測、計劃、決策、控制、計算、分析和考核等一系列的科學管理工作。其目的在於組織和動員群眾，在保證產品質量大前提下，挖掘降低成本的途徑，達到以最少的生產耗費取得最大的生產成果。」

以上定義存在一個共同的缺陷就是定義的外延過於狹窄，第五種定義雖然強調了成本管理的各個環節，但只限於「企業的產品生產和經營過程中所發生的產品成本」，沒有從企業的整個範圍和過程去考慮，更不用說企業整個生命週期了。

定義成本管理，不僅要考慮其目標以及各個環節，而且要考慮到成本管理的應用範圍。所以，成本管理是在滿足企業總體經營目標的前提下，持續地降低成本或提高成本效益的行為，該行為包括成本策劃、成本核算、成本控制和業績評價四個主要環

節,而且涉及企業的戰略、戰術和信息管理各個領域。該定義明確了企業成本管理的戰略目標是滿足企業總體經營目標、具體目標是持續地降低成本或提高成本效益,通過對成本管理戰略目標和戰術目標的界定,說明成本管理不僅是戰術性的,而且也是戰略性的;定義明確地指出,成本管理目標是通過成本策劃、成本核算、成本控制和業績評價等行為來實現的,這一點說明成本管理貫穿於事前、事中和事後;同時定義還指出了成本管理行為涉及企業的戰略、戰術和信息管理各個領域,這一點說明成本管理是一項系統工程;定義沒有對成本管理的對象進行特別的限定,說明成本管理對象是廣泛的,包括企業與成本有關的一切管理活動。

第三節　成本管理會計

成本管理會計就是企業成本管理的會計,是對企業成本管理活動進行反應和監督的會計,是運用專門的管理技術和方法,以貨幣為主要計量單位,對企業的生產經營過程中的資金耗費和價值補償,進行策劃、核算、控制和評價的一系列價值管理行為。它是一個系統,系統是指由相互作用、相互影響、相互制約和相互依賴的若干部分合成的、具有一定結構和特定功能的有機整體。系統的本身又是它所從屬的一個更大系統的組成部分。成本管理會計系統是會計系統的一個子系統,其本身又由成本策劃、成本控制、成本核算和業績評價四個子系統所構成,它為企業的成本管理活動提供信息支持,成本管理會計系統有其特定的目標、結構、功能、特徵、組織和規範。

一、成本管理會計系統的目標

成本管理會計系統的目標是成本管理會計系統要達到的目的,也就是企業在經營管理過程中運用成本管理會計系統要達到的目的。成本管理會計的基本目標是提供成本信息、參與成本管理,但在不同的層面又可分為總體目標和具體目標兩個方面:

(1) 總體目標。成本管理會計的總體目標是為企業的整體經營目標服務,具體來講,就是為企業內外部的利益相關者提供決策有用的成本信息以及通過各種經濟、技術和組織手段對企業的成本進行策劃、核算、控制和評價,以實現取得成本競爭優勢的目的。

(2) 具體目標。成本管理會計系統由成本策劃、成本核算、成本控制和業績評價四個子系統構成,所以其具體目標也是由其成本策劃、成本核算、成本控制和業績評價四個子系統分別來實現,表現為成本策劃的目標、成本核算的目標、成本控制的目標和業績評價的目標:①成本策劃的目標是為企業未來成本戰略、規劃和策略的決策作定性描述、定量測算和邏輯推斷;②成本核算的目標是為企業利益相關者提供決策有用的成本信息;③成本控制的目標是在一定的成本戰略、規劃和策略的指導下,不斷地降低成本水平和提高成本效益;④業績評價的目標是對成本管理的各個環節進行動態的衡量,考核其目標完成程度,為決策者進行獎懲提供有關成本信息。

二、成本管理會計系統的結構

成本管理會計的結構即成本管理會計的內容,是指對企業的生產經營過程中的資

金耗費和價值補償，進行策劃、核算、控制和評價的一系列價值管理的內容，主要包括成本策劃、成本控制、成本核算和業績評價四個子系統。

（1）成本策劃子系統是為企業未來成本戰略、規劃和策略的決策作定性描述、定量測算和邏輯推斷的系統，它又包括成本預測、成本決策和全面預算三個環節。

（2）成本核算子系統是運用專門的技術和方法對企業生產經營過程中實際成本的發生額進行記錄和計算，並對記錄和計算的結果進行會計處理，從而為企業利益相關者提供決策有用的成本信息的系統，它包括成本計算和成本會計帳務處理兩個方面。

（3）成本控制子系統是在一定的成本戰略、規劃和策略的指導下，對企業經濟活動按計劃要求而進行的監督和調整，從而實現不斷地降低成本水平和提高成本效益。

（4）業績評價的目標是對企業經濟活動的方案、行為過程和結果的權衡和鑒定，對成本管理的各個環節進行動態的衡量，考核其目標完成程度，為決策者進行獎懲提供有關成本信息的系統。

上述內容及其相互關係可用圖1-6表示：

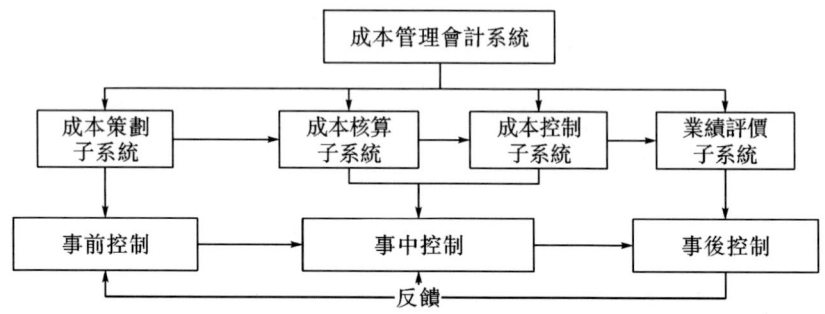

圖1-6　成本管理會計系統結構圖

按照成本管理會計系統的結構，本書共有9章，為了便於教學，具體內容如下：第1章是導論，第2、第3、第4、第5章是成本核算，第6章是成本報表與分析，第7章是成本預測與決策，第8章是成本計劃與控制，第9章是成本考核與審計。

三、成本管理會計系統的功能

成本管理會計的功能是指成本管理會計系統對企業經營管理環境的改造力和改造作用，是成本管理會計系統對企業經營管理環境的輸入和輸出函數。為管理和決策提供有用的信息和參與企業的經營管理既是成本管理會計的分目標，也是成本管理會計的基本功能。要實現成本管理會計的基本功能，成本管理會計應該具備策劃、核算、控制、評價和報告等具體功能。

（1）策劃功能。策劃是對企業未來經濟活動的規劃，策劃的過程包括預測、決策和預算，最終以數字、文字、圖表等形式將成本管理會計系統的目標落實下來，以協調各單位的工作、控制各單位的經濟活動、考核各單位的工作業績。

（2）核算功能。核算是運用專門的技術和方法對企業生產經營過程中實際成本的發生額進行記錄和計算，並對記錄和計算的結果進行會計處理，從而為成本管理會計系統的策劃、控制、評價和報告提供信息資料。

（3）控制功能。控制是對企業經濟活動按計劃要求而進行的監督和調整。一方面，

是對計劃執行過程的監督，通過監督確保經濟活動按計劃的要求進行，從而為完成成本管理會計系統的目標奠定基礎；另一方面，是對企業採取的行動和計劃本身的質量進行反饋，以確定計劃階段對未來經濟活動的影響因素的預測是否充分、準確，從而為調整計劃或行為方式提供依據，以確保成本管理會計系統目標的實現。

（4）評價功能。評價是對企業經濟活動的方案、行為過程和結果的權衡和鑒定。它包括兩個方面：一是對未來經濟活動過程中的成本管理行動備選方案進行優化和選擇；二是對各責任單位的成本管理責任履行過程和結果進行考核。

（5）報告功能。報告是向有關管理決策者匯報經營管理工作的進行情況和結果，目的是使有關管理決策者能夠對經營管理過程進行有效的成本策劃和成本控制。

四、成本管理會計系統的特徵

成本管理會計系統具有目的性、集合性、相關性、整體性、動態性、適應性等特徵。

（1）目的性。成本管理會計系統的目的性表現在成本管理會計系統要素的選擇、聯繫方式及其運動方向反應企業管理當局的某種期望，服從於企業成本管理的目的。但是，由於成本管理會計系統是利用企業價值管理系統建立起來的，因而成本管理會計系統能否很好地達到目的，不完全取決於企業管理當局的期望，還必須服從有關資金的客觀運動規律。

（2）集合性。集合性是成本管理會計系統最基本的特徵。具體表現在兩個方面：一是從構成上來看，成本管理會計系統是由成本策劃、成本核算、成本控制和業績評價四個既相互聯繫又相互區別的子系統所構成的整體；二是從功能上看，成本管理會計系統的整體功能不但取決於單個子系統的功能，更取決於各個子系統功能的集合配套狀況。

（3）相關性。成本管理會計系統不是成本策劃、成本核算、成本控制和業績評價四個子系統的機械堆砌，而是這四個子系統的有機結合。在這四個子系統之間存在相互制約、相互影響、相互依存、相互作用的關係，正是這些關係使這四個子系統結合成一個整體。

（4）整體性。成本管理會計系統的整體性包括兩層含義：一是空間上的整體性，是指成本策劃、成本核算、成本控制和業績評價四個子系統通過相互聯繫和相互作用構成了成本管理會計系統整體，而成本管理會計系統整體具有成本策劃、成本核算、成本控制和業績評價所沒有的特性和功能，即整體大於部分；二是時間上的整體性，是指成本管理會計系統在整個壽命週期內整體應處於最優。即在成本管理會計系統的開發、運行、維護和更新全過程中，考慮的是整體優化，而不是只考慮某個子系統或某個階段的優化。

（5）動態性。動態性是指成本管理會計系統的狀態和功能不是一成不變的，其功能是時間的函數，隨著時間的推移和客觀情況的變化，成本管理會計系統的狀態和功能要進行不斷優化和創新。

（6）適應性。適應性是指成本管理會計系統本身不僅要適應外界環境的變化，而且外界環境中的一些因素也要適應成本管理會計系統的變化，即系統與環境的影響是相互的，適應性應該是雙向的。

五、成本管理會計系統的組織和規範

成本管理會計工作組織和規範是建立成本管理會計工作的正常秩序、實現成本管理會計系統目標的重要保證。成本管理會計工作的內容十分豐富，程序比較複雜、涉及面廣、業務性強，如果沒有專門的機構和人員負責，以及相應的規範來維持，就無法履行成本管理會計的職能，更無法實現成本管理會計系統的目標。為了把成本管理會計工作科學組織起來，為了很好地實現成本管理會計系統的目標，我們必須按照國家有關制度的要求，結合企業的實際情況，設置精幹而有效的成本管理會計機構，配備權責對等的成本管理會計人員，建立健全行之有效的成本管理會計規範。

（一）合理設置成本管理會計機構

成本管理會計機構是負責組織領導和從事成本管理會計工作的職能單位。設置成本管理會計機構應明確企業內部對成本管理會計應承擔的職責、義務和工作任務，堅持合理分工和協作相結合，統一領導與分散管理相結合，專業和群眾管理相結合，使機構的設置與企業的規模大小、業務的繁簡、管理體制以及管理要求相適應。根據這一要求，成本管理會計機構的設置可以採用以下幾種方式：①在會計機構中設置成本管理會計處（科、股、組）；②在總會計師或財務總監領導下設置成本管理會計部；③在總會計師或財務總監和總經濟師領導下設置成本管理會計委員會；④總經理領導下設置成本管理會計委員會，等等。

（二）合理配置成本管理會計人員

成本管理會計人員是專門從事成本管理會計工作的專業技術人員。企業應根據規模大小、業務繁簡、成本管理會計機構的需要，配備專職的成本管理會計人員，從事成本管理會計工作。成本管理會計人員應該也必須具備一定的職業操守和業務素質，以便履行其簿記、重點事項引導和解決問題的重要職能。

（三）建立健全成本管理會計規範

成本管理會計規範是組織和從事成本管理會計工作的規則和指南，也是檢驗成本管理會計工作的標準，是企業會計規範的重要組成部分。成本管理會計規範包括：成本管理會計業務操作的準則、制度和指南，成本管理會計人員資格制度，成本管理會計人員的職業道德操守等。

本章思考題

1. 什麼是費用、成本、損失？三者有何關係？
2. 什麼是成本管理和成本管理會計？成本、成本管理、成本管理會計三者之間有何關係？
3. 成本管理會計有哪些內容？它們之間存在什麼樣的關係？
4. 成本管理會計的目標是什麼？
5. 簡述成本的分類。
6. 簡述成本的作用。
7. 如果你是一公司的總會計師，請你為所在的公司的成本管理會計系統進行設計。

本章練習題

1. 請您根據表1-1中的資料，計算資產、費用和損失的金額。

表1-1　　　　　　　　　某企業部分帳戶資料　　　　　　　　單位：萬元

項目	金額
交易性金融資產	10
應收帳款	100
主營業務成本	4,000
庫存商品	2,000
原材料	6,000
營業外支出	50
財務費用	100
公允價值變動損益	20
資產減值損失	600

2. 請您根據表1-2中的資料，分別計算單要素費用和綜合要素費用、直接費用和間接費用、基本費用和一般費用的金額。

表1-2　　　　　　　　　某企業部分費用資料　　　　　　　　單位：萬元

項目	金額
直接材料	1,000
直接薪酬	400
製造費用	600
管理費用	200
財務費用	100
營業費用	80

本章參考文獻

1. 李定安. 成本會計研究［M］. 北京：經濟科學出版社，2002.
2. 羅紹德. 成本會計學［M］. 成都：西南財經大學出版社，2002.
3. 孫茂竹. 成本管理學［M］. 北京：中國人民大學出版社，2003.
4. 謝靈. 成本會計學［M］. 北京：中國人民大學出版社，2004.
5. 王立彥. 成本管理會計［M］. 北京：經濟科學出版社，2005.
6. 胡國強. 成本管理會計［M］. 3版. 成都：西南財經大學出版社，2012.

第二章
成本核算的基本原理

【學習目標】
(1) 瞭解成本核算的基本要求、程序、帳簿設置和期間費用的核算；
(2) 掌握成本費用的歸集和分配；
(3) 掌握完工產品與在產品之間成本分配的方法。

【關鍵術語】
　　成本核算　定額消耗量　定額成本　生產費用　交互分配法　代數分配法　約當產量　約當產量法　定額成本法　定額比例法

第一節　成本核算的基本要求、程序及帳戶設置

一、成本核算的基本要求

(一) 正確劃分各種成本、費用界限

為了正確地進行成本核算，保證產品成本的真實可靠，需要在不同時期、不同產品以及產成品和在產品之間正確地分攤費用，具體如下：

1. 正確劃分生產經營費用與非生產經營費用的界限

一個會計主體在其業務活動中，會發生多種性質的支出。除了與正常生產經營活動有關的支出以外，還有資本性支出、福利性支出、營業外支出等。在企業的各種支出中，以製造業為例，只有與正常生產經營活動有關的支出，才稱作生產經營費用（包括生產費用和期間費用）。為了正確計算產品成本和期間費用，首先應當正確劃分應計入產品成本和期間費用的生產經營費用與不應計入產品成本和期間費用的其他各種支出的界限。例如，企業為購置和建造固定資產、無形資產和其他資產的支出，以及對外投資的支出等，都屬於資本性支出，應計入有關資產的價值，不能作為生產經營費用列支；企業因各種原因支付的滯納金、罰款、違約金、賠償金，各種捐贈、贊助支出，以及被沒收的財物等，都與企業正常生產經營活動沒有直接關係，只能列入企業營業外支出或企業繳納所得稅後的淨利潤中開支，而不能計入費用成本；此外，國家統一的會計法律法規規定不得列入費用成本的其他支出等，企業都不能擅自列作費用成本。

2. 正確劃分生產費用和期間費用的界限

成本是在購買材料、生產產品或者提供勞務等過程中發生的，並由材料、產品或勞務等負擔的耗費。期間費用指企業當期發生的必須從當期收入中得到補償的經濟利益總流出。生產產品需要耗費材料、磨損固定資產、用現金支付工資及其他薪酬等。這些資產的耗費，在企業內部表現為由一種資產轉變為另一種資產，是資產內部的相互轉換，不會導致企業所有者權益的減少，不是經濟利益流出企業。期間費用不應當由產品或勞務負擔，不能計入產品或者勞務的成本，而是直接計入當期損益。

3. 正確劃分各期成本費用的界限

企業成本費用的核算應按照權責發生制進行會計處理。權責發生制是以權利的取得和義務的發生來確定本期損益的一項會計假設。凡應由本期產品成本負擔的費用，不論是否在本期發生，都應全部計入本期產品成本；不應由本期產品成本負擔的費用，即使在本期支付，也不能計入本期產品成本。

4. 正確劃分各種產品成本的界限——生產費用的橫向劃分

屬於某一種產品成本負擔的費用，就應計入該種產品的成本；對於不能直接計入各種產品成本的費用，應採用合理的分配標準，在有關產品之間進行分配。在進行費用的分配時，不能為了簡化成本核算方法或其他目的，將費用隨意在各種產品中進行分配，即不得將應計入可比產品的費用，計入不可比產品成本中；也不能將應列入虧損產品的費用，計入盈利產品成本中或相反。

5. 正確劃分在產品成本和完工產品成本的界限——生產費用的縱向劃分

對需要計算在產品成本的某些產品，要採用適當的方法，將生產費用在完工產品和在產品之間進行分配，不允許人為地任意壓低或提高在產品的成本，以保證成本計算的真實性。為了保證準確地將費用在完工產品和在產品之間進行分配，使各期的成本指標具有可比性，在產品的成本計算方法一經確定，一般不應隨意改變。

（二）做好成本核算的各項基礎工作

在進行成本核算時，要正確計算成本，各項基礎工作是非常重要的。如果基礎工作做得不好，就會影響成本計算的準確性。要做好成本核算的各項基礎工作，需要會計部門和其他各部門的密切配合。

1. 健全原始記錄

原始記錄是按照規定的格式，對企業生產經營活動中的具體經濟業務所作的最初記載，是反應企業經濟活動情況的第一手資料，是編製成本計劃、進行成本核算、分析消耗定額和成本計劃完成情況的依據。由此可見，根據企業的具體情況，建立健全嚴密科學的原始記錄制度，對於加強企業的生產經營管理，正確計算產品成本是非常重要的。

企業成本核算部門應會同計劃統計、生產技術、材料供應、勞動工資、設備動力等各有關職能部門，根據成本核算和有關職能部門管理的需要，建立和健全原始記錄和憑證，並規範各種原始記錄和憑證的格式、填寫要求、傳遞程序和保管，加強對原始記錄和憑證內容的審核，以保證原始記錄和憑證的真實和準確。

2. 建立健全定額管理制度

定額是指在一定生產技術條件下，對人力、財力、物力的消耗及占用所規定的正常數量標準。企業在生產過程中對於材料、工時消耗和費用開支等，凡是能制定定額

的，都要通過科學的方法，參照過去的執行情況，制定出既先進又切實可行的定額。科學先進的定額，是制定成本計劃的基礎，也是進行成本核算的重要條件，是對產品成本進行預測、控制和考核的依據。與成本核算有關的消耗定額，主要包括：工時定額、產量定額，以及材料、燃料、動力、工具等消耗的定額，有關費用的定額如製造費用預算等。

3. 建立健全材料物資的計量、收發、領退和盤點制度

企業在生產經營過程中發生的各種材料物資的增減變化，除要進行價值核算外，還要進行數量核算，計量工作是進行數量核算的依據。如果沒有準確的計量，就不能提供材料物資準確的數量變化資料，無法進行成本計算，也難以確保財產物資的安全完整。同時，生產過程中增減的材料物資，其質量規格是否符合規定的要求，直接關係到產品的質量和經濟效果，為了保證入庫材料物資數量與質量，必須搞好計量與驗收工作，準確的計量和嚴格的質量檢測是保證原始記錄可靠性的前提。為了正確計算成本，對於各種材料物資的計價和價值的結轉，應嚴格執行國家統一的會計法規。各種方法一經確定，應保持相對穩定，不能隨意改變，以保證成本信息的可比性。

(三) 選擇適當的成本計算方法

企業在進行成本核算時，應根據本企業的具體情況，選擇適合於企業特點的成本計算方法進行成本計算。成本計算方法的選擇，應同時考慮企業生產類型的特點和管理的要求兩個方面。在同一個企業裡，可以採用一種成本計算方法，也可以採用多種成本計算方法，即多種成本計算方法同時使用或多種成本計算方法結合使用。成本計算方法一經選定，一般就不應經常變動。

二、成本核算的程序

成本核算是把生產經營過程中所發生的符合規定成本開支標準的支出計入有關特定成本對象的過程。如製造業中的產品成本核算，可以真實地再現實際生產成本形成的原因及具體用途。成本核算的一般程序其實質就是「正確劃分五項費用、成本界限」，劃清五項費用、成本界限後就可以計算出產品成本。鑒於五項費用、成本界限的劃清前已述及，為免重複，這裡著重介紹產品成本核算的具體程序。

由於製造業的產品成本核算涉及的內容多，按照不同的工藝過程和不同的成本管理要求，採用的核算方法會有所區別，但都遵循著以下基本的程序：

(一) 確定成本計算對象

成本計算的最終目的是要將企業發生的成本費用歸集到一定的成本計算對象上，計算出該對象的總成本和單位成本。因此，要進行成本計算，首先必須確定成本計算對象。成本計算對象就是成本的受益者和承擔者，可簡稱為成本對象。由於企業的生產工藝特點、管理水平和管理要求、企業規模大小不同，成本計算對象也不相同。對於製造企業，成本計算對象主要有產品品種、產品批別、產品生產步驟及產品類別等。企業應根據自身的生產經營特點和管理要求選擇適合本企業的成本計算對象。

確定成本計算對象有著十分重要的現實意義：①成本對象是產品成本明細帳及產品成本計算單設置的依據，如品種法下，產品成本明細帳是根據各種產品品種開設的；分批法下，產品成本明細帳是根據產品批次開設的，等等；②成本對象是要素費用橫向分配的依據，產品成本的計算過程就是生產費用歸集和分配的過程，這個過程包括

生產費用在各種成本對象之間的橫向分配，及在同一成本對象的完工及未完工產品之間的縱向分配，可以這麼說，產品成本的計算是通過對生產費用進行橫向、縱向分配後實現的；③成本對象是各種成本計算方法命名的依據，如以產品品種作為成本對象的產品成本計算方法，稱為品種法等。

（二）確定成本項目

成本項目是指生產費用按經濟用途劃分成的若干項目。它可以反應產品生產過程中各種資金的耗費情況，便於分析各項生產費用的支出是否節約、合理。因此，企業在成本核算中，應根據自身的特點和管理的要求，確定成本項目。一般可確定「直接材料」「直接人工」「製造費用」三個成本項目。如果需要，可作適當調整，還可增設「燃料和動力」「廢品損失」「停工損失」等成本項目。

（三）確定成本計算期

成本計算期是指每次計算成本的間隔期間，即多長時間計算一次成本。企業應根據產品生產組織的特點確定各成本對象的成本計算期。成本計算期分為定期和不定期兩種。通常在大量、大批生產的情況下，每月都有一定的產品完工，應定期按月計算產品成本，即成本計算期與會計核算期一致。在成批、單件生產的情況下，一般不要求定期按月計算產品成本，而是等一批產品完工後才計算該批產品成本，所以成本計算期與生產週期一致，與會計核算期不一致。

（四）歸集和分配生產費用

確定了成本計算對象、成本項目和成本計算期後，企業要按成本計算對象設置產品成本明細帳，明細帳中按成本項目設置多欄式帳頁，按成本計算期歸集、分配和計算產品成本。具體又包括以下三個方面：

1. 對各項費用進行審核和控制

確定各項費用是否應該開支，已開支的費用是否能對象化，是否應該計入產品成本。

2. 確定應計入本月產品成本的生產費用

本月支付的生產費用，不一定都計入本月產品成本；屬於本月產品成本負擔的，也不一定都是本月支付的費用。企業應根據權責發生制的要求，分清各項費用的歸屬期：本月支付應由本月負擔的生產費用，計入本月產品成本；以前月份支付應由本月負擔的生產費用，分配攤入本月產品成本；應由本月負擔而以後月份支付的生產費用，預先計入本月產品成本；對於本月開支應由以後月份負擔的生產費用，作預付資產處理；對於已由以前月份負擔而在本月支付的生產費用，作衝減應付未付款處理。

3. 在各種成本對象之間分配生產費用——橫向費用劃分

將應計入本月產品成本的原材料、燃料、動力、職工薪酬費、折舊費等各種要素費用在各有關產品之間，按照成本項目進行歸集和分配。對於為生產某種具體成本對象直接發生的費用，直接計入該對象的成本；對於由幾種成本對象共同負擔的，或為產品生產服務發生的間接生產費用，可先按發生地點和用途進行歸集匯總，然後分配計入各受益對象。可見，產品成本的計算過程也就是生產費用的歸集、匯總和分配過程，即對象化的過程。

（五）計算完工產品成本和月末在產品成本——縱向費用劃分

將生產費用計入各成本對象後，對於月末既有完工產品又有在產品的成本對象，

應採用適當的方法，將生產費用在其完工產品和月末在產品之間進行分配，求出完工產品和月末在產品的成本。

需要進行系統的縱向費用分配的產品應編製產品成本計算單。產品成本計算單是專門用來進行縱向費用分配的特定表格，分成本對象開設、按成本項目設置專欄，這兩方面與產品成本明細帳相同。將各產品的成本資料從其明細帳中轉入成本計算單，計算出完工產品的總成本和單位成本，並根據計算出來的完工產品成本進行完工產品入庫的會計處理。

（六）編製完工產品成本匯總表

根據各種產品的成本計算單匯總編製完工產品成本匯總表，列示全部產品的總成本和單位成本，可用圖2-1來表示：

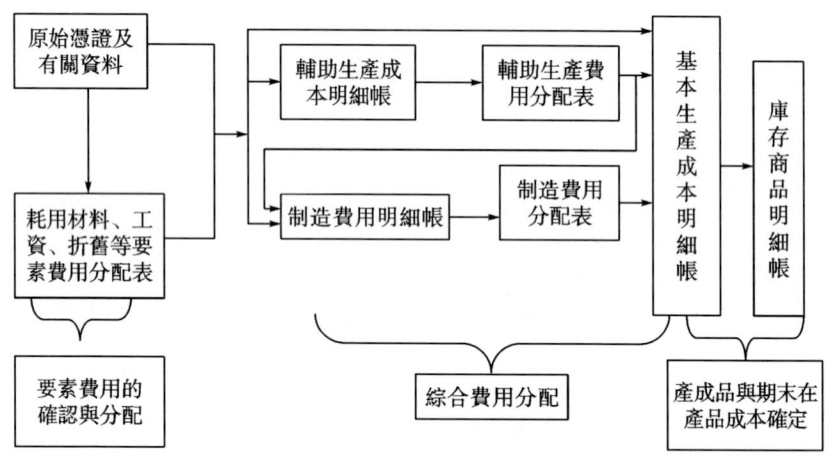

圖2-1　製造業費用成本流轉程序

三、成本核算的帳戶設置

會計記錄經濟業務與其他方式記錄最顯著的區別是「在帳戶中記錄業務」，所以設置帳戶是會計帳務處理程序的第一步，也是至關重要的一步。在進行成本核算工作中，我們需要解決的首要問題就是如何設置成本核算中所需的帳戶。由於不同行業的企業在成本、費用方面的核算差異是存在的，故不同行業的企業在成本、費用核算的帳戶設置上也存在區別，下面以製造業為背景介紹成本核算中的帳戶設置。

（一）產品成本（生產費用）核算的帳戶設置

為了核算和監督企業生產過程中發生的各項費用，正確計算產品成本，企業需要設置成本類帳戶，組織生產費用的總分類核算和明細分類核算，計算產品的實際總成本和單位成本。生產企業一般設置「生產成本」和「製造費用」等成本類帳戶。

1.「生產成本」帳戶

「生產成本」帳戶用來核算企業進行工業性生產發生的各項生產成本，包括生產各種產品（產成品、自製半成品等）、自製材料、自製工具、自製設備等所發生的各項生產費用，計算產品和勞務的實際成本。

工業企業的生產根據各生產單位任務的不同，可以分為基本生產和輔助生產。基

本生產是指為完成企業主要生產任務而進行的產品生產或勞務供應。輔助生產是指為企業基本生產單位或其他部門服務而進行的產品生產或勞務供應，如企業內部的供水、供電、供汽、自製材料、自製工具和運輸、修理等生產。企業輔助生產單位的產品和勞務，雖然有時也對外銷售一部分，但主要任務是服務於企業基本生產單位和管理部門。

由於企業生產分為基本生產和輔助生產，根據企業生產費用核算和產品成本計算的需要，一般可以在「生產成本」這一總分類帳戶下，分設「基本生產成本」和「輔助生產成本」兩個二級帳戶；也可以將「生產成本」這一帳戶分設為「基本生產成本」和「輔助生產成本」兩個總分類帳戶；業務量較小的企業，還可以將「生產成本」和「製造費用」兩個總分類帳戶，合併為「生產費用」一個總分類帳戶。本書按照2006年公布的《企業會計準則——應用指南》附錄中所提供的會計科目，設置「生產成本」和「製造費用」兩個成本類總分類帳戶，在「生產成本」總分類帳戶下，設置「基本生產成本」和「輔助生產成本」兩個二級帳戶。

（1）「生產成本——基本生產成本」帳戶的借方登記企業從事基本生產活動的生產單位（車間、分廠）所發生的直接材料費用、直接人工費用、其他直接費用和自「製造費用」帳戶轉入的基本生產單位發生的製造費用；該帳戶的貸方登記結轉的基本生產單位完工入庫產品成本；該帳戶的期末餘額在借方，表示基本生產單位期末尚未完工的在產品成本。

（2）「生產成本——輔助生產成本」帳戶的借方登記企業從事輔助生產活動的生產單位（分廠、車間）所發生的各項直接費用和自「製造費用」帳戶轉入的輔助生產單位發生的製造費用（為了簡化輔助生產費用的歸集，也可將發生的製造費用直接計入「輔助生產成本」二級帳）；該帳戶的貸方登記結轉輔助生產單位完工入庫產品（如自製材料、工具等）成本和分配給各受益對象的已完成勞務（如運輸服務）成本；該帳戶的期末餘額在借方，表示輔助生產單位期末尚未完工的在產品（如自製材料、工具等）成本。

為了正確計算各種產品和勞務的實際總成本，在按照企業生產單位設置的生產成本二級帳下，還應按照各個生產單位的成本對象，設置產品（勞務）生產成本明細帳。按成本對象設置的產品生產成本明細帳，用來歸集該成本對象所發生的全部生產費用，並計算出該對象的完工產品（或勞務）實際總成本和期末在產品成本。因此，「產品生產成本明細帳」也簡稱為「產品成本明細帳」或「生產成本明細帳」。

企業按生產單位設置的基本生產成本二級帳和輔助生產成本二級帳，以及按成本對象設置的生產成本明細帳（產品成本明細帳），都應當按成本項目設專欄組織生產費用的核算和產品成本的計算。期末，「生產成本」總分類帳戶應與所屬的生產成本二級帳戶核對；生產成本二級帳戶應與所屬的生產成本明細帳（產品成本明細帳）核對。不設生產成本二級帳的企業，「生產成本」總分類帳戶直接與所屬的生產成本明細帳（產品成本明細帳）核對。

2.「製造費用」帳戶

「製造費用」帳戶用來核算企業各生產單位（分廠、車間）為生產產品和提供勞務所發生的各項間接生產費用及不便於專設成本項目的直接生產費用。該帳戶的借方歸集發生的各項製造費用；貸方登記期末分配轉出的製造費用；除季節性生產企業外，

期末轉出後該帳戶應無餘額。「製造費用」帳戶應當按照企業生產單位設置明細帳，並按費用項目設專欄組織明細核算。

(二) 期間費用核算的帳戶設置

為了正確核算企業直接計入當期損益的期間費用，應當設置「管理費用」「銷售費用」和「財務費用」三個帳戶。應當指出，期間費用帳戶的設置不同行業並無區別，這與產品成本帳戶設置是製造業而有所不同。

企業行政管理部門為組織和管理生產經營活動所發生的各項管理費用、企業在銷售過程中發生的各項費用，以及企業為籌集生產經營資金所發生的各項籌資費用，都應作為期間費用，分別記入「管理費用」「銷售費用」和「財務費用」帳戶的借方，期末將這些帳戶的淨發生額從貸方轉入「本年利潤」帳戶借方；期末結轉後，期間費用帳戶應無餘額。期間費用帳戶也應該分別設置明細帳，並按費用項目設專欄組織明細核算。

第二節　要素費用的歸集和分配概述

一、要素費用含義和種類

企業的生產經營過程，是勞動對象、勞動資料（工具）和活勞動等的耗費過程，這些耗費的貨幣表現就是費用。費用按照經濟內容（性質）劃分，可分為勞動對象耗費、勞動資料耗費、活勞動耗費及其他耗費。這四類便是企業費用的四大構成要素，簡稱要素費用。該四大要素可進一步細分為以下項目：

（1）外購材料：指企業為進行生產經營而耗用的一切從外部購進的原料及主要材料、半成品、輔助材料、包裝物、修理用備件和低值易耗品等。

（2）外購燃料：指企業為進行生產經營而耗費的一切從外部購進的各種燃料，包括固體、液體、氣體燃料。

（3）外購動力：指企業為進行生產經營而耗用的從外部購進的各種動力，如電力、熱力和蒸汽。

（4）職工薪酬：指所有應計入各項費用的職工薪酬，包括：職工工資、獎金、津貼和補貼；職工福利費；五項社會保險（醫療險、養老險、失業險、工傷險和生育險等）；住房公積金；工會經費和職工教育經費；非貨幣性福利；辭退福利（因解除與職工的勞動關係給予的補償）以及其他與獲得職工提供的服務相關的支出。

（5）折舊費：指企業按照規定計算提取的固定資產的損耗價值。

（6）利息費用：指企業借入款項發生的利息淨支出（即借款利息費用減去利息收入後的淨額）。

（7）稅金：指企業在管理費用中列支的稅金，包括：房產稅、印花稅、車船使用稅和土地使用稅等。

（8）其他費用：指不屬於以上各要素的費用，例如：郵電費、租賃費和外部加工費等。

要素費用是一種反應費用原始形態的分類。將費用劃分為若干要素進行反應與核算，可以明確地反應出各要素費用的耗費情況，並能將物化勞動的耗費明顯劃分出來，

為國家計算國民收入提供數據資料，也可為企業控制流動資金占用以及編製材料採購計劃提供依據。但是這種分類核算的不足之處在於不能反應各種費用的經濟用途以及它們與產品之間的關係，不便於分析這些費用的支出是否節約、合理。為了彌補費用按經濟內容分類的不足，在要素費用歸集的會計處理中是依據費用的經濟用途歸入不同的帳戶中，這就意味著對成本、費用的管理，人們不僅關注發生哪些性質的費用，更關注那些費用被什麼部門用於哪些方面，以便於分析這些費用開支的合理性。

二、要素費用的歸集

要素費用的歸集是指根據要素費用的用途和使用部門的不同而歸入不同的費用、成本帳戶進行的確認和記錄的過程。如產品生產直接耗用的外購材料、外購燃料和動力、人工費等要素費用直接計入「生產成本」帳戶；生產單位（分廠、車間）為組織和管理生產耗用的外購材料、燃料和動力、管理人員職工薪酬等要素費用，應計入「製造費用」帳戶；行政管理部門為組織和管理企業的生產經營活動發生的各項要素費用，則應計入「管理費用」帳戶等。要素費用按用途和使用部門的不同而歸入不同的費用、成本帳戶的做法，正是功能性利潤表對成本核算要求的具體表現之一。

三、要素費用的分配

生產過程中發生的材料、燃料及動力、人工費（職工薪酬）等各項要素費用，按照「誰受益、誰負擔、受益多負擔多」的基本原則進行分配，即受益對象是這些要素費用的最終承擔者。對於直接用於某一具體成本對象（如某種產品、某批次或某步驟產品）生產，且專門設有成本項目的費用，應直接計入基本生產成本的該種產品成本明細帳的有關成本項目。如果是幾個成本對象共同耗用或受益的間接計入費用（包括直接生產費用和間接生產費用），則應採用適當的分配方法，分配計入各種產品成本明細帳的有關項目。其分配過程如下：

（一）選擇合適的分配標準

選擇合適的分配標準是保證分配結果合理、準確的前提，必須遵循「合理、簡便」的原則，同時兼顧費用的性質和特點加以考慮。所謂「合理」是指所選擇的分配標準必須與費用發生的大小相關聯；「簡便」是指分配標準的有關資料要便於獲取，可能有些分配標準與費用發生大小相關性非常強，但要獲取其有關數據過於困難的話，這樣的分配標準也應放棄。如產品耗用的材料費用，可考慮選擇產品產量、產品重量、體積、定額消耗量等作為分配標準；製造費用的分配可選擇生產工時、機器工時等。

（二）分配方法

根據選擇的分配標準確定相應的分配方法，並以此命名。如材料費用選擇定額消耗量為分配標準，分配方法稱為定額消耗量比例分配法；如選擇產品產量為分配標準，則稱為產量比例分配法等。分配間接計入費用的計算公式可概括為：

$$費用分配率 = \frac{待分配費用總額}{各受益對象分配標準之和}$$

某受益對象應負擔的費用＝該對象的分配標準×費用分配率

（三）填製要素費用分配表

採用一定的分配方法分配間接計入費用，從會計的角度而言，這種分配的過程和

結果是通過編製一定格式的「費用分配表」實現的，這與期末的試算平衡是通過編製「試算平衡表」有異曲同工之處。

由於費用的性質和用途的不同，使得不同的要素費用分配表（僅反應間接計入費用分配內容）及要素費用歸集分配表在具體格式上存在一定的差異，設置費用分配表應考慮費用發生的特點及具體情況。表2-1為費用分配表的參考格式。

表 2-1　　　　　　　　　　××費用分配表
　　　　　　　　　　　　　年　　月　　日　　　　　　　　　　　　單位：

受益對象	分配標準	分配率	分配金額
合計			

第三節　材料費用的歸集和分配

一、材料費用的歸集

材料費用的歸集，是指將本期發生的材料費用採用一定的方法，匯總、計算出本月發出材料的實際成本，然後根據耗用材料的部門和用途的不同歸入不同帳戶的會計處理過程。材料費用的歸集是進行材料費用分配的基礎。要比較準確的歸集材料費用，必須做好材料費歸集的基礎工作，建立健全材料領發的憑證和計量制度，以及嚴格的材料退庫和盤點制度。同時，要加強材料費用的日常核算，確定領發材料的成本計算方法，確保材料費用的歸集準確無誤。

確定出發出材料的實際成本後，應根據耗用材料的部門和用途的不同分別歸入不同的費用、成本帳戶：①直接用於產品生產的，包括用於構成產品實體的原料及主要材料和有助於產品形成的輔助材料，應計入「生產成本」帳戶中的「直接材料」成本項目；②生產單位用於維護生產設備和管理生產的材料費用，應計入「製造費用」帳戶；③行政管理部門和專設銷售機構耗用的材料費用，應分別計入「管理費用」和「銷售費用」帳戶；④在建工程耗用，應計入「在建工程」帳戶等。以上所列費用中，①、②、④項屬於對象化費用，應對象化到相應的特定對象中，最終構成該特定對象的成本，其中①、②項構成產品成本，④項待在建工程完工後最終構成固定資產成本。

二、直接材料費用的分配

直接材料費用是指直接用於產品生產的材料費用。其中，構成產品實體並能直接確定歸屬對象的材料費用，應直接計入各產品成本明細帳的「直接材料」成本項目，此時的材料費用屬於直接計入費用；對於幾種產品或其他幾個成本對象共同耗費的材料費用，則需選擇適當的分配標準分配計入各產品成本明細帳的「直接材料」成本項目中，此時的材料費用屬於間接計入費用。

在直接材料費的分配中，對於幾個對象共同耗費的材料費用，如果數量較少、金額不大的，根據重要性原則，可以採用簡化的分配方法，即全部記入「製造費用」中，以省去一些複雜的計算分配工作。

材料費用分配時需要選擇合適的分配標準，分配的標準通常可以採用產品的重量、體積、產量等比例進行分配，在材料消耗定額比較準確的情況下，也可以按材料的定額耗用量或定額成本的比例進行分配。分配標準的選擇，要堅持關係密切、分配合理、核算簡便、相對穩定的原則。其主要分配方法如下：

> 提示：由於成本對象以產品品種最為典型，為了便於說明，一般教材在介紹要素費用在各種成本對象之間進行分配的方法時，往往以產品品種為代表進行介紹，其他成本對象可以此類推加以分配。

（一）定額耗用量比例分配法

定額耗用量比例分配法是按各種產品原材料耗用定額比例分配材料費用的一種方法，它一般在各項材料耗用定額健全且比較準確的情況下採用。計算公式如下：

$$\text{材料費用分配率} = \frac{\text{材料實際總耗用量} \times \text{材料單價}}{\text{各種產品材料定額耗用量之和}}$$

$$\text{某產品應分配的材料費用} = \text{該產品材料定額耗用量} \times \text{材料費用分配率}$$

> 提示：消耗定額和定額消耗量的區別。
> 消耗定額是指生產單位產品所耗用的數量；而定額消耗量是指在一定產量下所耗用的材料的數量。

（二）定額成本比例分配法

定額成本比例分配法是按照產品材料定額成本分配材料費用的一種方法，它一般適用於幾種產品共同耗用幾種材料的情況下採用。計算公式如下：

$$\text{某產品材料定額成本} = \text{該產品實際產量} \times \text{單位產品材料定額成本}$$

$$\text{材料定額成本分配率} = \frac{\text{各種產品實際材料費用總額}}{\text{各種產品材料定額成本之和}}$$

$$\text{某產品應分配的材料費用} = \text{該產品材料定額成本} \times \text{材料定額成本分配率}$$

（三）產量比例分配法

產量比例分配法是按產品的產量比例分配材料費用的一種方法，當產品的產量與其所耗用的材料有密切聯繫的情況下，可採用這種方法分配材料費用。計算公式如下：

$$\text{材料費用分配} = \frac{\text{材料實際總耗用量} \times \text{材料單價}}{\text{各種產品實際產量之和}}$$

$$\text{某產品應分配的材料費用} = \text{該產品實際產量} \times \text{材料費用分配率}$$

（四）重量比例分配法

重量比例分配法是按照各種產品的重量比例分配材料費用的一種方法，這種方法一般適合在產品所耗用材料的多少與產品重量有著直接聯繫的情況下採用。計算公式如下：

$$\frac{材料費用}{分配率} = \frac{材料實際總耗用量 \times 材料單價}{各種產品重量之和}$$

某產品應分配的材料費用＝該產品的重量×材料費用分配率

值得注意的是，實際工作中有關要素費用的分配是在一定格式的「要素費用分配表」上完成的，應根據費用性質及分配的具體情況設計適當格式的費用分配表。

【例2-1】已知榮達工廠某月發出材料匯總表（表2-2）。

表 2-2　　　　　　　　　　發出材料匯總表　　　　　　　　　　單位：元

領料部門和用途	原材料	包裝物	低值易耗品	合　計
基本生產車間				
甲產品耗用	800,000	10,000		810,000
乙產品耗用	600,000	4,000		604,000
甲、乙產品共同耗用	28,000			28,000
車間一般耗用	2,000		100	2,100
行政管理部門耗用	1,200		400	1,600
合　　計	1,431,200	14,000	500	1,445,700

生產甲、乙兩種產品共同耗用的材料按甲、乙兩種產品直接耗用原材料為比例分配。

要求：（1）完成共耗材料分配表及材料費用歸集分配表的填製；
　　　（2）編製發出材料業務的會計分錄。

解：

表 2-3　　　　　　　　甲、乙產品共耗材料分配表　　　　　　　　單位：元

產品名稱	直接耗用原材料	分配率	分配共耗材料
甲產品	800,000		16,000
乙產品	600,000		12,000
合　計	1,400,000	0.02	28,000

表 2-4　　　　　　　　材料費用歸集分配匯總表　　　　　　　　單位：元

會計科目	明細科目	原材料	包裝物	低值易耗品	合計
生產成本	甲產品	816,000	10,000		826,000
	乙產品	612,000	4,000		616,000
	小計	1,428,000	14,000		1,442,000
製造費用	基本車間	2,000		100	2,100
管理費用	耗材費	1,200		400	1,600
合　　計		1,431,200	14,000	500	1,445,700

借：生產成本——基本生產成本——甲產品		826,000
——乙產品		616,000
製造費用——基本車間		2,100
管理費用		1,600
貸：原材料		1,431,200
週轉材料		14,500

> **提示：** 燃料費用的歸集和分配可參照材料費用的處理，本教材不再述及。

第四節　外購動力費用的歸集和分配

一、外購動力費用的歸集

外購動力費用是指企業從外單位購入的電力、蒸汽等動力費用。外購動力應根據其使用的數量，向供應單位支付款項。一般情況下，使用的外購動力都有儀器儀表計量。在支付外購動力費用時，應根據儀器儀表上記錄的耗用數量、規定的價格向提供動力的單位支付款項。以支付款項的憑證編製記帳憑證，作為外購動力費用分配的依據。

外購動力費用歸集的會計處理規則與材料費用相似，也是按使用部門及用途的不同分別歸入不同的費用、成本帳戶：①直接用於產品生產的，應計入「生產成本」帳戶中的「燃料及動力」成本項目；②生產單位用於維護生產設備和管理生產的，如照明用電，應計入「製造費用」帳戶；③行政管理部門和專設銷售機構耗用的，應分別計入「管理費用」和「銷售費用」帳戶；④在建工程耗用，應計入「在建工程」帳戶等。以上所列費用中，①、②、④項屬於對象化費用，應對象化到相應的特定對象中，最終構成該特定對象的成本，其中①、②項構成產品成本，④項待在建工程完工後最終構成固定資產成本。

二、外購動力費用的分配

生產單位生產產品耗用的動力，如電解用電力、烘干用蒸汽、煉鋼用氧氣，以及可以按產品確定消耗定額的動力用電等，應以「燃料和動力」成本項目記入「基本生產成本明細帳」中。對於幾種產品共同耗用的動力費用，一般按各種產品定額工時或實際工時的比例進行分配。

以外購電力為例：

對於各車間、部門耗用的電力，都有電表加以計量。因此，各車間、部門應分配的電費應按下式計算：

$$\frac{每度電費}{分配率} = \frac{支付的外購電費總額}{各車間、部門耗用的外購電力度數總和}$$

某車間、部門應分配的電費 = 該車間、部門用電度數 × 每度電費分配率

對於生產單位用於產品生產的外購電力，由於不能按產品或成本對象分裝電表計量其耗用的數量，因此，一般採用工時比例（實際工時或定額工時）在各種成本對象

之間進行分配，其計算公式如下：

$$\text{某產品應分配電費} = \text{該產品的生產工時} \times \frac{\text{該車間產品用電力費用分配率}}{\text{某車間產品用電力費用分配率}}$$

$$= \frac{\text{生產產品用電度數} \times \text{每度電費分配率}}{\text{各車間產品的生產工時之和}}$$

企業在實際工作中是通過編製「動力費用歸集分配表」進行動力費用歸集和分配，然後再據以進行會計核算。

【例2-2】榮達工廠20××年8月份水電表分別記錄共耗用外購電力52,000度，每度0.8元，共耗用水6,560噸，每噸2.5元，共計58,000元。基本生產車間直接用於產品的水、電按生產工時分配，其他各部門耗用的水、電按水電表記錄，歸集分配如表2-5、表2-6所示。

表2-5　　　　　　　　　　水費電費用量表

項　目		用電數量（度）	用水數量（噸）
基本生產車間	產品耗用	35,000	3,200
	一般耗用	3,000	800
輔助生產車間	供電車間	3,000	880
	運輸車間	6,800	900
行政管理部門		2,200	660
專設銷售機構		2,000	120
合　計		52,000	6,560

表2-6　　　　　　　　　動力費用歸集分配匯總表
　　　　　　　　　　　　　20××年8月31日　　　　　　　　　　　　單位：元

總帳科目	應借科目			數量						合計金額
	一級明細科目	二級明細科目	成本、費用項目	電費			水費			
				生產工時	分配率	金額	生產工時	分配率	金額	
生產成本	基本生產成本	甲產品	燃料和動力	15,000	1.12	16,800	15,000	0.32	4,800	21,600
		乙產品	燃料和動力	10,000	1.12	11,200	10,000	0.32	3,200	14,400
	小計			25,000		28,000	25,000		8,000	36,000
	輔助生產成本	供電車間	水電費			2,400			2,200	4,600
		機修車間	水電費			5,440			2,250	7,690
	小計					7,840			4,450	12,290
製造費用	生產車間		水電費			2,400			2,000	4,400
管理費用	管理部門		水電費			1,760			1,650	3,410
銷售費用	銷售部門		水電費			1,600			300	1,900
合計						41,600			16,400	58,000

借：生產成本——基本生產成本——甲產品　　　　　21,600
　　　　　　　　　　　　　——乙產品　　　　　14,400
　　生產成本——輔助生產成本——供電車間　　　　4,600
　　　　　　　　　　　　　——運輸車間　　　　　7,690
　　製造費用——基本車間　　　　　　　　　　　　4,400
　　管理費用　　　　　　　　　　　　　　　　　　3,410
　　銷售費用　　　　　　　　　　　　　　　　　　1,900
　貸：應付帳款　　　　　　　　　　　　　　　　　58,000
　　　　——應付電費　　　　　　　　　　　　　（41,600）
　　　　——應付水費　　　　　　　　　　　　　（16,400）

第五節　薪酬費用的歸集和分配

一、薪酬費用核算的內容

職工薪酬是企業因職工提供服務而支付或放棄的所有代價。企業在確定應當作為職工薪酬進行確認和計量的項目時，需要綜合考慮，確保企業人工成本核算的完整性和準確性。進行職工薪酬的核算，應該審核企業的各項職工薪酬支出是否符合國家的規定，在正確核算工資費用的基礎上，應根據適當的分配方法，在各個成本計算對象中進行職工薪酬的分配。

（一）職工工資、獎金、津貼和補貼

這些項目是指按照國家統計局的規定構成工資總額的計時工資、計件工資、支付給職工的超額勞動報酬和增收節支的勞動報酬、為了補償職工特殊或額外的勞動消耗和因其他特殊原因支付給職工的津貼，以及為了保證職工工資水平不受物價影響支付給職工的物價補貼等。

1. 計時工資

計時工資是按計時工資標準和工作時間支付給職工的勞動報酬。計時工資標準是指每一職工在單位時間（月、日或小時）內應得的工資額，不同職務、不同工種和不同等級的職工應分別規定不同的工資標準，以體現按勞分配的原則。計時工資包括：①對已做工作按計時工資標準支付的工資；②實行結構工資制的單位支付給職工的基礎工資和職務（崗位）工資；③新參加工作職工的見習工資（學徒的生活費）等。

2. 計件工資

計件工資是按職工所完成的工作量和計件單價計算支付的勞動報酬。計件單價指完成單位工作量應得的工資。計件工資包括：①在實行超額累進計件、直接無限計件、限額計件和超定額計件等工資制度下，按照定額和計件單價支付給職工的工資；②按工作任務包干方法支付給職工的工資；③按營業額提成或利潤提成辦法支付給職工的工資。

3. 獎金

獎金是指支付給職工的超額勞動報酬和由於增收節支而給予職工的獎勵，包括：①生產獎；②節約獎；③勞動競賽獎；④機關、事業單位的獎勵工資；⑤其他經常性

獎金。獎金應按照國家和本單位有關規定計算、支付。

4. 津貼和補貼

津貼和補貼是指為補償職工特殊的勞動消耗和因其他特殊原因支付給職工的津貼，以及為了保證職工工資水平不受物價影響支付給職工的物價補貼，包括：①補償職工特殊或額外勞動消耗的津貼；②保健性津貼；③技術性津貼；④其他津貼；⑤各種物價補貼。津貼和補貼也應按照國家和本單位有關規定計算、支付。

（二）職工福利費

職工福利費主要包括職工因公負傷赴外地就醫路費、職工生活困難補助、未實行醫療統籌企業職工醫療費用，以及按規定發生的其他職工福利支出。

（三）社會保險費

社會保險費是指企業按照國家規定的基準和比例計算，向社會保險經辦機構繳納的醫療保險費、養老保險費、失業保險費、工傷保險費和生育保險費等社會保險費。

（四）住房公積金

住房公積金是指企業按照國務院《住房公積金管理條例》規定的基準和比例計算，向住房公積金管理機構繳存的住房公積金。

（五）工會經費和職工教育經費

工會經費和職工教育經費是指企業為了改善職工文化生活、為職工學習先進技術和提高文化水平和業務素質，用於開展工會活動和職工教育及職業技能培訓等相關支出。

（六）非貨幣性福利

非貨幣性福利是指企業以自己的產品或外購商品發放給職工作為福利，供職工無償使用。

（七）辭退福利

職工薪酬準則規定的辭退福利包括兩方面的內容：一是在職工勞動合同尚未到期前，不論職工本人是否願意，企業決定解除與職工的勞動關係而給予的補償；二是在職工勞動合同尚未到期前，為鼓勵職工自願接受裁減而給予的補償，職工有權利選擇繼續在職或接受補償離職。

企業的職工薪酬並非全部計入產品製造成本，必須分清職工薪酬的組成內容與計入產品製造成本的人工費用。只有與企業生產活動有關的人員的薪酬，以及為生產活動服務的人員的薪酬可以計入產品製造成本，除此以外的其他人工費用，應根據有關規定按其用途分別列支有關費用。

職工薪酬按其計入產品成本的程序和方式，可分為直接職工薪酬和間接職工薪酬兩種。直接職工薪酬是指直接從事產品生產而發生的人工費用，可直接計入產品成本，並以「直接人工」成本項目單獨列示，形成產品成本的一個重要組成部分。間接職工薪酬是指為組織和管理生產活動而發生的人工費用。間接職工薪酬應按其發生地點進行歸集。

二、薪酬費用核算的原始記錄

進行直接職工薪酬的核算，必須以準確的原始記錄為依據，職工薪酬核算的原始記錄包括考勤記錄、產量記錄和工時記錄。

（一）考勤記錄

考勤記錄是登記職工出勤、缺勤時間和情況的原始記錄。考勤記錄一般採用考勤簿和考勤卡兩種形式。月末將簽字後的考勤記錄連同有關證明文件送交工資核算部門，據以計算職工的應付工資。

（二）產量和工時記錄

產量和工時記錄是登記工人或生產小組在出勤時間內完成產品的數量、質量和生產產品所耗工時數量的原始記錄，它是統計產量和工時、計算計件工資的依據，也是考核工時定額執行情況和勞動生產率的依據，為在各種產品之間分配與工時有關的費用提供合理的依據。

會計部門在月末時應審核產量記錄，審核後的產量記錄即可作為計算計件工資的依據。直接人工費用的核算，除了依據上述考勤記錄、產量和工時記錄以外，還需填製一些其他憑證，例如各種獎金、津貼發放的通知單、代扣款項通知單、廢品通知單等，這些原始記錄應在月終結算工資之前送交財會部門，以便在工資結算時作為核算依據。

三、薪酬費用的歸集

（一）工資結算憑證

工資結算憑證分為工資結算單和工資結算匯總表。企業為了給職工辦理工資結算手續，通常是按車間、部門編製工資結算單，用以反應企業與職工的工資結算情況。工資結算單中應分職工類別，並按每一類別反應企業應付職工工資、代扣款項和實發工資等項內容。工資結算單一式三份，其中一份經過職工簽收後作為工資結算和付款的原始憑證，一份作為勞動工資部門進行工資統計的依據，一份按職工姓名裁成工資條發給職工，以便職工核對。根據工資結算單匯總編製的工資結算匯總表，反應整個企業全部工資的結算情況，它也是進行工資費用分配的依據。

（二）歸集的會計處理

歸集的會計處理規則同材料費用、外購動力費用。

企業採用不同職工薪酬制度計算出應付給職工的職工薪酬總額後，需要按其用途和發生地點進行歸集列入不同的費用、成本帳戶：①生產工人的薪酬，計入「生產成本」帳戶中「直接人工」成本項目；②生產單位管理人員和輔助人員的薪酬，計入「製造費用」；③企業行政管理人員薪酬，計入「管理費用」；④專設銷售機構人員薪酬，計入「銷售費用」等。

四、薪酬費用的分配

薪酬費用的分配一般是通過編製「薪酬費用分配表」進行的。對於間接計入薪酬費用的分配，可以採用實際工時或定額工時比例分配法分配。計算公式如下：

$$\text{薪酬費用分配率} = \frac{\text{本月各種產品應負擔生產工人薪酬費用總額}}{\text{各種產品定額工時或實際工時之和}}$$

$$\text{某產品本月應分配的生產工人薪酬費用} = \text{該產品本月定額工時或實際工時} \times \text{薪酬費用分配率}$$

> **提示：職工薪酬的內涵**
>
> 《企業會計準則第 9 號——職工薪酬》規定：職工薪酬不僅包括企業支付給職工的貨幣薪酬，還包括支付的非貨幣薪酬以及辭退福利等。企業在處理職工薪酬時應遵循相應的會計準則進行處理。
>
> 2006 年修訂後的《企業財務通則》中取消按照 14% 計提職工福利費的規定，福利費的支出按照實際支出額加以計量。

【例 2-3】順應工廠 20××年 8 月份工資結算匯總表如表 2-7 所示。表中代扣醫療保險、養老保險、失業保險和住房公積金款項，是根據國家社會和勞動保障部門的有關規定由職工個人負擔的社保費及住房公積金，分別按工資總額的 10%、15%、2% 和 10% 的比列提取。

表 2-7　　　　　　　　　　　　　工資結算匯總表
20××年 8 月 31 日　　　　　　　　　　　　　　　　單位：元

部門名稱	人員類別	基本工資 計時工資	基本工資 計件工資	獎金	津貼補貼 崗貼	津貼補貼 夜補	應扣工資 病假	應扣工資 事假	應付工資	代扣款項 醫療	代扣款項 養老	代扣款項 失業	代扣款項 公積金	實發金額
基本車間	生產工人	88,000	49,000	35,000	4,000	4,000	500	500	179,000	17,900	26,850	3,580	17,900	112,770
	管理人員	42,000		12,000	500	400	100		54,800	5,480	8,220	1,096	5,480	34,524
	小計	130,000	49,000	47,000	4,500	4,400	600	500	233,800	23,380	35,070	4,676	23,380	147,294
供電車間	生產工人	24,000		5,000	300	200		100	29,400	2,940	4,410	588	2,940	18,522
	管理人員	10,000		4,000	100		100		14,000	1,400	2,100	280	1,400	8,820
	小計	34,000		9,000	400	200	100	100	43,400	4,340	6,510	868	4,340	27,342
管理部門		40,000		5,000	150	100	200		45,050	4,505	6,755	901	4,505	28,384
專設銷售機構		10,000		1,000	100	50			11,150	1,115	1,673	223	1,115	7,024
合計									333,400	33,340	50,008	6,668	33,340	210,044

根據表 2-7 的數據，可編製工資結算的會計分錄如下：
(1) 發放工資，款項由企業基本存款帳戶轉入職工個人存款帳戶：
借：應付職工薪酬——工資　　　　　　　　　210,044
　　貸：銀行存款　　　　　　　　　　　　　　　　210,044
(2) 代扣款轉帳時：
借：應付職工薪酬——工資　　　　　　　　　123,356
　　貸：其他應付款——養老保險　　　　　　　　　50,008
　　　　其他應付款——醫療保險　　　　　　　　　33,340
　　　　其他應付款——失業保險　　　　　　　　　6,668
　　　　其他應付款——住房公積金　　　　　　　　33,340

由以上會計分錄可知，應付職工薪酬帳戶的借方金額為：333,400 元（210,044+123,356），應分配計入有關成本費用帳戶的工資費用總額中。

根據表 2-8 所示的職工薪酬歸集分配表，編製會計分錄如下：
借：生產成本——基本生產成本——甲產品——直接人工　　109,548
　　生產成本——基本生產成本——乙產品——直接人工　　 73,032
　　生產成本——輔助生產成本——供電車間——薪酬費　　 44,268
　　製造費用——基本車間——薪酬費　　　　　　　　　　 55,896
　　管理費用——薪酬費　　　　　　　　　　　　　　　　 45,951
　　銷售費用——薪酬費　　　　　　　　　　　　　　　　 11,373
　貸：應付職工薪酬——工資　　　　　　　　　　　　　　333,400
　　　　　　　　　　——福利費　　　　　　　　　　　　　6,668

表 2-8　　　　　　　　　工資及福利費歸集分配表
20××年8月31日　　　　　　　　　　　　　　　單位：元

應借科目			成本費用項目	直接計入	分配計入			發生的職工福利費(2%)	合計
總帳科目	一級明細科目	二級明細科目			分配標準(工時)	分配率	分配金額		
生產成本	基本生產成本	甲產品	直接人工		15,000	7.16	107,400	2,148	109,548
		乙產品	直接人工		10,000	7.16	71,600	1,432	73,032
		小計			25,000		179,000	3,580	182,580
	輔助生產成本	供電車間	薪酬費	43,400			43,400	868	44,268
製造費用	基本車間		薪酬費	54,800			54,800	1,096	55,896
管理費用			薪酬費	45,050			45,050	901	45,951
銷售費用			薪酬費	11,150			11,150	223	11,373
合計				154,400			333,400	6,668	340,068

> 提示：案例中發生的「三險一金」是職工個人繳存部分，根據國家社會和勞動保障部門的有關規定，企業也應為職工繳存「五險一金」（案例中三險+生育險+工傷保險），請同學們思考：由企業負擔的職工「五險一金」應如何進行會計處理？

第六節　輔助生產費用的歸集和分配

輔助生產是指為基本生產車間、行政部門等部門提供產品或服務的生產活動。

一、輔助生產費用歸集

輔助生產費用在「輔助生產成本」二級帳的借方歸集，具體分為：

（一）單獨歸集製造費用

同時設置「生產成本——輔助生產成本」及「製造費用——輔助車間」兩個二級帳；輔助車間發生的製造費用先歸集在「製造費用——輔助車間」的借方，期末再全數結轉入「生產成本——輔助生產成本」的借方。此時的「輔助生產成本」二級帳及其明細帳與「基本生產成本」二級帳及明細帳結構相同，帳頁格式中的專欄是按「成本項目」設置的。

（二）不單獨歸集製造費用：簡化法，適用於規模較小的輔助生產。

只設置「生產成本——輔助生產成本」二級帳，輔助生產發生的所有費用直接計入該帳戶的借方。此時的二級帳及明細帳帳頁中的專欄需按「費用項目」設置，具體見【例2-4】。

【例2-4】榮達工廠考慮到本廠輔助生產規模較小，故對輔助生產費用的歸集採用不單獨歸集製造費用的方法。20××年8月31日供電、運輸車間本月發生的費用歸集見表2-9、表2-10，輔助生產成本明細帳是根據有關要素費用分配表填製的有關記帳憑證登記的。

表2-9　　　　　　　　　　　輔助生產成本明細帳
車間名稱：供電車間　　　　　20××年8月　　　　　　　　　　單位：元

| 20××年 || 憑證號數 | 摘要 | 材料費 | 人工費 | 水電費 | 折舊費 | 保險費 | 辦公費 | 其他 | 合計 |
月	日										
8	31			5,160							5,160
	31				4,268						4,268
	31					4,600					4,600
	31						1,400				1,400
	31							1,000			1,000
	31								2,200		2,200
	31									1,372	1,372
	31		本月合計	5,160	4,268	4,600	1,400	1,000	2,200	1,372	20,000

表2-10　　　　　　　　　　　輔助生產成本明細帳
車間名稱：運輸車間　　　　　20××年8月　　　　　　　　　　單位：元

| 20××年 || 憑證號數 | 摘要 | 材料費 | 人工費 | 水電費 | 折舊費 | 保險費 | 辦公費 | 其他 | 合計 |
月	日										
8	31			8,230							8,230
	31				12,530						12,530
	31					5,690					5,690
	31						1,460				1,460
	31							1,190			1,190
	31								600		600
	31									300	300
	31		本月合計	8,230	12,530	5,690	1,460	1,190	600	300	30,000

二、輔助生產費用的分配

輔助生產費用的分配同樣遵循「誰受益、誰負擔、受益多負擔多」的費用分配總原則。

首先應考慮輔助生產所生產的產品和勞務的不同對分配的影響。

（一）生產工具、模具、修理備用件（有實物形態）：歸集的費用期末應在其完工和未完工產品（與基本車間產品的不同）之間進行分配——該內容將在本章第八節介紹。

（二）提供水、電、汽產品（無實物形態）及運輸、修理等勞務：應將歸集的全部費用在其受益對象之間分配。

1. 無交互提供產品、勞務

當企業僅有一個輔助生產車間，或雖有兩個或兩個以上輔助生產車間但無交互提供產品、勞務時，按前述其他費用分配的方法、思路即可解決，見以下具體例子。

【例 2-5】仍以榮達工廠為例，其供電、運輸兩個輔助車間分配前歸集的費用分別為 20,000 元和 30,000 元，產品、勞務供應如表 2-11 所示。

表 2-11　　供電、運輸車間產品和勞務供應表 1

項　目	供電車間（度）	運輸車間（千米）
產品、勞務總量	10,000	2,000
基本車間產品耗用	8,000	
基本車間一般性耗用	1,000	1,500
行政部門用	1,000	500
合計	10,000	2,000

表 2-12　　輔助生產費用分配表（無交互提供產品、勞務 1）

項　目	供電車間 數量（度）	供電車間 金額（元）	運輸車間 數量(千米)	運輸車間 金額（元）	合　計
分配前費用		20,000		30,000	50,000
產品、勞務總量	10,000		2,000		
單位成本（分配率）		2		15	
基本車間產品耗用	8,000	16,000			16,000
基本車間一般性耗用	1,000	2,000	1,500	22,500	24,500
行政部門用	1,000	2,000	500	7,500	9,500
合計	10,000	20,000	2,000	30,000	50,000

單位成本：供電 = 20,000/10,000 = 2（元/度）

運輸 = 30,000/2,000 = 15（元/千米）

借：生產成本——基本生產成本　　　　　　　　　　　　16,000

　　製造費用——基本車間　　　　　　　　　　　　　　24,500

　　管理費用　　　　　　　　　　　　　　　　　　　　9,500

貸：生產成本——輔助生產成本——供電車間　　　　　　　　20,000
　　　　　　　　　　　　　　　　——運輸車間　　　　　　　　30,000

要求掌握的知識包括：分配結果計算；填製費用分配表；分錄的編製。

【例2-6】仍以榮達工廠為例，其供電、運輸兩個輔助車間分配前歸集的費用分別為 20,000 元和 30,000 元，產品、勞務供應如表 2-13 所示。與【例2-5】不同之處是運輸車間耗用了供電車間提供的電，但供電車間未接受運輸車間提供的服務，仍屬無交互提供產品、勞務之情形。

表 2-13　　　　　供電、運輸車間產品和勞務供應表 2

項　目	供電車間（度）	運輸車間（千米）
產品、勞務總量	10,000	2,000
基本車間產品耗用	8,000	
基本車間一般性耗用	1,000	1,500
行政部門耗用	500	500
運輸車間耗用	500	
合計	10,000	2,000

表 2-14　　　　　輔助生產費用分配表（無交互提供產品、勞務2）

受益對象	供電車間 數量（度）	供電車間 金額（元）	運輸車間 數量(千米)	運輸車間 金額（元）	合　計
待分配費用		20,000		30,000+1,000	51,000
產品、勞務總量	10,000		2,000		
單位成本		2		15.5	
基本車間產品耗用	8,000	16,000			16,000
基本車間一般性耗用	1,000	2,000	1,500	23,250	25,250
行政部門耗用	500	1,000	500	7,750	8,750
運輸車間耗用	500	1,000			1,000
合計	10,000	20,000	2,000	31,000	51,000

單位成本：供電＝20,000/10,000＝2（元/度）
　　　　　運輸＝(30,000+1,000)/2,000＝15.5（元/千米）

提示：先分配供電車間費用可以減少分配的工作量。

（1）供電車間費用分配的會計處理：本例中輔助生產採用不單獨歸集製造費用的處理辦法，後續相應內容若無特別指明，均按此處理。

借：生產成本——基本生產成本　　　　　　　　　　　　16,000
　　　　　　——輔助生產成本——運輸車間　　　　　　　1,000
　　製造費用——基本車間　　　　　　　　　　　　　　　2,000
　　管理費用　　　　　　　　　　　　　　　　　　　　　1,000
　　貸：生產成本——輔助生產成本——供電車間　　　　　20,000

運輸車間由於接受了供電車間提供的 500 度電從而使其費用總額由分配前的 30,000 元增加到 31,000 元，具體見表 2-15。

表 2-15　　　　　　　　　　　　**輔助生產成本明細帳**

車間名稱：運輸車間　　　　　　　20××年 8 月　　　　　　　　　單位：元

20××年		憑證號數	摘要	材料費	人工費	水電費	折舊費	保險費	辦公費	其他	合計
月	日										
8	31			8,230							8,230
	31				12,530						12,530
	31					5,690					5,690
	31						1,460				1,460
	31							1,190			1,190
	31								600		600
	31									300	300
	31		合計	8,230	12,350	5,690	1,460	1,190	600	300	30,000
	31		供電車間分配轉入費用			1,000					31,000
	31		分配轉出	8,230	12,350	6,690	1,460	1,190	600	300	31,000

（2）運輸車間的會計處理：

借：製造費用——基本車間　　　　　　　　　　　　　23,250
　　管理費用　　　　　　　　　　　　　　　　　　　7,750
　貸：生產成本——輔助生產成本——運輸車間　　　　　31,000

（3）將以上兩組分錄合編為：

借：生產成本——基本生產成本　　　　　　　　　　　16,000
　　　　　　——輔助生產成本——運輸車間　　　　　1,000
　　製造費用——基本車間　　　　　　　　　　　　　25,250
　　管理費用　　　　　　　　　　　　　　　　　　　8,750
　貸：生產成本——輔助生產成本——供電車間　　　　20,000
　　　　　　　　　　　　　　　　——運輸車間　　　31,000

2. 交互提供產品、勞務

當企業有兩個或兩個以上輔助生產車間且相互提供產品、勞務時，將引起輔助生產費用分配上的相互牽制，使費用分配變得複雜和困難，從而形成了輔助生產費用分配上與前述其他費用分配的不同，進而成為輔助生產費用分配關注的重點。解決這種分配上的相互牽制的途徑主要有以下四種辦法：

（1）直接分配法——只對外分、不對內分

直接分配法是將各輔助生產成本明細帳中歸集的費用總額，僅在輔助生產以外的受益部門之間按受益數量進行分配，對於各輔助生產車間之間相互提供的產品或勞務不在輔助生產內部進行分配的一種分配方法。簡而言之，直接分配法就是直接將全部費用分配給輔助生產以外的受益對象的分配方法。

注意：這裡所指的「內」和「外」是以輔助生產為劃分界限。

【特點】直接將全部費用分配給輔助生產以外的受益對象，忽視交互提供產品、勞務的事實，將事實上存在的交互提供產品和勞務視同無交互提供產品和勞務，從而使複雜問題得以簡單處理。

【公式】分配率（單位成本）＝ 分配前費用÷外部耗用量

值得注意的是，該方法計算出來的單位成本比實際單位成本（實際總費用/總耗用量）可能要高或低。

【評價】優點：簡單。缺點：分配結果不合理、不準確。

【適用範圍】僅適用於交互提供產品、勞務不多的輔助生產費用分配。

【例2-7】：在【例2-4】、【例2-5】、【例2-6】無交互提供產品、勞務基礎上調整為兩個輔助生產車間彼此交互提供產品、勞務，採用直接分配法進行分配。具體見表2-16。

表2-16　　　　　　　　供電、運輸車間產品和勞務供應表3

項　目	供電車間（度）	運輸車間（千米）
分配前費用	20,000 元	30,000 元
產品、勞務總量	10,000	2,000
單位成本	x	y
基本車間產品耗用	8,000	
基本車間一般性耗用	1,000	1,000
行政部門用	500	500
運輸車間用	500	
供電車間用		500
合計	10,000	2,000

表2-17　　　　　　　　輔助生產費用分配表（直接分配法）

項　目	供電車間 數量（度）	供電車間 金額（元）	運輸車間 數量(千米)	運輸車間 金額（元）	合　計
待分配費用		20,000		30,000	50,000
產品、勞務總量	10,000		2,000		
單位成本		2.105,3		20	
基本車間產品耗用	8,000	16,842.4			16,842.4
基本車間一般性耗用	1,000	2,105.3	1,000	20,000	22,105.3
行政部門用	500	1,052.3	500	10,000	11,052.3
運輸車間用	(500)	0			
供電車間用			(500)	0	
合計	9,500	20,000	1,500	30,000	50,000

單位成本：供電＝20,000/9,500 ＝ 2.105,3（元/度）

　　　　　運輸＝30,000/1,500 ＝ 20（元/千米）

借：生產成本——基本生產成本　　　　　　　　　　　　16,842.4

　　製造費用——基本車間　　　　　　　　　　　　　　22,105.3

　　管理費用　　　　　　　　　　　　　　　　　　　　11,052.3

　貸：生產成本——輔助生產成本——供電車間　　　　　20,000

　　　　　　　　　　　　　　　　——運輸車間　　　　30,000

（2）代數分配法——內、外同時分

代數分配法是運用代數中建立多元一次方程組的方法，計算出各輔助生產車間提供產品或勞務的實際單位成本，然後再按各車間、部門（包括輔助生產車間內部）耗用輔助生產車間產品或勞務的數量計算應分配的輔助生產費用的一種分配方法。

【特點】根據數學上解聯立方程式的原理，立足於「輔助生產費用總額」來建立方程式計算出實際單位成本，再按照勞務耗用量和實際單位成本在全部受益對象之間分配。

【評價】優點：分配結果最準確。缺點：過程比直接分配法複雜，計算量大。

【適用範圍】已實現會計電算化的單位。

【例2-8】：資料同【例2-7】，採用代數分配法進行分配，具體分配過程見表2-18。

建立方程組：

$$\begin{cases} 10,000x = 20,000 + 500y \\ 2,000y = 30,000 + 500x \end{cases}$$

求解後得：X = 2.784,8；y = 15.696,2

表2-18　　　　　　　　　輔助生產費用分配表（代數分配法）

項 目	供電車間 數量（度）	供電車間 金額（元）	運輸車間 數量（千米）	運輸車間 金額（元）	合 計
待分配費用		20,000		30,000	50,000
產品、勞務總量	10,000		2,000		
單位成本（分配率）		2.784,8		15.696,2	
基本車間產品耗用	8,000	22,278.4			22,278.4
基本車間一般性耗用	1,000	2,784.8	1,000	15,696.2	18,481
行政部門用	500	1,392.4	500	7,848.1	9,240.4
運輸車間用	500	1,392.4			1,392.4
供電車間用			500	7,848.	7,848.1
合計	10,000	27,848	2,000	31,392.3	59,240.3

①供電車間會計處理：

借：生產成本——基本生產成本　　　　　　　　　　　　　22,278.4
　　　　　——輔助生產成本——運輸車間　　　　　　　　 1,392.4
　　製造費用——基本車間　　　　　　　　　　　　　　　 2,784.8
　　管理費用　　　　　　　　　　　　　　　　　　　　　 1,392.4
　貸：生產成本——輔助生產成本——供電車間　　　　　　27,848

②運輸車間會計處理：

借：生產成本——輔助生產成本——供電車間　　　　　　　7,848.1
　　製造費用——基本車間　　　　　　　　　　　　　　　15,696.2
　　管理費用　　　　　　　　　　　　　　　　　　　　　 7,848.1
　貸：生產成本——輔助生產成本——運輸車間　　　　　　31,392.4

③兩個輔助車間會計處理合在一起：

借：生產成本——基本生產成本　　　　　　　　　　22,278.4
　　　　——輔助生產成本——供電車間　　　　　　　7,848.1
　　　　——輔助生產成本——運輸車間　　　　　　　1,392.4
　　製造費用——基本車間　　　　　　　　　　　　 18,481
　　管理費用　　　　　　　　　　　　　　　　　　 9,240.5
　貸：生產成本——輔助生產成本——供電車間　　　　27,848
　　　　　　　　　　　　　　　——運輸車間　　　　31,392.4

（3）（一次）交互分配法——先對內分後對外分、先內外分後外分（選學）

一次交互分配法是指將輔助生產車間的費用分兩次進行，第一次對內分：只限於各輔助生產車間之間根據相互提供的產品或勞務進行交互分配費用，輔助生產以外的受益對象不參加分配；第二次對外分：是將輔助生產分配前的費用，加上交互分配轉入費用，減去交互分配轉出費用，計算出各輔助生產車間的實際對外分配費用後，分配給輔助生產部門以外的受益單位。

【特點】先在輔助生產之間進行交互分配；調整後再向外部受益對象分配。需進行兩次分配。

【公式】①交互分配率 = 分配前費用÷產品和勞務總量　　（小於實際單位成本）
②某輔助車間負擔的費用 = 該輔助車間耗用量×交互分配率
③對外分配費用=分配前費用+交互分配轉入費用−交互分配轉出費用
④對外分配率 = 對外分配費用÷外部耗用量
⑤某外部受益對象負擔的費用 = 該對象耗用量×對外分配率

【評價】優點：分配結果比直接分配法合理、準確。缺點：分配過程較複雜、計算工作量大。

【例2-9】資料同【例2-7】，採用一次交互分配法進行分配，分配率保留小數點後四位。具體分配過程見表2-19。

表2-19　　　　　　　　　　　輔助生產費用分配表
　　　　　　　　　　　　　　　（一次交互分配法）　　　　　　　　　　單位：元

項目	交互分配				對外分配				金額合計
	供電車間		運輸車間		供電車間		運輸車間		
	數量	金額	數量	金額	數量	金額	數量	金額	
待分配費用		20,000		30,000		26,500		23,500	50,000
產品、勞務總量	10,000		2,000		9,500		1,500		
費用分配率		2		15		2.789,5		15.666,7	
受益對象									
供電車間			500	7,500					7,500
運輸車間	500	1,000							1,000
基本車間產品生產耗用					8,000	22,316			22,316
基本車間一般性消耗					1,000	2,789.5	1,000	15,666.7	18,456.2

表2-19(續)

項目	交互分配				對外分配				金額合計
	供電車間		運輸車間		供電車間		運輸車間		
	數量	金額	數量	金額	數量	金額	數量	金額	
行政部門用					500	1,394.5	500	7,833.3	9,227.8
合計	500	1,000	500	7,500	9,500	26,500	2,000	23,500	58,500

①交互分配率：供電=20,000/10,000=2（元/度）；運輸=30,000/2,000=15（元/度）
③對外分配費用：供電=20,000+7,500-1,000=26,500（元）
　　　　　　　　運輸=30,000+1,000-7,500=23,500（元）
④對外分配率：供電=26,500/9,500=2.789,5（元/度）
　　　　　　　運輸=23,500/1,500=15.666,7（元/度）

交互分配分錄：
借：生產成本——輔助生產成本——供電車間　　　　　　　　　7,500
　　生產成本——輔助生產成本——運輸車間　　　　　　　　　1,000
　貸：生產成本——輔助生產成本——運輸車間　　　　　　　　7,500
　　　生產成本——輔助生產成本——供電車間　　　　　　　　1,000

對外分配分錄：
借：生產成本——基本生產成本　　　　　　　　　　　　　　22,316
　　製造費用——基本車間　　　　　（2,789.5+15,666.77）18,456.2
　　管理費用　　　　　　　　　　　（1,394.5+7,833.23）9,221.73
　貸：生產成本——輔助生產成本——供電車間　　　　　　　26,500
　　　　　　　　　　　　　　　　——運輸車間　　　　　　23,500

（4）計劃成本分配法——內、外同時分

計劃成本分配法是指按事先確定的輔助生產車間提供的產品或勞務的計劃單位成本和各車間、部門耗用的數量，計算各車間、部門應分配的輔助生產費用的一種方法。對於按計劃成本計算的分配額和各輔助生產車間實際發生費用之間的差額，為了簡化核算，可列入「管理費用」科目中。如果是超支差，應增加管理費用，如果是節約差，則應衝減管理費用。

【特點】①先根據勞務的計劃單位成本和各受益對象（含輔助生產單位）的受益量進行分配。②再將計劃成本分配額與「實際」費用（待分配費用+按計劃單位成本分配的費用）之間的差額進行調整分配，為簡化起見，差異可全部計入管理費用。

【公式】①「實際」費用＝分配前費用+按計劃單位成本分配的費用
②差異＝「實際」費用－按計劃單位成本分配轉出的費用
　　　＝(分配前費用+按計劃成本分配的費用)－按計劃單位成本分配轉出的費用

【適用範圍】適用於計劃成本資料較準確的單位。

> 提示：差異為正數，屬超支；為負數，屬節約。

【例2-10】：資料同【例2-7】，採用計劃成本分配法進行分配，假設供電車間的每度電計劃成本為2.8元；運輸車間每千米計劃成本為15.6元，分配表見表2-20、表2-21。

表 2-20　　　　　　　輔助生產費用分配表 1（計劃成本分配法）

項　目	供電車間 數量(度)	供電車間 金額(元)	運輸車間 數量(千米)	運輸車間 金額(元)	成本差異 供電	成本差異 運輸	合　計
分配前費用		20,000		30,000			50,000
產品、勞務總量	10,000		2,000				
計劃單位成本		2.8		15.6			
基本車間產品耗用	8,000	22,400					22,400
基本車間一般性耗用	1,000	2,800	1,000	15,600			18,400
行政部門用	500	1,400	500	7,800	-200	200	9,200
運輸車間用	500	1,400					1,400
供電車間用			500	7,800			7,800
合計	10,000	28,000	2,000	31,200	-200	200	59,200

表 2-21　　　　　　　輔助生產費用分配表 2（計劃成本分配法）

項　目	供電車間 數量（度）	供電車間 金額（元）	運輸車間 數量(千米)	運輸車間 金額（元）	合　計
分配前費用		20,000		30,000	50,000
產品、勞務總量	10,000		2,000		
計劃單位成本		2.8		15.6	
基本車間產品耗用	8,000	22,400			22,400
基本車間一般性耗用	1,000	2,800	1,000	15,600	18,400
行政部門用	500	1,400	500	7,800	9,200
運輸車間用	500	1,400			1,400
供電車間用			500	7,800	7,800
合計	10,000	28,000	2,000	31,200	59,200(計)

供電車間實際成本 = 20,000 + 7,800 = 27,800（元）
運輸車間實際成本 = 30,000 + 1,400 = 31,400（元）
供電車間成本差異 = 27,800 - 28,000 = -200（元）——節約差異
運輸車間成本差異 = 31,400 - 31,200 = 200（元）——超支差異

①按計劃單位成本分配的會計處理：
借：生產成本——基本生產成本　　　　　　　　　　　　　　22,400
　　　　　　——輔助生產成本——供電車間　　　　　　　　 7,800
　　　　　　——輔助生產成本——運輸車間　　　　　　　　 1,400
　　製造費用——基本車間　　　　　　　　　　　　　　　　18,400
　　管理費用　　　　　　　　　　　　　　　　　　　　　　 9,200
　貸：生產成本——輔助生產成本——供電車間　　　　　　　28,000
　　　　　　　　　　　　　　　——運輸車間　　　　　　　31,200

②調整成本差異的會計處理：
借：管理費用　　　　　　　　　　　　　　　　　　　　　　 200

貸：生產成本——輔助生產成本——供電車間　　　　　200
　　借：管理費用　　　　　　　　　　　　　　　　　　　200
　　　貸：生產成本——輔助生產成本——運輸車間　　　　　200

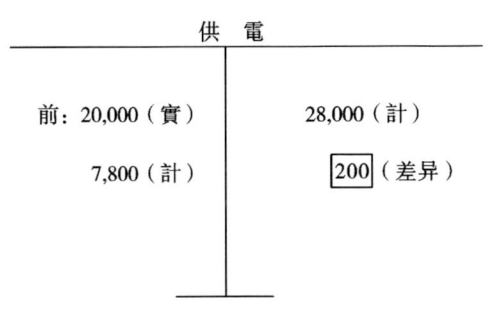

```
                        供    電
            ┌─────────────────────┐
            │                     │
  前：20,000（實）      28,000（計）
            │                     │
   7,800（計）          200（差異）
            │                     │
```

第七節　製造費用的歸集和分配

一、製造費用的歸集

(一) 製造費用的概念和構成

　　製造費用是指工業企業的各個生產單位（分廠、車間）為生產產品或提供勞務而發生的，應計入產品成本但沒有專設成本項目的各項生產費用，包括各項間接生產費用及不便於專設成本項目的直接生產費用。

　　製造費用大部分是間接用於產品生產的費用，比如機物料消耗、輔助人員的職工薪酬、車間房屋及建築物的折舊費、保險費、租賃費、車間生產用的照明費、取暖費、勞動保護費以及季節性停工和生產用固定資產修理期間的停工損失等。製造費用中還有一部分直接用於產品生產的直接生產費用，但管理上不要求或者核算上不便於單獨核算，因而沒有專設成本項目的生產費用，如機器設備的折舊費、租賃費、保險費、生產工具攤銷費、設計制圖費和試驗檢驗費等。製造費用還包括車間用於組織和管理生產的費用，這些費用的性質本屬於管理費用，但由於它們是生產車間的管理費用，與生產車間的製造費用很難嚴格劃分，為簡化核算工作，也將它們作為製造費用核算，如生產車間管理人員職工薪酬，車間管理用房屋和設備的折舊費、租賃費、保險費、車間管理用具攤銷，車間管理用的照明費、水費、取暖費、差旅費、辦公費、電話費等。如果企業的組織機構分為車間、分廠和總廠等若干層次，企業的分廠與企業的生產車間相似，也是企業的生產單位，因而其發生的用於組織和管理生產的費用，也作為製造費用核算。

　　製造費用的內容比較複雜，為了減少費用項目，簡化製造費用的核算工作，通常將上述相同性質的費用合併設立相應的費用項目，如將生產工具和管理用具的攤銷合併設立「低值易耗品攤銷」項目，將輔助生產人員和管理人員職工薪酬合併設立「職工薪酬」項目，將車間用於生產的房屋租賃費與用於車間管理的房屋租賃費合併設立「租賃費」項目等。一般而言，製造費用的項目包括：機物料消耗、職工薪酬、折舊費、租賃費（不包括融資租賃費）、保險費、低值易耗品攤銷、水電費、取暖費、勞動

保護費、設計制圖費、試驗檢驗費、差旅費、辦公費和在產品盤虧、毀損和報廢，以及季節性及修理期間停工損失等。製造費用項目可以根據工業企業自己的生產特點和管理上的要求進行調整，既可以合併或進一步細分，也可以另行設立製造費用項目。但是，製造費用項目一經確定，不應任意變更。

> 提示：生產車間維修費用歸集與分配的變化。
> 《企業會計準則應用指南附錄—會計科目和主要帳務處理》規定，企業生產車間發生的費用化的修理費用不再計入「製造費用」科目，而是直接計入「管理費用」科目。因此導致「製造費用」核算範圍也發生了變化。

(二) 製造費用的歸集

製造費用的歸集應通過「製造費用」「生產成本——輔助生產成本」（規模較小的輔助生產可以不單獨歸集製造費用）科目的借方進行。

1. 基本生產的製造費用

基本生產的製造費用應通過「製造費用——基本車間」科目借方進行歸集。該科目的借方用於歸集企業在一定時期內發生的全部基本生產的製造費用，貸方反應全部基本生產製造費用的分配，月末一般無餘額。

2. 輔助生產的製造費用

輔助生產的製造費用應通過「製造費用——輔助車間」科目或「生產成本——輔助生產成本」科目的借方進行歸集。「製造費用——輔助車間」二級帳的結構與「製造費用——基本車間」二級帳相同。

「製造費用」科目應按不同的車間、部門設立明細帳，帳內按照費用項目設立專欄或專戶，分別反應各車間、部門各項製造費用的發生情況，便於進行成本管理，通常是通過「製造費用」明細帳歸集費用（見表2-22）。

表2-22　　　　　　　　　　製造費用的明細帳

車間名稱：

摘要	機物料消耗	外購動力	職工薪酬	折舊費	水電費	保險費	辦公費	其他	合計
（略）									
合計									

二、製造費用的分配

為了正確計算產品成本，必須合理地分配製造費用。由於各車間的製造費用水平不同，製造費用的分配應該按照車間分別進行，而不應將各車間的製造費用匯總起來

在整個企業範圍內統一分配。

在生產一種產品的車間、部門中,發生的製造費用應直接計入該種產品的成本。在生產多種產品的車間、部門中,就存在多個成本對象,發生的製造費用則屬於間接計入費用;應採用適當的分配方法,分配計入各成本對象的成本中。即在生產多種產品的車間、部門共同發生的製造費用,才出現分配問題。以成本對象是產品品種為代表介紹。

(一) 實際分配率分配法

按實際發生的製造費用總額分配,分配後「製造費用」帳戶期末無餘額。由於採用的具體分配標準不同而形成了不同的分配方法。

1. 生產工人工時比例分配法

生產工人工時比例法簡稱生產工時比例法,是按照各種產品所用生產工人實際工時的比例分配費用的方法。其計算公式如下:

$$製造費用分配率 = \frac{製造費用總額}{各種產品實際(或定額)工時之和}$$

$$某產品應分配的製造費用 = 該產品實際(或定額)工時 \times 製造費用分配率$$

這種分配方法的優點是資料容易取得,方法比較簡單。在原始記錄和生產工時統計資料比較健全的車間,都可以採用這種方法來分配製造費用。

2. 生產工人工資比例分配法

生產工人工資比例法簡稱生產工資比例法,是按照計入各種產品成本的生產工人實際工資的比例分配製造費用的方法。其計算公式如下:

$$\frac{製造費用}{分配率} = \frac{製造費用總額}{生產工人工資總額}$$

$$某產品應分配的製造費用 = 該種產品生產工人工資 \times 製造費用分配率$$

3. 機器工時比例分配法

機器工時比例法是按照各種產品生產所用機器設備運轉時間的比例分配製造費用的一種方法。其計算公式如下:

$$製造費用分配率 = \frac{製造費用總額}{各種產品耗用機器工時之和}$$

$$某產品應分配的製造費用 = 該產品耗用的機器工時 \times 製造費用分配率$$

這種方法適用於機械化程度較高的車間,因為在這種車間中,折舊費、修理費的大小與機器運轉的時間密切相連。採用這種方法,必須正確組織各種產品所耗用機器工時的記錄數,以保證工時的準確性。

(二) 年度計劃分配率分配法

年度計劃分配率分配法是指按照年度開始前確定的全年度適用的計劃分配率,分配製造費用的一種方法。採用這種方法,不論各月實際發生的製造費用是多少,每月各種產品中的製造費用都按年度計劃分配率分配,從而使1~11月的「製造費用」帳戶可能出現借方或貸方餘額。

如果年度內發現全年的製造費用實際數和產品的實際產量與計劃分配率計算的分配數之間存在差額，一般只在年末調整並計入 12 月份的產品成本中，借記「基本生產成本」二級帳，貸記「製造費用」帳戶。如果實際發生額大於計劃分配額，用藍字補加，否則用紅字沖減。在分配中如果發現年內分配的計劃數與實際數差額較大，則應及時調整計劃分配率，以便達到分配額相對準確。計算公式如下：

$$年度計劃分配率 = \frac{年度製造費用計劃總數}{年度各產品計劃產量的定額工時總數}$$

某月某產品應負擔的製造費用 = 該月該產品實際產量的定額工時 × 年度計劃分配率

【例 2-11】榮達工廠基本生產車間生產甲、乙兩種產品。本月已歸集在「製造費用——基本車間」帳戶借方的製造費用合計為 76,776 元（見表 2-23）。甲產品生產工時為 15,000 小時，乙產品生產工時為 10,000 小時，要求按生產工人工時比例分配製造費用。

表 2-23　　　　　　　　製造費用的明細帳（基本生產車間）

20××年 8 月 31 日　　　　　　　　　　單位：元

摘要	機物料消耗	外購動力	職工薪酬	折舊費	水電費	保險費	勞保費	其他	合計	轉出
（略）	3,160								3,160	
		4,400							4,400	
			55,896						55,896	
				3,480					3,480	
					3,240				3,240	
						4,000			4,000	
							2,000		2,000	
								600	600	
合計	3,160	4,400	55,896	3,480	3,240	4,000	2,000	600	76,776	76,776
期末分配轉出	3,160	4,400	55,896	3,480	3,240	4,000	2,000	600	76,776	76,776

解：

$$製造費用分配率 = \frac{76,776}{15,000+10,000} = 3.071,04$$

甲產品應負擔的製造費用 = 15,000 × 3.071,04 = 46,065.60（元）

乙產品應負擔的製造費用 = 76,776 - 46,065.60 = 30,710.40（元）

將計算結果填入表 2-24：

表 2-24　　　　　　　　　製造費用分配表　　　　　　　　　單位：元

產品名稱	分配標準（生產工時）	分配率	分配額
甲產品	15,000		46,065.60
乙產品	10,000		30,710.40
合計	25,000	3.071,04	76,776

會計分錄：
借：生產成本——基本生產成本——甲產品　　　　　46,065.60
　　生產成本——基本生產成本——乙產品　　　　　30,710.40
　　貸：製造費用——基本車間　　　　　　　　　　　　76,776

【例2-12】榮達工廠基本生產車間生產甲、乙兩種產品。20××年8月末已歸集在「製造費用——基本車間」帳戶借方的製造費用合計為76,776元（見表2-23）。20××年8月份甲產品生產工時為15,000小時，乙產品生產工時為10,000小時，已知該企業年度計劃分配率為3元/工時。20××年8月初「製造費用」餘額為貸方150元（1~7月製造費用累計的節約差）。

要求：（1）按年度計劃分配率分配8月份的製造費用並編製相應的會計分錄；
　　　（2）計算8月末「製造費用」期末餘額並確定其餘額方向。

解：（1）甲產品負擔的製造費用＝15,000×3＝45,000（元）
乙產品負擔的製造費用＝10,000×3＝30,000（元）
借：生產成本——基本生產成本——甲產品　　　　　45,000
　　生產成本——基本生產成本——乙產品　　　　　30,000
　　貸：製造費用——基本車間　　　　　　　　　　　　75,000
（2）期末借方餘額 ＝ 76,776－75,000－150＝1,626（1~8月的累計超支數）

> 提示：如果將【例2-12】中的月份改為12月末，其他條件不改，如何分配12月份的製造費用？與上述處理有何區別？

第八節　生產費用在完工產品與在產品之間的歸集和分配

一、在產品數量的確定

（一）在產品和完工產品的含義

企業的在產品是指沒有完成全部生產過程，不能作為商品銷售的產品。在產品有狹義和廣義之分。狹義在產品是指在某一生產車間或某一生產步驟內進行加工的在製品，以及正在返修的廢品和已完成本步驟生產但尚未驗收入庫的半成品。廣義在產品是從整個企業範圍來定義的，是指從材料投入生產開始，到最後製成產品驗收入庫等待出售前的一切未完工產品，不僅包括狹義在產品，還包括已經完成部分加工階段，已由倉庫驗收，但還需繼續加工的半成品、未驗收入庫的產成品以及等待返修的廢品。對於不準備在本企業繼續加工，等待對外銷售的自製半成品，應作為商品產品，不應列入在產品範圍之內。不可修復的廢品也不應列入在產品。本節述及的在產品為狹義在產品。

（二）在產品收發結存數量的確定

在產品數量的核算，主要有兩項工作：一是在產品收發結存的日常核算工作，二是在產品的清查工作。做好這兩項工作，不僅可以從帳面上隨時掌握在產品的動態情況，還可以查清在產品的實際數量，對於正確計算產品成本，加強生產資金管理和保

護企業財產的安全，都具有十分重要的意義。

1. 在產品日常收發結存的核算工作

在產品收發結存的日常核算，通常是在車間內按產品品種和在產品的名稱（如零件、部件的名稱）設置「在產品收發結存帳」（也叫在產品臺帳）進行核算，以便用來反應各種在產品的收入、發出、結存的數量。根據生產工藝特點與管理要求，可進一步按加工工序、工藝流程分設欄目來反應在產品的數量。在產品臺帳應根據在產品內部轉移憑證、廢品返修單、產品檢驗憑證以及產成品、自制半成品的交庫單等進行登記。简化的在產品臺帳格式如表 2-25 所示。

表 2-25　　　　　　　　在產品收發結存帳（在產品臺帳）
車間名稱：第一生產車間　　　　　20××年8月　　　　　在產品名稱：乙零件
單位：件

日期	摘要	收入		轉出			結存	
		憑證號	數量	憑證號	合格品	廢品	完工	未完工
1/8	結存						20	200
10/8	發出			201	100	2		118
22/8	入庫	101	125				31	212
25/8	發出			212	102	1		140

2. 在產品定期盤點清查工作

為了核實在產品數量，在進行在產品收發結存數量核算的同時，必須對在產品進行定期或不定期的清查盤點，以保護在產品的安全完整。在產品清查後，應根據盤點結果，編製在產品盤存表，與「在產品收發結存帳」進行核對，如有不符，應填寫「在產品盤點報告單」，說明盤盈、盤虧的數量及發生盤盈、盤虧的原因，並報經批准，及時處理。

(三) 在產品數量的盤存制度

無論採用哪一種方法，各月末在產品的數量和費用的大小以及數量或費用變化的大小，對於完工產品成本計算都有很大影響。欲計算完工產品的成本，需取得在產品增減動態和實際結存的數量資料，因而須正確組織在產品收發結存的數量核算。為了確保在產品的安全、完整，在產品的盤存制度應盡可能採用連續記錄法（永續盤存制），平時設置「在產品收發結存帳」（也叫在產品臺帳）進行收發結存的日常核算。

(四) 在產品清查的核算

為了核實在產品的數量，保護在產品的安全完整，企業必須認真做好在產品的清查工作。清查可以定期進行，也可以不定期進行。清查時，應根據盤點結果和帳面資料編製在產品盤存表，填製在產品的帳面數、實存數和盤盈、盤虧數，以及盈虧的原因和處理意見等；對於報廢和毀損的在產品，還應登記其殘值。成本核算人員應對在產品的清查結果進行審核，並進行如下帳務處理：

1. 在產品盤盈的帳務處理

對清查中發現的在產品盤盈，應按定額成本（或同類或類似產品的市場價格）入帳，作如下會計分錄：

借：生產成本——基本生產成本

貸：待處理財產損溢——待處理流動資產損溢

經批准後對盤盈的在產品進行處理時，一般是衝減「管理費用」，作如下的會計分錄：

借：待處理財產損溢——待處理流動資產損溢
　　貸：管理費用

2. 在產品盤虧的帳務處理

對清查中發現在產品盤虧時，應根據帳面的實際成本，作如下的會計分錄：

借：待處理財產損溢——待處理流動資產損溢
　　貸：生產成本——基本生產成本

在產品毀損時入庫的殘值，要根據估計的成本入帳，衝減在產品的損失，作如下的會計分錄：

借：原材料
　　貸：待處理財產損溢——待處理流動資產損溢

在產品盤虧的淨損失，應根據不同的情況作不同的帳務處理，分別列入到不同的會計科目中。對於因管理不善造成的在產品盤虧，應借記「管理費用」科目；應由責任人或保險公司賠償的部分，應轉入「其他應收款」科目的借方；由不可抗拒力造成的在產品非常損失，應轉入「營業外支出」借方，等等。一般做如下會計分錄：

借：管理費用
　　其他應收款
　　營業外支出
　　……
　　貸：待處理財產損溢——待處理流動資產損溢

二、生產費用在完工產品和在產品之間的分配

在本章 3~7 節裡，介紹了生產費用在各種成本對象之間的橫向費用分配，確定出了某一成本對象應負擔的本月的各項生產費用，由於該成本對象所對應的產品本月不一定全部完工，為了確定本月完工產品的成本，需要將該產品所耗的月初在產品成本和本月生產費用合計在完工產品和在產品之間進行分配，即進行生產費用的縱向劃分。

（一）生產費用在完工產品和在產品之間的歸集

企業在生產過程中發生的生產費用，經過在各種產品之間進行分配和歸集，應計入本月各種產品成本的生產費用，都已集中反應在「基本生產成本」二級帳戶和所屬各種產品成本明細帳中。月末，企業生產的產品有三種情況：

（1）產品已全部完工，產品成本明細帳中歸集的生產費用（如果有月初在產品，還包括月初在產品成本）之和，就是該完工產品的成本；

（2）如果當月全部產品都沒有完工，產品成本明細帳中歸集的生產費用之和，就是該種在產品的成本；

（3）如果既有完工產品又有在產品，產品成本明細帳中歸集的生產費用之和，應在完工產品和月末在產品之間採用適當的分配方法，進行生產費用的歸集和分配，以計算完工產品和月末在產品的成本。

月初在產品成本、本月生產費用與本月完工產品成本、月末在產品成本之間的關

係，可以用下列公式表達：

月初在產品成本+本月生產費用=本月完工產品成本+月末在產品成本

公式的前兩項是已知數，後兩項是未知數，前兩項的費用之和，在完工產品和月末在產品之間採用一定的方法進行分配。按分配計算的程序不同可為兩大類：一是先計算確定月末在產品成本，然後倒算出完工產品成本，如月末在產品按定額成本計價法等；二是將公式前兩項之和按照一定比例在完工產品和月末在產品之間進行分配，同時求得完工產品成本和月末在產品成本，如約當產量法、定額比例法等。

（二）生產費用在完工產品和在產品之間的分配方法

生產費用在完工產品與在產品之間分配的方法主要有七種：不計算在產品成本法、按年初數固定計算在產品成本法、在產品按所耗原材料費用計價法、約當產量比例法、在產品按完工產品成本計算法、在產品按定額成本計價法和定額比例法。企業應根據其在產品數量的多少、各月在產品數量變化的大小、各種費用比重的大小，以及定額管理基礎好壞等具體條件和實際情況，選擇既合理又簡便的分配方法。

根據分配過程中對費用分配是否適當減少分配工作量，分為兩大類：

1. 簡化法

（1）不計算在產品成本法

不計算在產品成本法，是指雖然月末有結存在產品，但月末在產品數量很少，價值很低，並且各月份在產品數量比較穩定，從而可對月末在產品成本忽略不計的一種分配方法。

為簡化產品成本計算工作，根據重要性原則，可以不計算月末在產品成本，本月生產費用全部視為完工產品成本，本月各產品發生的生產耗費全部由完工產品負擔。例如：自來水生產、發電、採掘等單位都可採用這種成本核算方法。

計算公式：本月生產費用=本月完工產品成本

（2）在產品成本按年初固定成本計價法

按年初數固定計算在產品成本法，是對各月在產品成本按年初在產品成本計價的一種方法。這種方法適用於各月月末在產品結存數量較少，或者雖然在產品結存數量較多，但各月月末在產品數量穩定、起伏不大的產品。

採用在產品按年初數固定計算的方法，對於每年年末在產品，則需要根據實際盤存資料，採用其他方法計算在產品成本，以免在產品以固定不變的成本計價延續時間太長，使在產品成本與實際出入過大而影響產品成本計算的正確性從而導致企業存貨資產反應失實。例如：冶煉企業和化工企業由於高爐和化學反應裝置的容積固定，可以採用這種方法計算在產品成本。

計算公式如下：

1~11月：完工產品成本=本月生產費用

月初在產品成本=月末在產品成本

12月：完工產品成本 =年初在產品成本+本月生產費用-年末在產品成本

【例2-13】某企業生產A產品，月初在生產成本為2,400元，其中：直接材料費用1,200元，直接人工560元，製造費用640元。本月發生各項生產費用合計53,400元，其中：直接材料費用36,800元，直接人工9,560元，製造費用7,040元。本月完工品400件，月末在產品50件。採用在產品按固定成本計算法進行產品成本計算，計

算結果如表 2-26 所示。

表 2-26　　　　　　　　　　　產品成本計算單
產品名稱：A 產品　　　　　　　20××年 3 月　　　　　　　　　　　單位：元

項　目	直接材料	直接人工	製造費用	合計
月初在產品成本	1,200	560	640	2,400
本月發生生產費用	36,800	9,560	7,040	53,400
合　計	38,000	10,120	7,680	55,800
完工產品成本	36,800	9,560	7,040	53,400
月末在產品成本	1,200	560	640	2,400
完工產品單位成本	92	23.90	17.60	133.50

（3）在產品成本按所耗原材料費用計價法

這種方法是指月末在產品成本只計算其所耗用的原材料費用，不計算直接人工及製造費用等加工費用的一種方法。如果企業各月末在產品數量較大，而且在產品數量變化較大，但原材料費用在產品成本中佔有較大比重時，為簡化核算工作，在產品成本可以只計算原材料費用，不計算其他費用，其他費用全部由完工產品成本負擔。這樣全部生產費用減去按直接材料費用計算的在產品成本後的餘額，即為完工產品成本。它適用於各月在產品數量較大且比較均衡，同時直接材料費用佔其成本的比重較大的企業，如紡織、造紙、釀酒等企業。

計算公式：

完工產品成本＝期初在產品的原材料費用＋本期生產費用－月末在產品的原材料費用

【例 2-14】某企業生產甲產品，月初在產品成本為 4,400 元，本月發生各項生產費用合計 83,400 元，其中：直接材料費用 76,800 元，直接人工 4,560 元，製造費用 2,040 元。原材料在生產開始時一次性投入。本月完工產品 200 件，月末在產品 80 件。採用在產品按所耗直接材料費用計算法計算完工產品和在生產產品。

直接材料費用分配率＝$\dfrac{4,400+76,800}{200+80}$＝290

月末在產品成本＝290×80＝23,200 元

完工產品直接材料成本＝290×200＝58,000 元

完工產品總成本＝58,000＋4,560＋2,040＝64,600 元

或：完工產品總成本＝4,400＋83,400－23,200＝64,600 元

根據上述計算結果，編製「產品成本計算單」，如表 2-27 所示。

表 2-27　　　　　　　　　　　產品成本計算單
產品名稱：甲產品　　　　　　　20××年 3 月　　　　　　　　　　　單位：元

項　目	直接材料	直接人工	製造費用	合計
月初在產品成本	4,400	—	—	4,400
本月發生生產費用	76,800	4,560	2,040	83,400
合計	81,200	4,560	2,040	87,800

表2-27(續)

項　目	直接材料	直接人工	製造費用	合計
完工產品成本	58,000	4,560	2,040	64,600
月末在產品成本	23,200	—	—	23,200
完工產品單位成本	290	22.80	10.20	323

(4) 在產品成本按完工產品成本計價法

在產品按完工產品計算法是將在產品視同完工產品計算、分配生產費用。這種分配方法適用於月末在產品已接近完工，或產品已經加工完畢但尚未驗收或包裝入庫的產品。這是因為在這種情況下，在產品已接近完工產品成本，為了簡化產品成本計算工作，將在產品可以視同完工產品，按兩者數量比例分配生產費用。

2. 非簡化法

前述簡化法均有特定的使用條件，當企業期末在產品不具備相應條件下，可依據實際情況選擇更恰當的方法。

(1) 在產品成本按定額成本計價法

在產品按定額成本計價法是按照預先制定的有關定額資料計算月末在產品成本，即月末在產品成本按其數量和單位定額成本計算。產品的月初在產品費用加本月生產費用，減月末在產品的定額成本，其餘額即為完工產品成本。每月生產費用脫離定額的差異，全部由完工產品負擔。這種方法適用於定額管理基礎較好，各項消耗定額或費用定額比較準確、穩定，而且各月在產品數量變動不大的產品。採用這種方法，應根據各種產品有關定額資料，以及在產品月末結存數量，計算各種月末在產品的定額成本。

①在產品定額成本的計算公式為（分成本項目分別計算）：

直接材料＝在產品數量×材料消耗定額×材料計劃單價

直接人工＝在產品數量×工時定額×計劃小時工資率

製造費用＝在產品數量×工時定額×計劃小時費用率

在產品定額成本＝(直接材料＋直接人工＋製造費用)×定額成本

②完工產品某成本項目金額＝該項目費用合計 － 在產品相應項目定額成本

【例2-15】某企業 B 產品的生產分兩道工序制成，原材料在各道工序開始時一次性投入，各道工序內在產品的平均加工程度為 50%，在產品的產量和定額消耗資料如表 2-28 所示。

表 2-28　　　　　　　　　在產品產量和定額消耗表

工序	月末在產品數量（件）	單位產品原材料消耗定額（千克）	單位產品工時定額（小時）
1	300	25	5
2	200	15	3
合計	500	40	8

直接材料計劃單價 1.20 元，單位產品工時定額 8 小時，計劃每工時費用分配率為：直接人工 2 元/小時，製造費用 2.5 元/小時。B 產品月初在產品和本月生產費用合計

為：直接材料 26,500 元，直接人工 9,480 元，製造費用 11,875 元。

要求：按月末在產品按定額成本計價法分配計算本月完工產品和月末在產品成本（見表 2-29、表 2-30）。

表 2-29　　　　　　　　　　月末在產品定額成本計算表

產品名稱：B 產品　　　　　　20××年 3 月　　　　　　　　　　單位：元

工序	在產品數量	直接材料費用	定額工時	直接人工	製造費用	定額成本合計
1	300	300×25×1.2 = 9,000	300×5×50% = 750	1,500	1,875	12,375
2	200	200×40×1.2 = 9,600	200×（5+3×50%）= 1,300	2,600	3,250	15,450
合計	500	18,600	2,050	4,100	5,125	27,825

表 2-30　　　　　　　　　　　產品成本計算單

產品名稱：B 產品　　　　　　20××年 3 月　　　　　　　　　　單位：元

摘　　　要	直接材料	直接人工	製造費用	合計
月初和本月生產費用合計	26,500	9,480	11,875	47,855
完工產品成本	7,900	5,380	6,750	20,030
月末在產品定額成本	18,600	4,100	5,125	27,825

（2）約當產量比例法

約當產量比例法是指生產費用按照完工產品數量與月末在產品約當產量為比例，分配計算完工產品成本與月末在產品成本的一種方法。所謂約當產量，是指將月末在產品數量按其完工程度折算為相當於完工產品的數量，其中，完工產品可以是產成品，也可以是半成品。本月完工產品數量與月末在產品約當產量之和，稱為約當總產量，簡稱約當產量。

約當產量比例法適用範圍較廣，特別適用於月末在產品數量較大，各月末在產品數量變化也較大，產品成本中直接材料費用和直接人工費等加工費用所佔的比重相差不多的產品。

約當產量比例法計算公式如下：

月末在產品約當產量 = 月末在產品產量 × 在產品完工程度

$$費用分配率 = \frac{本月某項生產費用合計}{完工產品數量 + 月末在產品約當產量}$$

完工產品某成本項目金額 = 完工產品數量 × 費用分配率

月末在產品某成本項目金額 = 月末在產品約當產量 × 費用分配率
　　　　　　　　　　　　= 該項目費用合計 − 完工產品該項目金額

採用約當產量比例法，必須正確計算月末在產品的約當產量，而在產品約當產量正確與否，主要取決於在產品完工程度的測定。

①完工程度含義：完工程度是將在產品折合為完工產品的標準，是在產品與完工產品比較的結果。又可稱為完工率，也可進一步具體化為投料程度及加工程度。

公式：$$完工程度 = \frac{單位在產品（累計）定額}{單位完工產品定額}$$

其中，定額包括：工時定額（單位產品的定額工時）；消耗定額（單位產品的定額消耗量）；定額費用（成本）。

值得注意的是，分子中的「單位在產品（累計）定額」遠比分母難以把握和確定，因為在產品分佈在各工序、加工程度、投料程度各異，情況複雜多樣，故只能從平均化形式計量。

②在產品加工程度的計算

採用約當產量比例法，在產品加工程度的測定對於費用分配的正確性有很大影響。一般而言，可用以下兩種方法計算在產品加工程度。

一種方法是平均計算，即一律按50%作為各工序在產品的加工程度。

另一種方法是各工序分別測算，可以按照各工序的累計工時定額占完工產品工時定額的比率計算，事前確定各工序在產品的完工程度。具體如下：

①按50%計算。如果企業生產進度比較均衡，各工序在產品數量和單位產品在各工序的加工量都相差不多，後面各工序在產品多加工的程度可以抵補前面各工序少加工的程度，則全部在產品加工程度均可按50%平均計算。

②按工序分別測定。如果月末在產品各工序加工數量不均衡，則必須根據各工序在產品的累計工時定額占完工產品工時定額的比率，分別計算各工序在產品的加工程度。

當各工序全過程的完工程度確定以後，每月計算產品成本時，根據各工序的月末在產品數量和確定的完工程度，就可計算出各工序月末在產品相當於最終產成品的約當產量，據以分配費用。

③在產品投料程度的計算

直接材料項目月末在產品的約當產量應根據月末在產品所耗直接材料的投入程度計算。在實際工作中，需要根據投料方式的不同分別計算投料程度。一般有以下四種情況：

第一，原材料在生產開始時一次投入，則單位在產品與完工產品消耗的原材料相同，即投料程度為100%，不論在產品完工程度如何，直接材料成本項目可直接按完工產品數量和在產品實際數量的比例分配。

第二，原材料隨生產加工進度陸續投入，原材料投入的進度與加工進度完全一致或基本一致，則單位完工產品與不同加工程度的在產品所耗用的原材料費用不相等。此時，由於在產品的投料程度與加工程度一致，原材料費用的約當產量可以按加工程度確定。

第三，原材料隨生產加工進度陸續投入，但投料進度與加工進度不一致，即不是隨著加工進度陸續投入，則必須按投料進度計算分配原材料費用。在這種情況下，投料程度應按每一工序在產品的原材料消耗定額計算。

第四，原材料分工序投入，並且在每道工序開始時一次投入，其投料進度應按每一工序的原材料消耗定額計算，但是在同一工序內所有在產品的消耗定額均為該工序的消耗定額；最後一道工序所有在產品的消耗定額與該種完工產品的消耗定額相同，其投料程度為100%。

【例2-16】某企業生產A產品，本月完工產品產量為400件，月末在產品80件，加工程度為50%。本月生產費用資料如表2-31所示。

表 2-31　　　　　　　　　　　生產費用資料　　　　　　　　　　單位：元

摘　要	直接材料	直接人工	製造費用	合計
月初在產品成本	757	142	139	1,038
本月生產費用	8,523	2,058	3,381	13,962
合　計	9,280	2,200	3,520	15,000

要求：根據下列情況採用約當產量比例法計算分配本月生產費用。

（1）A產品所耗原材料於生產開始時一次投入；

（2）A產品所耗原材料於生產開始時投入全部材料的80%，當產品加工達60%時，再投入其餘的20%。

解：（1）A產品所耗原材料於生產開始時一次投入。

表 2-32　　　　　　　　　　　產品成本計算表

產品名稱：A產品　　　　　　　　20××年3月　　　　　　　　　　　　單位：元

項　目	直接材料	直接人工	製造費用	合計
月初在產品成本	757	142	139	1,038
本月生產費用	8,523	2,058	3,381	13,962
生產費用合計	9,280	2,200	3,520	15,000
完工產品產量	400	400	400	
月末在產品約當產量	80	40	40	
約當總產量	480	440	440	
費用分配率	19.33	5	8	32.33
完工產品成本	7,732	2,000	3,200	12,932
月末在產品成本	1,548	200	320	2,068

（2）A產品所耗原材料於生產開始時投入全部材料的80%，當產品加工達60%時，再投入其餘的20%。

表 2-33　　　　　　　　　　　產品成本計算表

產品名稱：A產品　　　　　　　　20××年3月　　　　　　　　　　　　單位：元

項　目	直接材料	直接人工	製造費用	合計
月初在產品成本	757	142	139	1,038
本月生產費用	8,523	2,058	3,381	13,962
生產費用合計	9,280	2,200	3,520	15,000
完工產品產量	400	400	400	
月末在產品約當產量	64	40	40	
約當總產量	464	440	440	
費用分配率	20	5	8	
完工產品成本	8,000	2,000	3,200	13,200
月末在產品成本	1,280	200	320	1,800

【例2-17】某產品經過三道工序加工完成。月末在產品數量及原材料消耗定額資料如表2-34所示。

表2-34　　　　　　　月末在產品數量及原材料消耗定額資料

工序	月末在產品數量（件）	單位產品原材料消耗定額
1	100	70
2	120	80
3	140	100
合計	360	250

要求：根據下列情況計算各工序在產品的投料程度及月末在產品直接材料成本項目的約當產量。

（1）原材料於每個工序一開始時投入；

（2）原材料於每個工序開始以後逐步投入，假設各工序在產品在本工序的投料程度為50%。

解：（1）原材料於每個工序一開始時投入。

表2-35　　　　　　　月末在產品直接材料約當產量計算

工序	月末在產品數量(件)	單位產品原材料消耗定額	投料程度	在產品約當產量
1	100	70	70÷250＝28%	28
2	120	80	（70+80）÷250＝60%	72
3	140	100	（70+80+100）÷250＝100%	140
合計	360	250		240

（2）原材料於每個工序開始以後逐步投入。

表2-36　　　　　　　月末在產品直接材料約當產量計算

工序	月末在產品數量(件)	單位產品原材料消耗定額	投料程度	在產品約當產量
1	100	70	70×50%÷250＝14%	14
2	120	80	（70+80×50%）÷250＝44%	52.80
3	140	100	（70+80+100×50%）÷250＝80%	112
合計	360	250		178.80

【例2-18】某企業生產甲產品，需要經過三道工序加工製成，原材料於每個工序一開始時投入。本月有關生產費用資料如表2-37所示。

表 2-37　　　　　　　　　　　生產費用資料　　　　　　　　　　單位：元

項　目	直接材料	直接人工	製造費用	合計
月初在產品成本	15,000	6,000	4,160	25,160
本月生產費用	80,000	29,235	25,000	134,235
合計	95,000	35,235	29,160	159,395

本月完工產品數量為 1,000 件，月末在產品數量 450 件，在產品結存於各工序及定額資料如表 2-38 所示。

表 2-38　　　　　　　　在產品結存於各工序及定額資料

工序	月末在產品數量(件)	單位產品原材料消耗定額(千克)	單位產品工時定額(小時)
1	100	60	40
2	200	60	30
3	150	80	30
合計	450	200	100

要求：採用約當產量法計算完工產品與月末在產品的成本（假設各工序在產品在本工序的加工程度為 50%）。

解：

表 2-39　　　　　　　　月末在產品數量約當產量計算表

工序	在產品數量	材料消耗定額(千克)	工時定額(小時)	直接材料約當產量 投料率	直接材料約當產量 約當產量	加工費約當產量 完工率	加工費約當產量 約當產量
1	100	60	40	30%	30	20%	20
2	200	60	30	60%	120	55%	110
3	150	80	30	100%	150	85%	127.50
合計	450	200	100		300		257.50

表 2-40　　　　　　　　　　　產品成本計算表

產品名稱：甲產品　　　　　　20××年 3 月　　　　　　　　　　單位：元

項　目	直接材料	直接人工	製造費用	合計
月初在產品成本	15,000	6,000	4,160	25,160
本月生產費用	80,000	29,235	25,000	134,235
生產費用合計	95,000	35,235	29,160	159,395
完工產品產量	1,000	1,000	1,000	
月末在產品約當產量	300	257.50	257.50	
約當總產量	1,300	1,257.50	1,257.50	
費用分配率	73.08	28	23.18	
完工產品成本	73,080	28,000	23,180	124,260
月末在產品成本	21,920	7,235	5,980	35,135

（3）定額比例分配法

定額比例法是產品的生產費用按完工產品和月末在產品的定額為比例，分別計算完工產品和月末在產品成本的一種方法。其中，原材料費用按原材料定額消耗量或原材料定額費用比例分配；直接人工、製造費用等各項加工費用，按定額工時或定額費用比例分配。這種方法適用於各項消耗定額或費用定額比較準確、穩定，但各月末在產品數量變化較大的產品。

定額比例法分配的計算公式如下：

$$費用分配率 = \frac{本月某項生產費用合計}{完工產品定額 + 月末在產品定額}$$

或：

$$費用分配率 = \frac{本月某項生產費用合計}{月初在產品定額 + 本月投入定額}$$

注意：公式中的定額包括定額消耗量、定額費用及定額工時。直接材料成本項目一般選擇定額消耗量或定額費用為分配標準；加工費用一般選擇定額工時或定額費用為分配標準。

完工產品成本 = Σ完工產品定額×費用分配率

月末在產品成本 = Σ月末在產品定額×費用分配率

= 月初在產品成本 + 本月生產費用 − 完工產品成本

【例2-19】某產品採用定額比例法計算在產品成本，有關資料如表2-41所示。

要求：確定該產品月末在產品和本月完工產品成本。

表2-41　　　　　　　　　　　　產品成本計算單　　　　　　　　　　　　單位：元

項　目		直接材料	直接人工	製造費用	合　計
月初在產品成本		2,000	800	200	3,000
本月生產費用		10,000	4,000	800	14,800
生產費用合計		12,000	4,800	1,000	17,800
分配率					
完工產品	定額	8,000	4,000（小時）	4,000（小時）	
	實際成本				
月末在產品	定額	2,000	1,000（小時）	1,000（小時）	
	實際成本				

解：

表2-42　　　　　　　　　　　　產品成本計算單　　　　　　　　　　　　單位：元

項　目	直接材料	直接人工	製造費用	合　計
月初在產品成本	2,000	800	200	3,000
本月生產費用	10,000	4,000	800	14,800
生產費用合計	12,000	4,800	1,000	17,800
分配率	12,000÷10,000 =1.2	4,800÷5,000 =0.96	1,000÷5,000 =0.2	—

表2-42(續)

項　目		直接材料	直接人工	製造費用	合　計
完工產品	定額	8,000	4,000（小時）	4,000（小時）	—
	實際成本	9,600	3,840	800	14,240
月末在產品	定額	2,000	1,000（小時）	1,000（小時）	—
	實際成本	2,400	960	200	3,560

【例2-20】某企業生產的丁產品是定型產品，有比較健全的定額資料和定額管理制度。丁產品單位產品原材料消耗定額為200元，工時消耗定額為100小時。本月完工丁產品2,000件。月末盤點停留在各工序的在產品為400件，其中，第一道工序在產品為300件，單位在產品原材料消耗定額150元，工時消耗定額25小時；第二道工序在產品為100件，單位在產品原材料消耗定額200元，工時消耗定額65小時。月初在產品成本和本月生產費用見表2-43。

要求：採用定額比例法計算完工產品成本和在產品成本（分配率保留小數點後四位）。

解：

表2-43　　　　　　　　　　**產品成本計算單**

產品：丁產品　　　產量：2,000件　　　　　　　　　　　　　　　　單位：元

項　目	直接材料	直接人工	製造費用	合計
月初在產品成本	130,000	40,000	56,000	226,000
本月生產費用	560,000	440,000	544,000	1,544,000
生產費用合計	690,000	480,000	600,000	1,770,000
本月完工產品總定額	400,000	200,000(小時)	200,000(小時)	
月末在產品總定額	65,000	14,000(小時)	14,000(小時)	
定額合計	465,000	214,000(小時)	214,000(小時)	
費用分配率	1.483,9	2.243	2.803,7	
完工產品成本	593,560	448,600	560,740	1,602,900
月末在產品成本	96,440	31,400	39,260	167,100

(三) 完工產品成本結轉

製造企業生產產品發生的各項生產費用，在各種產品之間進行了分配，並在此基礎上，又在同種產品的完工產品與月末在產品之間進行了分配，至此就可以計算出各種完工產品的實際總成本和單位成本了。

製造業的完工產品，包括產成品、自製材料、自製工具和模具等，經倉庫驗收入庫後，其成本應從「生產成本」帳戶的貸方轉入各有關帳戶的借方，其中完工入庫的產成品成本，應轉入「庫存商品」帳戶的借方；完工入庫自製半成品、自製材料、自製工具、模具的成本，應分別轉入「自製半成品」「原材料」和「週轉材料」帳戶的借方。「基本生產成本」二級帳戶的期末餘額是基本生產尚未加工完成的各種在產品的成本，即占用在基本生產過程中的生產資金。「基本生產成本」二級帳戶的期末餘額應與所屬各種產品成本明細帳中月末在產品成本之和核對相符。製造企業結轉完工產品

的會計處理如下：

借：庫存商品
　　　自制半成品
　　　原材料
　　　週轉材料
　　　……
貸：生產成本——基本生產成本
　　　　　　——輔助生產成本

本章思考題

1. 產品成本核算應如何開設帳戶？並相應說明各帳戶的結構和用途。
2. 輔助生產費用應如何歸集？分別適用於何種情形？
3. 影響輔助生產費用分配的因素有哪些？有哪些具體影響？
4. 輔助生產之間交互提供產品或勞務對輔助生產費用的分配產生何影響？
5. 如何選擇製造費用的分配標準才更為合適？
6. 生產費用在完工產品與在產品之間的分配方法有哪些？在選擇時應考慮哪些因素？
7. 單工序和多工序下約當產量的計算有何不同？為什麼？

本章練習題

1. 某企生產甲、乙兩種產品，共耗用 A 材料 4,000 千克，每千克 120 元，甲產品重 1,500 千克，乙產品重 2,500 千克。

要求：根據上述資料，採用產品重量比例法分配材料費用並填製共耗材料費用分配表（見表 2-1）。

表 2-1　　　　　　　　　共耗材料費用分配表
　　　　　　　　　　　20××年 8 月 31 日　　　　　　　　　　單位：元

受益對象	分配標準	分配率	分配金額
合計			

2. 某企業生產甲、乙兩種產品，耗用原材料費用共計 62,400 元。本月投產甲產品 220 件，乙產品 256 件。單件原材料費用定額：甲產品 120 元，乙產品 100 元。

要求：採用原材料定額費用比例分配甲、乙產品實際耗用原材料費用並填製共耗材料費用分配表（見表 2-2）。

表 2-2　　　　　　　　　　共耗材料費用分配表

20××年 8 月 31 日　　　　　　　　　　　　　單位：元

受益對象	分配標準	分配率	分配金額
合計			

3. 某企業生產丙、乙兩種產品領用 C、D 兩種材料，實際成本總計 83,100 元。本月投產丙產品 200 件，丁產品 100 件，丙產品消耗定額為：C 材料 5 千克，D 材料 8 千克。丁產品的材料消耗定額為：C 材料 7 千克，D 材料 9 千克。C、D 兩種材料的計劃單價分別是 12 元和 14 元。

要求：採用產品定額成本比例分配各種產品應負擔的材料費用。

4. 某企業本月共耗費原材料 7,200 千克，每千克 1.5 元，共計 10,800 元。其中，基本車間生產甲、乙產品共領用 6,000 千克；輔助生產車間消耗 600 千克；行政管理機構消耗 600 千克。當月生產甲、乙產品分別為 1,200 件和 800 件，單件甲、乙產品原材料消耗定額分別為 3 千克、1.5 千克。

要求：(1) 對甲、乙產品共同耗用的原材料費用按定額耗用量比例法進行分配；
(2) 將計算結果填入表 2-3；
(3) 編製原材料費用分配的會計分錄。

表 2-3　　　　　　　　　　材料費用歸集分配匯總表

20××年 8 月 31 日　　　　　　　　　　　　　單位：元

受益對象	直接計入	分配計入			實際成本
^	^	分配標準（定額消耗量）	分配率	分配金額	^
小計					
合計					

5. 某工業企業某月生產甲、乙兩種產品，共同耗用 A 原材料，耗用量無法按產品直接劃分。甲產品投產 100 件，原材料消耗定額為 5 千克；乙產品投產 150 件，原材料消耗定額為 2 千克。A 原材料的計劃單價為 3 元/千克，成本差異率為超支 2%。甲、乙兩種產品實際消耗 A 原材料總量為 320 千克。

要求：(1) 分別計算甲、乙產品的原材料定額消耗量；
(2) 按原材料定額消耗量比例分配甲、乙產品應負擔的 A 原材料計劃成本；
(3) 計算甲、乙產品應負擔的 A 原材料實際費用；

（4）將計算結果填入表 2-4。

表 2-4　　　　　　　　　　　材料費用歸集分配表

年　月　日　　　　　　　　　　　　單位：元

受益對象	分配計入			差異率	差異額	實際成本
	分配標準	分配率	分配金額			
合計						

6. 某車間本月份生產工人工資總額 91,800 元，是為生產甲、乙、丙三種產品發生的，共發生生產工時 40,800 小時。其中甲產品實際耗用 13,000 工時，乙產品實耗用 18,000 工時，丙產品實際耗用 9,800 工時。要求：計算工資費用分配率，將結果填入薪酬費用分配表（見表 2-5）。

表 2-5　　　　　　　　　　　薪酬費用分配表

年　月　日　　　　　　　　　　　　單位：元

分配對象	分配標準	分配率	分配金額
合計			

7. 某工業企業 9 月 26 日通過銀行支付外購動力費用 4,800 元，9 月末查明各車間、部門耗電度數為：基本生產車間耗電 7,000 度，其中車間照明用電 1,000 度；輔助生產車間耗電 1,780 度，其中車間照明用電 380 度；企業管理部門耗電 1,200 度。該月總共應付外購電力費共計 4,990 元。

要求：(1) 按所耗電度數分配電力費用，A、B 產品按生產工時分配電費。A 產品生產工時為 7,200 小時，B 產品生產工時為 4,800 小時；(2) 將結果填入動力費用歸集分配匯總表（見表 2-6）；(3) 編製該月分配外購電費的會計分錄。

表 2-6　　　　　　　　　　　動力費用歸集分配匯總表

年　月　日　　　　　　　　　　　　單位：元

應借科目			分配標準		金額合計
			生產工時	分配率	
生產成本	基本生產成本	A 產品	燃料和動力		
		B 產品	燃料和動力		
	小計				
	輔助生產成本		燃料和動力		

表2-6(續)

應借科目		分配標準		金額合計
		生產工時	分配率	
製造費用	基本生產車間	水電費		
	輔助生產車間	水電費		
	管理部門	水電費		
	合計			

8. 某企業基本生產車間生產工人的計時工資共計16,620元，規定按定額工時比例在A、B兩種產品之間進行分配。這兩種產品的工時定額為：A產品30分鐘，B產品15分鐘。投產的產品數量為：A產品9,500件，B產品8,700件。輔助生產車間（只提供一種勞務）生產工人工資4,890元；基本生產車間管理人員工資2,790元，輔助生產車間管理人員工資1,340元；行政管理部門人員工資3,120元，專設銷售機構人員工資970元。應付工資總額29,730元。

要求：根據以上資料，填製薪酬費用分配表（見表2-7），並編製分配工資費用的會計分錄。

表 2-7　　　　　　　　　　薪酬費用歸集分配表
　　　　　　　　　　　　　　　年　月　日　　　　　　　　　　　　　　　　單位：元

總帳科目	應借科目			直接計入	分配計入			金額合計
	一級明細科目	二級明細科目	成本費用科目		分配標準（生產工時）	分配率	分配金額	
生產成本	基本生產成本	A產品	直接人工					
		B產品	直接人工					
		小計						
	輔助生產成本	輔助車間	直接人工					
製造費用	基本生產車間		薪酬費					
	輔助生產車間		薪酬費					
管理費用			薪酬費					
銷售費用			薪酬費					
合計								

9. 某工業企業輔助生產不單獨歸集製造費用，設有供電、運輸兩個輔助生產單位，本月發生輔助生產費用、提供勞務量如表2-8所示。

表 2-8　　　　　　　　　　輔助生產費用資料

輔助生產車間名稱	供電車間	運輸車間
待分配費用	8,000	9,000
勞務供應數量	4,100（度）	7,500（千米）

表2-8(續)

輔助生產車間名稱		供電車間	運輸車間
耗用勞務數量	供電車間		300
	運輸車間	100	
	基本車間產品耗用	2,000	
	基本車間一般耗用	800	6,600
	管理部門耗用	1,200	600

每度電的計劃成本為2元，每千米計劃成本為1.5元。

要求：(1) 分別採用直接分配法、一次交互分配法、計劃成本分配法、代數分配法計算分配電費和運輸費，並將計算結果填入相關的費用分配表（見表2-9、表2-10、表2-11、表2-12）。

(2) 編製輔助生產費用分配時的會計分錄（費用分配率保留4位小數）。

表2-9　　　　　　　　　輔助生產費用分配表（直接分配法）

項　目	供電車間		運輸車間		合計
	數量（度）	金額（元）	數量(千米)	金額（元）	
待分配費用					
產品、勞務總量					
單位成本					
受益對象					
供電車間					
運輸車間					
基本車間產品耗用					
基本車間一般性耗用					
行政部門耗用					
合計					

表2-10　　　　　　　　　輔助生產費用分配表（一次交互分配法）

項目	交互分配				對外分配				金額合計
	供電車間		運輸車間		供電車間		運輸車間		
	數量（度）	金額（元）	數量（千米）	金額（元）	數量（度）	金額（元）	數量（千米）	金額（元）	
待分配費用									
產品、勞務量									
費用分配率									
受益對象									
供電車間									
運輸車間									
基本車間產品生產耗用									

表2-10(續)

項目	交互分配				對外分配				金額合計
	供電車間		運輸車間		供電車間		運輸車間		
	數量(度)	金額(元)	數量(千米)	金額(元)	數量(度)	金額(元)	數量(千米)	金額(元)	
基本車間一般性消耗									
行政部門耗用									
合計									

表 2-11　　　　　輔助生產費用分配表（計劃成本分配法）

項目	供電車間		運輸車間		成本差異		合計
	數量(度)	金額(元)	數量(千米)	金額(元)	供電	運輸	
分配前費用							
產品、勞務總量							
計劃單位成本							
受益對象							
供電車間							
運輸車間							
基本車間產品耗用							
基本車間一般性耗耗用							
行政部門耗用							
合計							

表 2-12　　　　　輔助生產費用分配表（代數分配法）

項目	供電車間		運輸車間		合計
	數量(度)	金額(元)	數量(千米)	金額(元)	
待分配費用					
產品、勞務總量					
單位成本（分配率）					
受益對象					
供電車間					
運輸車間					
基本車間產品耗用					
基本車間一般性耗用					
行政部門耗用					
合計					

10. 某企業基本生產車間生產甲、乙、丙三種產品。本月已歸集在「製造費用——基本車間」帳戶借方的製造費用合計為 22,000 元。甲產品生產工時為 3,000 小時，乙產品生產工時為 8,000 小時，丙產品生產工時為 5,000 小時。

要求：按生產工人工時比例分配製造費用，完成製造費用分配表的填製（見表 2-13）並編製費用分配的會計分錄。

表 2-13　　　　　　　　　　製造費用分配表
　　　　　　　　　　　　　　　年　月　日　　　　　　　　　　　單位：元

分配對象	分配標準（工時）	分配率	分配金額
甲產品			
乙產品			
丙產品			
合計			

11. 某企業生產 E 產品，原材料是在生產開始時一次投入的。7 月初在產品費用為：直接材料 2,800 元，直接人工 5,200 元，製造費用 1,200 元。7 月份發生的生產費用為：直接材料 16,400 元，直接人工 16,000 元，製造費用 5,040 元。7 月份完工產品 800 件，月末在產品 200 件，完工程度 80%。該企業庫存商品的定額如下：單件原材料耗用量 5 千克，每千克計劃成本 4 元；單件定額工時 2.5 小時，每小時人工費用定額為 9 元，每小時製造費用定額為 2.5 元。

要求：（1）採用在產品按定額成本計價法分配完工產品成本和月末在產品成本。
（2）採用定額比例法分配完工產品成本和月末在產品成本。

12. 某企業生產的丁產品分三道工序制成，各工序的原材料消耗定額為：第一道工序 100 千克，第二道工序 60 千克，第三道工序 40 千克。在產品數量：第一道工序 150 件，第二道工序 200 件，第三道工序 250 件。

要求：（1）假設該產品原材料在生產開始時一次投入，要求計算各工序完工程度和約當產量；（2）假設該產品原材料隨著生產進度陸續投入，要求計算各工序完工程度及約當產量。

13. 某企業生產 A 產品，分三道工序制成，A 產品工時定額為 100 小時，其中：第一道工序 40 小時，第二道工序 30 小時，第三道工序 30 小時，每道工序按本道工序工時定額的 50% 計算。在產品數量：第一道工序 1,000 件，第二道工序 1,200 件，第三道工序 1,500 件。

要求：計算各工序在產品全過程的完工程度和約當產量（約當於產成品的數量）。

14. 某企業生產的甲種產品的原材料在生產開始時一次投入，產品成本中的原材料費用所占比重很大，月末在產品按其所耗原材料費用計價。該種產品月初原材料費用 2,000 元，本月原材料費用 15,000 元，人工費用 1,500 元，製造費用 1,000 元，本月完工產品 150 件，月末在產品 50 件。

要求：在產品按所耗原材料費用計價法分配計算甲產品完工產品成本和月末在產品成本。

15. 某企業甲產品原材料費用定額 6 元，原材料在投產時一次投入。該產品各項消耗定額比較準確、穩定，各月在產品數量變化不大，月末在產品按定額成本計價。該種產品各工序工時定額和月末在產品數量如表 2-14 所示。

表 2-14　　　　　　　甲產品各工序工時定額和月末在產品數量

產品名稱	所在工序號	本工序工時定額	在產品數量（件）
甲產品	1	1	400
	2	4	250
	小　計	5	650

　　每道工序在產品的累計工時定額，按上道工序累計工時定額，加上本工序工時定額的50%計算。每小時費用定額為：直接人工25元；製造費用20元。該種產品9月初在產品和9月份生產費用累計數為：直接材料100,000元，直接人工90,000元，製造費用120,000元，共計202,000元。

　　要求：（1）計算月末在產品的定額原材料費用；
　　（2）計算在產品各工序的累計工時定額；
　　（3）計算月末在產品的定額工時；
　　（4）計算月末在產品的定額直接人工和定額製造費用；
　　（5）計算月末在產品定額成本；
　　（6）計算完工產品成本。

本章參考文獻

1. 李定安. 成本會計研究［M］. 北京：經濟科學出版社，2002.
2. 羅紹德. 成本會計學［M］. 成都：西南財經大學出版社，2002.
3. 孫茂竹. 成本管理學［M］. 北京：中國人民大學出版社，2003.
4. 謝靈. 成本會計學［M］. 北京：中國人民大學出版社，2004.
5. 王立彥. 成本管理會計［M］. 北京：經濟科學出版社，2005.
6. 胡國強. 成本管理會計［M］. 3版. 成都：西南財經大學出版社，2012.

第三章
產品成本核算的基本方法

【學習目標】
（1）瞭解品種法的概念、適用範圍、特點和計算程序，掌握品種法的計算；
（2）瞭解分批法的概念、適用範圍、特點和計算程序，掌握分批法的計算和簡化分批法的特點、計算程序、計算方法、優缺點及應用條件；
（3）瞭解分步法的概念、適用範圍、特點和計算程序，掌握分步法的計算方法，包括逐步結轉分步法和平行結轉分步法。

【關鍵術語】
品種法　分批法　簡化分批法　累計間接計入費用分配率　分步法　逐步結轉分步法　綜合逐步結轉　成本還原　分項逐步結轉　平行結轉分步法

製造企業產品成本計算的過程，就是對生產產品過程中所發生的生產費用，按照一定的成本對象進行歸集和分配，計算出產品總成本和單位成本的過程，也就是生產費用對象化的過程。由於產品成本是在生產過程中形成的，不同企業的生產過程不盡相同，具有不同的生產特點，在成本管理的要求上也各有差別。為了正確計算產品成本，企業必須根據其生產特點，並考慮成本管理的要求，選擇適當的成本計算方法。本章重點介紹品種法、分批法和分步法三個基本方法在產品成本計算中的應用。

第一節　產品成本核算方法概述

一、產品成本計算方法的選擇

（一）企業的生產類型及其特點

製造企業的產品生產特點不同，成本核算的組織方式和成本計算方法也不相同。製造企業生產一般可做如下分類：

1. 按生產工藝過程的特點分類

產品生產工藝過程是指產品從投料到完工的生產工藝、加工製造的全過程。按生產工藝過程的特點，可將製造企業的生產分為單步驟生產和多步驟生產。

（1）單步驟生產也稱簡單生產，是指產品生產工藝過程不能間斷，不能分散在不同工作地點進行的生產。例如發電、採煤、採礦以及鑄造等企業的生產，其生產過程

不可能或者不需要劃分為幾個生產步驟，其產品的生產週期一般比較短，通常沒有自制半成品或其他中間產品。

(2) 多步驟生產也稱複雜生產，是指生產工藝過程是由可間斷的若干生產步驟所組成的生產，它既可以在一個企業或生產車間內獨立進行，也可以由幾個企業或車間在不同的工作地點協作進行生產。多步驟生產按產品加工方式不同，又可分為連續式多步驟生產和裝配式多步驟生產。連續式多步驟生產是指原材料要經過若干個連續的加工步驟，才能制成產成品的生產。例如紡織、造紙等產品的生產。裝配式多步驟生產是指各種原材料經過若干個平行的加工過程，生產出各種零部件，然後通過裝配步驟將零部件裝配成產成品的生產方式，如電視機、電冰箱、手錶等產品的生產。

2. 按生產的組織方式分類

生產組織方式是指企業生產的專業化程度，具體是指在一定時期內生產產品品種的多少、同種類產品的數量以及生產的重複程度。製造企業的生產，按生產組織方式的不同可以分為大量生產、成批生產和單件生產。

(1) 大量生產是指不斷地重複生產一種或幾種品種相同產品的生產，其主要特點是：企業生產產品的品種較少，產量較大且比較穩定，生產專業化程度較高，如化肥、面粉、食糖、化工等產品的生產。

(2) 成批生產是指按照預先確定的產品批別和數量，重複生產若干種產品的生產。其主要特點是：企業生產產品的品種較多，各品種產品的數量不等，每隔一定時期按企業的生產計劃重複生產，如服裝、塑料製品、藥品等產品的生產。成批生產按照批量的大小又可分為大批生產和小批生產。大批生產類似於大量生產，小批生產類似於單件生產。

(3) 單件生產，是指根據購貨單位的特定要求，按個別、單件產品進行生產。其主要特點是：產品的品種較多，每一種產品的數量較少，生產週期長，很少進行重複生產，如船舶、重型機械、專用設備等產品的生產。

上述兩種分類是對同一生產從不同角度進行的分類。一般而言，單步驟生產和多步驟生產中的連續式生產，多為大量、大批生產，多步驟生產中的裝配式生產則可能是大量生產、成批生產或單件生產。此外，在同一企業內，也可能存在不同生產組織形式和不同工藝特點的生產。

(二) 生產類型的特點及成本管理要求對成本計算方法的影響

企業採用什麼成本計算方法，很大程度上是由產品的生產特點所決定的，而生產特點不同，對成本管理的要求也不一樣。生產特點和管理要求必然對產品成本計算產生影響。這一影響主要表現在：成本計算對象的確定、成本計算期的確定、生產費用在完工產品與在產品之間的分配三個方面。

1. 對成本計算對象的影響

計算產品成本，首先要確定成本計算對象。所謂成本計算對象，就是成本的受益者和承擔者，也就是為計算產品成本而確定的歸集和分配生產費用的特定對象。生產特點和管理要求對於產品成本計算的影響，主要表現在成本計算對象的確定上。確定成本計算對象，是設置產品生產成本明細帳、計算產品成本的前提。

一般而言，成本計算的最終對象是各種產品，但由於產品生產特點和管理要求不同，成本計算對象也不相同，既可以按照產品品種計算成本，也可以按照產品生產的

批別或產品生產的各個加工步驟計算成本。例如，在單件或成批生產情況下，由於產品生產是按客戶的訂單或批別組織的，所以要求計算各訂單或各批別產品的總成本和單位成本，具體的成本計算對象就應是產品的訂單或批別；在加工裝配式大量生產的情況下，由於完工產品是由各零部件裝配而成的，而且有個別零部件直接對外銷售，所以既要計算各種零部件的成本，還要計算完工產品的成本，具體的成本計算對象就確定為零部件及完工產品；在連續加工式大量、大批生產的情況下，如各步驟有半成品需單獨計算成本，則具體成本計算對象就確定為各加工步驟的每一種產品。成本計算對象的確定還要適應成本管理的要求，如對連續加工式大量、大批生產的情況，如果管理上因自製半成品不對外銷售而不要求計算半成品成本，就可直接將各種產品作為成本計算對象，對某些規格不同但生產工藝過程、耗用的原材料、性能結構基本相同的產品，可以合併為一類，作為一個具體的成本計算對象來歸集生產費用。

2. 對成本計算期的影響

成本計算期是指多長時間計算一次成本，也就是對生產費用計入產品成本所規定的起止日期。企業生產特點和成本管理要求的不同對成本計算期的確定同樣有不同的影響。例如，在單件小批生產的情況下，由於產品品種多，一批產品往往同時投產同時完工，且各批產品的生產週期不同，其產品成本一般要等到某件或某批產品完工以後才能計算，因此成本計算期是不定期的，一般與生產週期一致，與會計報告期不一致。但在大量、大批生產情況下，由於生產活動連續不斷地進行，即不斷地投入材料、不斷地生產出產品，月內一般都有大量的完工產品，所以不可能等生產過程終止後再計算產品成本，因而產品成本要定期在每月月末進行計算，成本計算期則與生產週期不一致，而與會計報告期一致。

3. 對生產費用在完工產品與在產品之間分配的影響

企業生產的特點，還影響到月末是否需要在完工產品與在產品之間分配生產費用，即是否需要計算在產品成本。①在單步驟大量生產單一產品情況下，生產過程不能中斷，生產週期也很短，一般沒有在產品，或者在產品數量很少，是否計算在產品成本對完工產品成本影響不大，因此也就不需要將生產費用在完工產品和月末在產品之間進行分配。②在多步驟大量、大批生產情況下，由於生產連續不斷地進行，產品的生產週期都較長，月末有在產品存在，並且在產品數量較多，同時管理上也要求分步驟計算產品成本，因此必須採用適當的方法，將生產費用在完工產品與月末在產品之間進行分配。③在單件、小批生產情況下，由於是以批別或訂單為成本計算對象的，成本計算期與產品生產週期相一致，在產品尚未完工時，該批（件）產品成本明細帳中所歸集的生產費用就是在產品的成本；當產品全部完工時，該批（件）產品成本明細帳中所歸集的生產費用就是完工產成品的成本，因此，不需要將生產費用在完工產品與在產品之間進行分配。但是在同批產品分期完工分別對外銷售時，就有必要計算在產品成本，以便反應完工產成品的成本。

生產特點和管理要求對上述三方面的影響是相互聯繫的，不同的成本對象、不同的成本計算期以及生產費用在完工產品和在產品之間的分配方法決定了成本核算應採用不同的方法。其中成本對象的影響是主要的，成本對象的不同決定了成本計算方法也不相同，因此，正確確定產品成本計算對象是正確計算產品成本的前提，而成本計算對象也是區別各種成本計算方法的主要標誌。

(三) 各種產品成本計算方法的實際運用

實際工作中，在同一個企業或同一個生產車間裡，可能同時採用幾種方法計算產品成本。這是由於企業各個車間的生產特點和成本管理的要求並不完全相同，有時在生產一種產品時，該產品的各個生產步驟以及各種半成品，其生產的特點和管理的要求也不一樣。這樣，在生產同一種產品時，就有可能同時採用幾種成本計算方法計算產品成本。

1. 同時使用幾種成本計算方法計算成本

由於企業內生產的產品種類很多，生產車間也很多，這樣，就有可能產生幾種成本計算方法同時使用的情況。

有的企業生產的產品品種不止一種，而由於各種產品的特點不同，其生產類型就可能不一樣，這樣就應採用不同的成本計算方法。例如，在重型機械廠，一般採用分批法計算產品成本，但是，如果該種類型企業有傳統產品，且產品已經定性，屬於大量生產，就可以採用品種法或分步法計算產品成本。

企業一般都設有基本生產車間和輔助生產車間，基本生產車間和輔助生產車間產品生產的特點和管理的要求也是不一樣的，應該採用不同的成本計算方法進行成本計算。例如，在鋼鐵企業裡，其基本生產車間是煉鐵、煉鋼和軋鋼，屬於大量、大批複雜生產，根據這一生產特點和成本管理的要求，可以採用分步法計算產品成本。但是，企業內部的供電、修理、供汽等輔助生產車間，則屬於大量、大批簡單生產類型，根據這一特點，應該採用品種法計算其輔助生產的產品或勞務的成本。

一個企業可採用不同的成本計算方法計算產品成本。通常我們說某種類型的企業採用什麼成本計算方法，主要是究其生產車間而言的，但這並不是說該企業就採用一種方法計算產品成本，而是可以同時採用幾種成本計算方法。

2. 結合使用幾種成本計算方法計算產品成本

由於企業生產產品的特點不同，所經過的生產步驟管理要求不同，所採用的成本計算方法也不一樣，可同時結合使用幾種成本計算方法，有的企業不止生產一種產品，這些產品的特點不同，其生產類型也可能不一樣，應採用不同的成本計算方法計算產品成本。例如在小型機械廠，一般應採用分批法計算產品成本，但由於企業設置有不同的生產車間，如鑄造、加工、裝配等，因而應採用不同的成本計算方法。鑄造車間應採用品種法計算鑄鐵件的成本，加工車間、裝配車間應採用分批法計算成本，而鑄造車間將其鑄鐵件轉入加工和裝配車間時，則應採用分步法進行結轉。這樣，在一個企業裡，就結合使用了品種法、分步法和分批法三種成本計算方法。

二、產品成本計算方法的種類

在企業中存在著各種不同類型的生產，為了適應不同的生產特點和管理要求，需要不同的成本計算方法。成本計算方法的區別在於如何確定成本計算對象、如何確定成本計算期，以及生產費用在完工產品和期末在產品之間是否分配及如何分配，其中主要區別在於成本計算對象的不同，並一般以此命名。

(一) 基本方法

1. 品種法

品種法是以產品品種作為成本計算對象計算產品成本的方法。它的基本特點是：

以產品品種作為成本計算對象；以會計報告期為成本計算期；期末一般需要在完工產品和期末在產品之間分配生產費用。品種法適用於大量、大批單步驟生產的企業，如發電、採掘等企業；也適用於管理上不要求分步計算產品成本的大量、大批多步驟生產的企業，如水泥廠等。

2. 分批法

分批法是以產品的批別作為成本計算對象計算產品成本的方法。它的基本特點是：以產品的批別作為成本計算對象；以生產週期為成本計算期；一般情況下，期末不需要在完工產品和期末在產品之間分配生產費用。分批法適用於單件小批單步驟生產的企業和管理上不要求分步計算產品成本的單件小批多步驟生產的企業，如重型機械、船舶製造等企業。

3. 分步法

分步法是以產品的生產步驟為成本計算對象計算產品成本的方法。它的基本特點是：以產品的生產步驟作為成本計算對象；以會計報告期為成本計算期；期末一般需要在完工產品和期末在產品之間分配生產費用。分步法適用於管理上要求分步計算產品成本的大量、大批多步驟生產的企業，如紡織、冶金等企業。分步法又可分為逐步結轉分步法和平行結轉分步法。

以上三種成本計算方法的特點比較，如表 3-1 所示：

表 3-1　　　　　　　　　　成本計算基本方法比較

成本計算方法	成本計算對象	成本計算期	期末在產品成本的計算	適用範圍	
				生產特點	管理要求
品種法	產品品種	按月計算，與會計報告期一致	單步驟生產下一般不需計算；多步驟生產下一般需計算	大量、大批單步驟或多步驟生產	管理上不要求分步計算產品成本
分批法	產品批別	不定期計算，與生產週期一致	一般不需要計算	單件小批單步驟或多步驟生產	管理上不要求分步計算產品成本
分步法	生產步驟	按月計算，與會計報告期一致	需要計算	大量、大批多步驟生產	管理上要求分步計算產品成本

(二) 輔助方法

在實際工作中，由於產品生產情況複雜多樣，企業管理條件差異有別，為了簡化成本計算工作或較好地利用管理條件，還需採用一些其他的成本計算方法，稱為成本計算的輔助方法。

1. 分類法

分類法是為了適應一些企業產品品種規格繁多，成本核算工作量繁重的情況而設計的一種簡化的成本計算方法。它的基本特點是：以產品類別為成本計算對象，將生產費用先按產品的類別進行歸集和分配，計算出類別產品的成本，然後再按照一定的分配標準在類內各種產品之間分配，進而計算出各種產品的成本。它主要適用於品種規格多，但每類產品的結構、所用原材料、生產工藝過程都基本相同的企業，如針織廠、燈泡廠等企業。

2. 定額法

定額法是在定額管理基礎較好的企業，為了加強生產費用和產品成本的定額管理，加強成本控制而採用的成本計算方法。它的基本特點是：以產品的定額成本為基礎，加上或減去脫離定額差異以及定額變動差異來計算產品的實際成本。它適用於管理制度比較健全、定額管理基礎工作較好、產品生產定型和消耗定額合理且穩定的企業。

3. 變動成本法

變動成本法，也稱直接成本法，是在計算產品生產成本和存貨成本時，只包括生產過程中產品所消耗的直接材料、直接人工和變動製造費用，而把固定製造費用視為期間成本全額計入當期損益的一種成本計算方法。它的基本特點是：把製造費用分為固定製造費用和變動製造費用，將固定製造費用從產品成本中剔除，只計算產品的變動成本。

4. 標準成本法

標準成本法，也稱標準成本制度，是以預先制定的標準成本為基礎，將實際發生的成本與標準成本進行比較，核算和分析成本差異的一種成本計算方法，也是加強成本控制，評價經營業績的一種成本控制制度。它的基本特點是：預先制定產品各成本項目的標準成本，再按標準成本進行產品成本核算，最後計算各成本項目實際成本與標準成本的成本差異，借以對產品成本進行控制和考核。因此，標準成本法並不單純是一種成本計算方法，而是一種將成本計算和成本控制相結合，由一個包括制定標準成本、計算和分析成本差異、處理成本差異三個環節所組成的一個集成本核算與成本控制相結合的完整系統。

5. 作業成本法

作業成本法（ABC 法）是以作業為成本計算的最基本對象，以產品耗用作業，作業耗用資源為基礎，通過計算產品製造和運輸過程中所需的全部作業的成本總和來計算產品成本的一種成本計算方法。它的基本特點是：價值研究著眼於「資源—作業—產品」的過程，而不是傳統的「資源—產品」的過程；並以作業作為確定分配間接費用的基礎，引導管理人員將注意力集中在成本發生的原因即成本動因上，較好地克服了傳統製造成本法中間接費用責任不清的缺點，並使以往一些不可控的間接費用在 ABC 系統中變為可控。所以，ABC 法不僅僅是一種成本計算方法，更是一種成本控制和企業管理手段。

需要指出的是：

第一，目前，產品成本計算的三種基本方法和輔助方法中的分類法、定額法在中國實踐中廣泛應用，而變動成本法、標準成本法、作業成本法由於條件限制，只在少數企業中使用。

第二，分類法和定額法一般應與各種類型生產中採用的基本方法結合起來使用，而不能單獨使用。

第三，產品成本計算的基本方法和輔助方法的劃分，是從計算產品實際成本角度考慮的，並不是因為輔助方法不重要；相反，有的輔助方法如定額法，對於控制生產費用、降低產品成本具有重要作用。

第四，按照產品品種計算成本，是產品成本計算的最一般、最起碼的要求，不論什麼生產類型的企業，不論採用什麼成本計算方法，最終都必須按照產品品種算出產品成本，因此，品種法是工業企業所有成本計算方法中最基本的成本計算方法。

第二節　品種法

一、品種法的特點及適用範圍

產品成本計算的品種法，是以產品品種作為成本計算對象歸集和分配生產費用，計算產品成本的一種方法，是最基本的產品成本計算方法。其主要特點如下：

(一) 成本計算對象

品種法的成本計算對象是產品品種，該法按產品品種設置生產成本明細帳及產品成本計算單，帳內按成本項目設置專欄，歸集發生的各項生產費用。如果企業只生產一種產品，這時只需設置一個生產成本明細帳及一張產品成本計算單，發生的生產費用全部都是直接計入費用，可以直接計入該種產品的成本，生產費用不需要在各種產品之間進行分配，即無需進行生產費用的橫向劃分。如果企業同時生產多種產品，則應按產品品種設置生產成本明細帳及產品成本計算單，發生的直接計入費用應直接計入各種產品的生產成本明細帳中，產品共耗的生產費用則需要採用適當的分配方法，在各種產品之間進行分配，然後計入各產品生產成本明細帳的相關成本項目。

(二) 成本計算期

按月定期計算產品成本。大量、大批生產企業的生產過程是連續不斷的，表現為不斷投入原材料、不斷生產出產品，很難確定產品的生產週期，不可能在產品陸續完工時隨時計算產品成本，因而一般在月末計算當月的生產成本，進行定期核算。

(三) 生產費用在完工產品和期末在產品之間的分配

大量、大批的單步驟生產企業，月末一般沒有在產品或者在產品數量很少，不需要計算月末在產品成本。這樣，產品成本計算單上所歸集的生產費用全部是各該產品的完工產成品成本；將其除以完工產品數量，就是各該產品品種的單位成本。大量、大批多步驟生產且管理上不要求按步驟計算成本的企業，月末一般有在產品，而且數量較多，生產成本明細帳上所歸集的生產費用，要採用適當的分配方法在產成品與月末在產品之間進行分配，從而計算出完工產品與月末在產品的成本。

品種法適用於大量、大批的單步驟生產企業，如發電、採掘、供水等生產企業，以及大量、大批多步驟生產且管理上不要求按生產步驟計算產品成本的生產企業，如小型水泥廠、小造紙廠、玻璃製品廠和糖果廠等。

二、品種法的成本計算程序

成本計算程序是根據企業會計準則或制度的規定，對企業生產過程中發生的各項生產費用進行審核、歸集和分配，最終計算出完工產品成本的過程。作為成本計算的基本方法，品種法下成本計算的具體程序如下：

(一) 按產品品種開設生產 (產品) 成本明細帳及產品成本計算單，帳單內按「成本項目」設置專欄。

(二) 將生產費用在各種產品之間進行歸集和分配——橫向劃分 (外部劃分)。

不考慮廢品損失的步驟如下：

1. 歸集和分配各項實際發生的費用（分散在平時及月末）

根據各項要素費用分配表及其他有關費用的原始憑證及填製的記帳憑證，登記生產（產品）成本明細帳、製造費用明細帳，以及管理費用、銷售費用和財務費用的明細帳等。

2. （月末）分配、結轉輔助生產費用（如單獨歸集製造費用下應先結轉製造費用至「輔助生產成本」二級帳）

根據輔助生產成本明細帳編製輔助生產費用分配表，將輔助生產費用按適當的方法進行分配。

3. （月末）分配、結轉基本車間的製造費用

至此，已經歸集計算出某一產品品種本月應負擔的生產費用。

（三）月末將生產費用在同一產品的完工與在產品之間進行分配——縱向劃分（內部劃分）。

實際工作中，該項生產費用的劃分是在「產品成本計算單」上進行。

上述成本核算程序是典型品種法下的成本計算程序，如圖 3-1 所示：

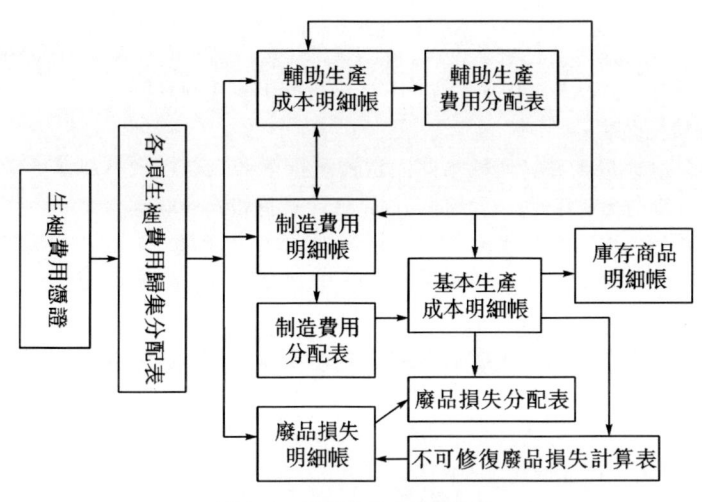

圖 3-1　品種法成本核算程序

三、品種法舉例

【例 3-1】某廠為大量、大批單步驟生產的企業，採用品種法計算產品成本。企業設有一個基本生產車間，生產甲、乙兩種產品，還設有一個輔助生產車間——運輸車間，由於輔助生產規模較小，故採用不單獨歸集製造費用方式核算。該廠 20××年 5 月份有關產品成本核算資料如下：

（一）產量資料如表 3-2 所示。

表 3-2　　　　　　　　　　　　　產量資料　　　　　　　　　　　　單位：件

產品名稱	月初在產品	本月投產	完工產品	月末在產品	完工程度
甲	800	7,200	6,500	1,500	60%
乙	320	3,680	3,200	800	40%

（二）月初在產品成本如表 3-3 所示。

表 3-3　　　　　　　　　　　　　月產在產品成本　　　　　　　　　　　單位：元

產品名稱	直接材料	直接人工	製造費用	合計
甲	8,090	5,860	6,810	20,760
乙	6,176	2,948	2,728	11,852

（三）該月發生生產費用。

1. 材料費用。生產甲產品耗用材料 4,410 元，生產乙產品耗用材料 3,704 元，生產甲乙產品共同耗用材料 9,000 元（甲產品材料定額耗用量為 3,000 千克，乙產品材料定額耗用量為 1,500 千克）。運輸車間耗用材料 900 元，基本生產車間耗用消耗性材料 1,938 元。

2. 人工費用。基本車間生產工人工資 10,000 元，運輸車間人員工資 800 元，基本生產車間管理人員工資 1,600 元，行政部門人員的工資 2,000 元。

3. 其他費用發生：

（1）本月計提折舊費：運輸車間固定資產折舊費為 200 元；基本生產車間廠房、機器設備折舊費為 5,800 元；行政部門固定資產折舊費為 500 元。

（2）本月發生水電費：運輸車間 160 元；基本生產車間 260 元；行政部門 200 元。

（3）本月發生辦公費：運輸車間 40 元；基本生產車間 402 元；行政部門 2,000 元。

（四）工時記錄。甲產品耗用實際工時為 1,800 小時，乙產品耗用實際工時為 2,200 小時。

（五）本月運輸車間共完成 1,050 千米運輸工作量，其中：基本生產車間耗用 1,000 千米，企業管理部門耗用 50 千米。

（六）該廠有關費用分配方法。

（1）甲、乙產品共同耗用材料按定額耗用量比例分配。

（2）生產工人工資按甲、乙產品工時比例分配。

（3）輔助生產費用按運輸千米比例分配。

（4）製造費用按甲、乙產品工時比例分配。

（5）按約當產量法分配計算甲、乙完工產品和月末在產品成本。甲產品耗用的材料隨加工程度陸續投入，乙產品耗用的材料於生產開始時一次投入。

解：採用品種法計算產品成本的過程如下：

（1）根據領用材料情況編製材料費用分配表，如表 3-4 所示。

表 3-4　　　　　　　　　　材料費用歸集分配表　　　　　　　　　　單位：元

應借帳戶		成本項目或費用項目	直接計入金額	分配計入			合計
				分配標準	分配率	分配金額	
生產成本——基本生產成本	甲產品	直接材料	4,410	3,000		6,000	10,410
	乙產品	直接材料	3,704	1,500		3,000	6,704
	小計		8,114	4,500	2	9,000	17,114
輔助生產成本	運輸車間	機物料消耗	900				900
製造費用	基本車間	機物料消耗	1,938				1,938
合計			10,952				19,952

根據材料費用歸集分配表填製記帳憑證並逐筆登記有關費用、成本明細帳：
借：生產成本——基本生產成本——甲產品　　　　　　　10,410
　　　　　　　　　　　　　　　——乙產品　　　　　　　6,704
　　　　　　——輔助生產成本——運輸車間　　　　　　　900
　　製造費用——基本車間　　　　　　　　　　　　　　1,938
　貸：原材料　　　　　　　　　　　　　　　　　　　　19,952

（2）根據工資資料編製工資費用分配表，如表 3-5 所示。

表 3-5　　　　　　　　　　薪酬費用歸集分配表　　　　　　　　　　單位：元

應借帳戶		成本或費用項目	直接計入金額	分配計入			合計
				分配標準	分配率	分配金額	
生產成本——基本生產成本	甲產品	直接人工		1,800		4,500	4,500
	乙產品	直接人工		2,200		5,500	5,500
	小計			4,000	2.5	10,000	10,000
輔助生產成本	運輸車間	人工費	800				800
製造費用	基本車間	人工費	1,600				1,600
管理費用		人工費	2,000				2,000
合計			4,400				14,400

根據薪酬費用歸集分配表填製記帳憑證並逐筆登記有關費用、成本明細帳：
借：生產成本——基本生產成本——甲產品　　　　　　　4,500
　　　　　　　　　　　　　　　——乙產品　　　　　　　5,500
　　　　　　——輔助生產成本——運輸車間　　　　　　　800
　　製造費用——基本車間（人工費）　　　　　　　　　1,600
　　管理費用（人工費）　　　　　　　　　　　　　　　2,000
　貸：應付職工薪酬——工資　　　　　　　　　　　　　14,400

（3）編製的其他費用匯總表，如表 3-6 所示。

表 3-6　　　　　　　　　　其他費用匯總表　　　　　　　　單位：元

應借帳戶	折舊費	水電費	辦公費	合計
生產成本——輔助生產成本	200	160	40	400
製造費用——基本車間	5,800	260	402	6,462
管理費用	500	200	2,000	2,700
合計	6,500	620	2,442	9,562

根據其他費用匯總表填製記帳憑證並逐筆登記有關費用、成本明細帳：

①借：生產成本——輔助生產成本——運輸車間　　　　　200
　　　製造費用——基本車間（折舊費）　　　　　　　5,800
　　　管理費用（折舊費）　　　　　　　　　　　　　　500
　　　　貸：累計折舊　　　　　　　　　　　　　　　6,500

②借：生產成本——輔助生產成本——運輸車間　　　　　160
　　　製造費用——基本車間（水電費）　　　　　　　　260
　　　管理費用（水電費）　　　　　　　　　　　　　　200
　　　　貸：應付帳款　　　　　　　　　　　　　　　　620

③借：生產成本——輔助生產成本——運輸車間　　　　　 40
　　　製造費用——基本車間（辦公費）　　　　　　　　402
　　　管理費用（辦公費）　　　　　　　　　　　　　2,000
　　　　貸：銀行存款　　　　　　　　　　　　　　　2,442

（4）匯總歸集出本月輔助生產費用並予以分配轉出，如表 3-7、表 3-8 所示。

表 3-7　　　　　　　　　　輔助生產成本明細帳
運輸車間　　　　　　　　　　20××年5月　　　　　　　　　　單位：元

月	日	摘要	機物料消耗	人工費	折舊費	水電費	辦公費	合計
5	31	材料費用歸集分配表	900					900
	31	人工費用歸集分配表		800				800
	31	計提折舊費			200			200
	31	發生水電費				160		160
	31	發生辦公費					40	40
	31	合計	900	800	200	160	40	2,100
	31	分配轉出	900	800	200	160	40	2,100

表 3-8　　　　　　　　　　輔助生產費用分配表　　　　　　　　單位：元

應借帳戶	費用項目	耗用勞務數量	分配率	分配額
製造費用	運輸費	1,000		2,000
管理費用	運輸費	50		100
合計		1,050	2	2,100

根據輔助生產費用分配表填製記帳憑證並逐筆登記有關費用、成本明細帳：
借：製造費用——基本車間（運輸費）　　　　　　　　　　2,000
　　管理費用（運輸費）　　　　　　　　　　　　　　　　　100
　　貸：生產成本——輔助生產成本——運輸車間　　　　　2,100

（5）匯總歸集出本月製造費用並予以分配轉出，如表3-9、表3-10所示。

表3-9　　　　　　　　　　　　製造費用明細帳
車間名稱：基本生產車間　　　　20××年5月　　　　　　　單位：元

月	日	摘要	機物料消耗	人工費	折舊費	水電費	辦公費	運輸費	合計
5	31	材料費用分配表	1,938						1,938
	31	人工費用分配表		1,600					1,600
	31	計提折舊費			5,800				5,800
	31	發生水電費				260			260
	31	發生辦公費					402		402
	31	分配轉入的運輸費						2,000	2,000
	31	合計	1,938	1,600	5,800	260	402	2,000	12,000
	31	分配轉出	1,938	1,600	5,800	260	402	2,000	12,000

表3-10　　　　　　　　　　　　製造費用分配表
　　　　　　　　　　　　　　　20××年5月　　　　　　　　　單位：元

應借帳戶	成本項目	生產工時	分配率	分配金額
生產成本——基本生產成本——甲產品	製造費用	1,800		5,400
生產成本——基本生產成本——乙產品	製造費用	2,200		6,600
合計		4,000	3	12,000

根據製造費用分配表填製記帳憑證並逐筆登記有關費用、成本明細帳：
借：生產成本——基本生產成本——甲產品　　　　　　　5,400
　　　　　　　　　　　　　　　——乙產品　　　　　　　6,600
　　貸：製造費用——基本車間　　　　　　　　　　　　12,000

（6）編製甲、乙產品成本計算單，計算完工產品與在產品成本，如表3-11、表3-12所示。

表3-11　　　　　　　　　　　　產品成本計算單
產品：甲產品　　　　　　　　　20××年5月　　　　　　　　單位：元

項目	直接材料	直接人工	製造費用	合計
月初在產品成本	8,090	5,860	6,810	20,760
本月生產費用	10,410	4,500	5,400	20,310
合計	18,500	10,360	12,210	41,070
完工產品數量	6,500	6,500	6,500	

表3-11(續)

項　目	直接材料	直接人工	製造費用	合計
在產品約當產量	900	900	900	
約當總產量	7,400	7,400	7,400	
費用分配率	2.5	1.4	1.65	
完工產品成本	16,250	9,100	10,725	36,075
月末在產品成本	2,250	1,260	1,485	4,995

表3-12　　　　　　　　　　　　**產品成本計算單**

產品：乙產品　　　　　　　　　20××年5月　　　　　　　　　　單位：元

項　目	直接材料	直接人工	製造費用	合計
月初在產品成本	6,176	2,948	2,728	11,852
本月生產費用	6,704	5,500	6,600	18,804
合計	12,880	8,448	9,328	30,656
完工產品數量	3,200	3,200	3,200	
在產品約當產量	800	320	320	
約當總產量	4,000	3,520	3,520	
費用分配率	3.22	2.4	2.65	
完工產品成本	10,304	7,680	8,480	26,464
月末在產品成本	2,576	768	848	4,192

根據產品成本計算單填製記帳憑證並逐筆登記有關費用、成本明細帳：

借：庫存商品——甲產品　　　　　　　　　　　　　　36,075
　　　　　　——乙產品　　　　　　　　　　　　　　26,464
　　貸：生產成本——基本生產成本——甲產品　　　　36,075
　　　　　　　　　　　　　　　　——乙產品　　　　26,464

生產成本明細如表3-13、表3-14所示。

表3-13　　　　　　　　　　　　**生產成本明細帳**

產品：甲產品　　　　　　　　　20××年5月　　　　　　　　　　單位：元

月	日	憑證號	摘　要	直接材料	直接人工	製造費用	合計
5	1		月初在產品成本	8,090	5,860	6,810	20,760
	31		產品生產耗用材料	10,410			10,410
	31		分配轉入直接人工		4,500		4,500
	31		期末轉入製造費用			5,400	5,400
	31		生產費用合計	18,500	10,360	12,210	41,070
	31		結轉完工產品成本	16,250	9,100	10,725	36,075
	31		月末在產品成本	2,250	1,260	1,485	4,995

表 3-14　　　　　　　　　生產成本明細帳
產品：乙產品　　　　　　　20××年5月　　　　　　　　　　　單位：元

月	日	憑證號	摘　要	直接材料	直接人工	製造費用	合計
5	1		月初在產品成本	6,176	2,948	2,728	11,852
	31		產品生產耗用材料	6,704			6,704
	31		分配轉入直接人工		5,500		5,500
	31		期末轉入製造費用			6,600	6,600
	31		生產費用合計	12,880	8,448	9,328	30,656
	31		結轉完工產品成本	10,304	7,680	8,480	26,464
	31		月末在產品成本	2,576	768	848	4,192

> 提示：上述費用、成本明細帳中有關費用、成本轉出的金額應用紅字登記入帳。

第三節　分批法

一、分批法的適用範圍及特點

產品成本計算的分批法也稱訂單法，它是以產品的批別或訂單作為成本對象，歸集和分配生產費用，計算產品成本的一種方法。分批法的主要特點如下：

1. 成本計算對象

分批法的成本計算對象是產品的批別或訂單。該法按產品的批別或訂單設置生產成本明細帳，帳內按成本項目設置專欄，歸集發生的各項生產費用。按照產品批別組織生產時，生產計劃部門應根據批別或訂單所要求的產品品種、數量、投產日期、完成日期，簽發生產通知單，下達到車間並通知會計部門。在通知單中，對該批生產任務進行編號，成本會計根據生產批號開立生產成本明細帳，對能按訂單或批次劃分的直接計入費用，需在費用原始憑證上註明訂單號碼或產品批次，既可防止串工串料，也便於據此直接計入該批號或訂單的生產成本明細帳中有關成本項目；對於不能明確訂單或批次的間接計入費用，先按發生地點歸集，然後按一定的標準在受益的批次之間進行分配。

2. 成本計算期

分批法的成本計算是不定期的。在分批法下，批內產品一般都能同時完工，產品的實際成本要到訂單完工後才計算。也就是產品成本負擔的起止日期是從訂單開工到訂單完工，其成本計算期與生產週期是一致的，而與會計核算期不一致。

3. 生產費用在完工產品和期末在產品之間的分配

分批法通常不存在將生產費用在完工產品和期末在產品之間的分配。在單件生產的情況下，產品完工前，所歸集的生產費用就是在產品成本，產品完工後，所歸集的全部生產費用就是完工產品成本。在小批生產的情況下，在月末計算產品成本時，往

往已經全部完工形成完工產品成本，或者全部沒有完工形成期末在產品成本。因此，分批法一般（主要是指整批交貨情形）不存在完工產品和在產品成本之間的分配問題。但在批量較大的情況下，出現批內產品跨月陸續完工交貨的（分批交貨），為了使收入與費用相配比，也需要將所歸集的生產費用在完工產品與在產品之間進行分配，以便計算完工產品和月末在產品成本。

為了簡化核算手續，對於同一批次內先完工的產品，可以按計劃單位成本、定額單位成本或最近一期相同產品的實際單位成本計價，從該批產品的成本計算單中轉出，剩下的即為該批產品的在產品成本。當該批產品全部完工時，另行計算該批產品實際總成本和單位成本，但對原來計算並轉出的前期完工產品成本，不作帳面調整。如果同一批次產品跨月完工的數量較多，為正確計算產品成本，應採用適當的方法，在完工產品和在產品之間分配生產費用。完工產品的成本不僅包括本月發生的還包括以前月份所發生的生產費用。

分批法主要適用於單件、小批生產的企業和車間，如專用設備、重型機械、船舶及精密儀器、服裝、家具的製造等企業。在某些單步驟生產企業，生產按小批單件組織生產，如新產品的試製也可以採用分批法。

二、分批法的計算程序

（一）財會部門根據生產計劃部門下達的「生產任務通知單」中註明的工作令號，開設各批別或定單的產品成本明細帳，帳內按成本項目設置專欄。

（二）將生產費用在各批產品之間進行歸集和分配——橫向劃分（外部劃分）。

不考慮廢品損失的步驟如下：

1. 歸集和分配各項實際發生的費用（分散在平時及月末）

根據各項要素費用分配表及其他有關費用的原始憑證及填製的記帳憑證，登記生產（產品）成本明細帳、製造費用明細帳以及管理費用、銷售費用和財務費用的明細帳等。

2. （月末）分配、結轉輔助生產費用（如單獨歸集製造費用下應先結轉製造費用至「輔助生產成本」二級帳）

根據輔助生產成本明細帳編製輔助生產費用分配表，將輔助生產費用按適當的方法進行分配。

3. （月末）分配、結轉基本車間的製造費用

（三）批產品批量較大，又存在跨月陸續完工或分次交貨情況時，應在批內計算完工產品成本和月末在產品成本。

上述成本核算程序是一般分批法下的成本計算程序，如圖 3-2 所示。

```
┌─────────┐     ┌─────────┐     ┌──────────────┐
│材料費用 │────▶│輔助生產 │────▶│1號訂單成本明細帳│
│分配表   │     │成本明細 │     └──────────────┘
└─────────┘     │帳       │
                └─────────┘
┌─────────┐           │        ┌──────────────┐
│職工薪酬 │           ▼        │2號訂單成本明細帳│
│分配表   │────▶┌─────────┐   └──────────────┘
└─────────┘     │輔助生產 │
                │費用分配表│──▶
┌─────────┐     └─────────┘    ┌──────────────┐
│其他費用 │           │        │3號訂單成本明細帳│
│分配表   │           ▼        └──────────────┘
└─────────┘     ┌─────────┐
       │───────▶│制造費用 │
                │明細帳   │
                └─────────┘
                      │
                      ▼
                ┌─────────┐
                │制造費用 │
                │分配表   │
                └─────────┘
```

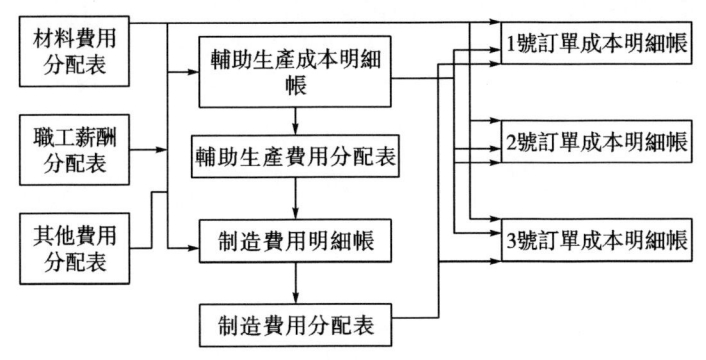

圖 3-2　分批法成本計算程序

【例 3-2】東映機床廠根據客戶訂單要求組織生產，採用分批法計算產品成本。20××年 9 月生產產品的情況如下：

（1）車床 20 臺，批號 703 號，7 月份投產，本月份全部完工。

（2）銑床 40 臺，批號 901 號，本月份投產，月末尚未完工。

（3）刨床 60 臺，批號 902 號，本月份投產，當月完工 10 臺，完工產品數量占該批產品比重較小，為簡化核算，對完工 10 臺的產品成本，按定額單位成本計價結轉。刨床的定額單位成本為：直接材料 11,000 元，直接人工 6,200 元，製造費用 3,300 元，合計 41,000 元。

（4）磨床 120 臺，批號 509 號，5 月份投產，本月完工 90 臺，其餘尚未完工。因完工產品數量較大，生產費用要求在完工產品和在產品之間按約當產量法進行分配。產品的原材料在生產開始時一次投入，月末在產品完工程度為 60%。

9 月份的其他有關資料如下：

（1）月初在產品成本如表 3-15 所示。

表 3-15　　　　　　　各批產品月初在產品成本　　　　　　　單位：元

摘要	直接材料	直接人工	製造費用	合計
703 號車床	318,400	20,000	18,060	356,460
509 號磨床	2,330,400	200,000	354,200	2,884,600
合計	2,648,800	220,000	372,260	3,241,060

（2）根據各種費用分配表，匯總本月發生的生產費用，如表 3-16 所示。

表 3-16　　　　　　　各項費用匯總分配表
　　　　　　　　　　　20××年 9 月　　　　　　　　　　單位：元

批號	直接材料	直接人工	製造費用	合計
703		12,800	11,920	324,720
901	300,000	7,200	4,340	111,540
902	100,000	108,600	124,200	572,800
509	340,000	16,000	104,800	120,800
合計	740,000	144,600	245,260	1,129,860

要求：根據上述資料，登記生產成本明細帳及計算完工產品成本。

解：根據月初在產品成本、生產費用匯總分配表登記基本生產成本明細帳，並計算完工產品成本和在產品成本，如表 3-17、表 3-18、表 3-19 和表 3-20 所示。

表 3-17　　　　　　　　　　　　生產成本明細帳

批號：703　　　　　批量：20 臺　　　　投產日期：7 月

產品名稱：車床　　　本月完工：20 臺　　完工日期：9 月　　　單位：元

年		憑證		摘　要	直接材料	直接人工	製造費用	合計
月	日	號	數					
9	1			月初在產品成本	318,400	20,000	18,060	356,460
	30			本月發生材料費用	300,000			300,000
	30			本月發生人工費用		12,800		12,800
	30			月末轉入製造費用			11,920	11,920
	30			生產費用累計	618,400	32,800	29,980	681,180
	30	記	x	結轉完工產品成本	618,400	32,800	29,980	681,180
				單位成本	30,920	1,640	1,499	34,059

表 3-18　　　　　　　　　　　　生產成本明細帳

批號：901　　　　　投產日期：9 月　　　　產品名稱：銑床

批量：40 臺　　　　完工日期：　　　　　　　　　　　　　單位：元

年		憑證		摘　要	直接材料	直接人工	製造費用	合計
月	日	號	數					
9	1			本月發生材料費用	100,000			100,000
	30			本月發生人工費用		7,200		7,200
	30			月末轉入製造費用			4,340	4,340
	30			生產費用累計	100,000	7,200	4,340	111,540
	30			月末在產品成本	100,000	7,200	4,340	111,540

表 3-19　　　　　　　　　　　　生產成本明細帳

批號：902　　　　　投產日期：9 月　　　　產品名稱：刨床

批量：60 臺　　　　本月完工：10 臺　　　完工日期：　　　　單位：元

年		憑證		摘　要	直接材料	直接人工	製造費用	合計
月	日	號	數					
9	1			本月發生材料費用	340,000			340,000
	30			本月發生人工費用		108,600		108,600
	30			月末轉入製造費用			124,200	124,200
	30			生產費用累計	340,000	108,600	124,200	572,800
	30			單臺定額成本	11,000	6,200	3,300	20,500
	30			結轉完工產品成本	110,000	62,000	33,000	205,000
	30			月末在產品成本	230,000	46,600	91,200	367,800

根據單位定額成本轉出完工 10 臺的成本：

借：庫存商品——刨床　　　　　　　　　　　　　　　　205,000
　　貸：生產成本——基本生產成本——902 號批次（刨床）　205,000

表 3-20　　　　　　　　　　　產品成本計算單
批號：509　　　　　投產日期：5 月　　　　產品名稱：磨床
批量：120 臺　　　　本月完工：90 臺　　　完工日期：　　　　　單位：元

項　目	直接材料	直接人工	製造費用	合計
月初在產品成本	2,330,400	200,000	354,200	2,884,600
本月生產費用		16,000	104,800	120,800
本月生產費用累計	2,330,400	216,000	459,000	3,005,400
完工產品數量	90	90	90	
月末在產品約當產量	30	30×0.6=18	30×0.6=18	
約當總產量	120	108	108	
完工產品單位成本	19,420	2,000	4,250	25,670
完工產品成本	1,747,800	180,000	382,500	2,310,300
月末在產品成本	582,600	36,000	76,500	695,100

表 3-20 中，完工產品單位成本（費用分配率）計算如下：

原材料費用分配率 = $\dfrac{2,330,400}{90+30}$ = 19,420

直接人工分配率 = $\dfrac{216,000}{90+30\times 60\%}$ = 2,000

製造費用分配率 = $\dfrac{459,000}{90+30\times 60\%}$ = 4,250

註：完工產品成本用完工產品數量乘以各成本項目的分配率求得。

借：庫存商品——磨床　　　　　　　　　　　　　　　　2,310,300
　　貸：生產成本——基本生產成本——509 號批次（磨床）　2,310,300

表 3-21　　　　　　　　　　　生產成本明細帳
批號：509　　　　　投產日期：5 月　　　　產品名稱：磨床
批量：120 臺　　　　本月完工：90 臺　　　完工日期：　　　　　單位：元

年 月	日	憑證 號數	摘　要	直接材料	直接人工	製造費用	合計
9	1		月初在產品成本	2,330,400	200,000	354,200	2,884,600
	30		本月發生人工費用		16,000		16,000
	30		月末轉入製造費用			104,800	104,800
	30		生產費用累計	2,330,400	216,000	459,000	3,005,400
	30	記 x	結轉完工產品成本	1,747,800	180,000	382,500	2,310,300
	30		單位成本	19,420	2,000	4,250	25,670
	30		月末在產品成本	582,600	36,000	76,500	695,100

【例3-3】某工廠屬於小批生產，採用分批法計算產品成本。材料分批次領用，故直接材料費用為直接計入費用；無法直接劃分批次的直接人工和製造費用按工時比例在各批次之間進行分配。20××年4月份生產情況如下：

(1) 月初在產品成本：101批號，直接材料3,750元；102批號，直接材料2,200元；103批號，直接材料1,600元。月初直接人工1,725元，製造費用2,350元。

(2) 月初在產品耗用累計工時為3,350小時，其中101批號1,800小時；102批號590小時；103批號960小時。

(3) 本月的生產情況，發生的工時和直接材料如表3-22所示。

表3-22　　　　　　　　　發生的工時和直接材料

產品名稱	批號	批量(件)	投產日期	完工日期	本月發生工時（小時）	本月發生直接材料（元）
甲	101	10	2月	4月	450	250
乙	102	5	3月	4月	810	300
丙	103	4	3月	6月	1,640	300

(4) 本月發生的各項間接計入費用為：直接人工1,400元，製造費用2,025元。

要求：根據上述資料計算各批次產品成本。

解：累計直接人工費用分配率＝(1,725+1,400)/(3,350+450+810+1,640)
　　　　　　　　　　　　＝3,125/6,250＝0.5（元/小時）

累計製造費用分配率＝(2,350+2,025)/(3,350+450+810+1,640)
　　　　　　　　　＝4,375/6,250＝0.7（元/小時）

表3-23　　　　　　　　　生產成本明細帳

批號：101　　　產品名稱：甲　　　產量：10件　　　完工日期：4月　　　單位：元

20××年		摘　要	直接材料	工時	直接人工	製造費用	合計
月	日						
3	31	累計發生	3,750	1,800	926.82	1,262.7	5,939.52
4	30	本月發生	250	450	0.5	0.7	
	30	累計發生數	4,000	2,250	1,125	1,575	6,700
	30	轉出完工產品成本	4,000	2,250	1,125	1,575	6,700
	30	單位成本	400		112.5	157.5	670

表3-24　　　　　　　　　生產成本明細帳

批號：102　　　　　　　　　　　　　　投產日期：3月
產品名稱：乙　　　產量：5件　　　完工日期：4月　　　單位：元

20××年		摘　要	直接材料	工時	直接人工	製造費用	合計
月	日						
3	31	累計發生	2,200	590	303.79	413.88	2,917.67
4	30	本月發生	300	810	0.5	0.7	
	30	累計發生數	2,500	1,400	700	980	4,180
	30	轉出完工產品成本	2,500	1,400	700	980	4,180
	30	單位成本	500		140	196	836

表 3-25　　　　　　　　　　　　生產成本明細帳

批號：103　　　　　　　　　　　　　　　　　投產日期：3 月

產品名稱：丙　　　　產量：4 件　　　　完工日期：6 月　　　　　單位：元

20××年		摘　要	直接材料	工時	直接人工	製造費用	合計
月	日						
3	31	累計發生	1,600	960	494.39	673.42	2,767.81
4	30	本月發生	300	1,640	0.5	0.7	
	30	累計發生數	1,900	2,600	1,300	1,820	5,020

三、簡化的分批法

簡化分批法又稱為間接計入費用累計分批法，是指通過對間接計入費用採用累計分配率進行分配，以減少成本計算工作量的分批法。即將每月發生的人工費用和製造費用等間接計入費用，不再按月在各批產品之間進行分配，而是將這些間接計入費用累計起來，待某批產品完工時，根據完工產品工時占累計總工時的比例，確認完工產品應負擔的間接計入費用，據以計算完工批次的產品成本。

簡化分批法適用於投產批次眾多，而每月完工批次較少的企業。

（一）簡化分批法的特點

簡化分批法與一般意義上的分批法相比較，具有如下特點：

1. 要增設「基本生產成本」二級帳

採用簡化分批法時，企業在按批次設置基本生產成本明細帳的同時，還要設置基本生產成本二級帳。該明細帳在平時只登記直接記入的原材料費用和生產工時，二級帳則歸集企業投產的所有批次產品的各項費用和累計的全部生產工時。

2. 在有完工產品的月份要計算累計間接計入費用分配率

在沒有完工產品的月份，不分配發生的間接計入費用；只有在出現完工產品的月份，才分配發生的間接計入費用。累計間接計入費用分配率，既是在各批完工產品之間分配各項間接計入費用的依據，也是某批產品的完工產品與月末在產品之間分配各項間接計入費用的依據。其計算公式是：

累計間接計入分配率＝累計間接計入費用÷累計工時

完工批別應負擔的間接計入費用＝該批產品的累計工時×累計間接計入費用分配率

在實際工作中，間接計入費用一般包括薪酬費用與製造費用，因此通常要分別計算累計人工費用分配率和累計製造費用分配率，分別計算完工批次產品應負擔的人工費用與製造費用。

3. 對當月完工的不同批次的產品均按同一個累計間接計入費用分配率進行分配

在有完工產品批次的月份，不論完工批次多少，都只計算統一的累計分配率進行間接計入費用的分配。這樣，不僅簡化了間接計入費用的分配工作，還簡化了對未完工批別產品成本明細帳的登記工作，因此，企業未完工的批數越多，核算就越簡化。

採用簡化分批法的不足之處，一是未完工批別的基本生產成本明細帳不能完整地反應其在產品的成本；二是如果各月發生的間接計入費用相差懸殊，會影響各月產品成本計算的正確性。例如，前幾個月的間接計入費用較多，本月的間接計入費用較少，

而某批產品本月投產本月完工，這樣，按累計間接計入費用分配率計算的該批完工產品成本就會發生不應有的偏高。反之，會造成不應有的偏低。此外，如果月末未完工產品的批數不多，也不宜採用這種方法。因為，一方面仍要對完工產品分配登記各項間接計入費用，不能簡化核算工作；另一方面又在一定程度上影響產品成本計算的正確性。

因此，應用簡化的分批法必須具備兩個條件：一是各個月份的間接計入費用水平比較均衡，二是月末未完工產品的批數較多。這樣才能保證既簡化產品成本的核算工作又確保產品成本計算的正確。

(二) 簡化分批法的成本計算程序

（1）設置基本生產成本二級帳，帳內除成本項目外，增設生產工時專欄，登記全部產品（各批產品）各成本項目累計生產費用和累計工時。

（2）按批號設產品成本明細帳，帳內按成本項目登記該批產品的月初及本月累計直接計入費用和生產工時，並與二級帳平行登記。間接計入費用不按月登記分配，登記依據是各種費用分配明細表和有關的工時記錄。

（3）月末如有完工產品，應根據基本生產成本二級帳中的累計間接計入費用和累計生產工時，計算累計間接計入費用分配率並確定完工產品應負擔的累計間接計入費用。

上述成本核算程序是簡化分批法下的成本計算程序，如圖3-3所示：

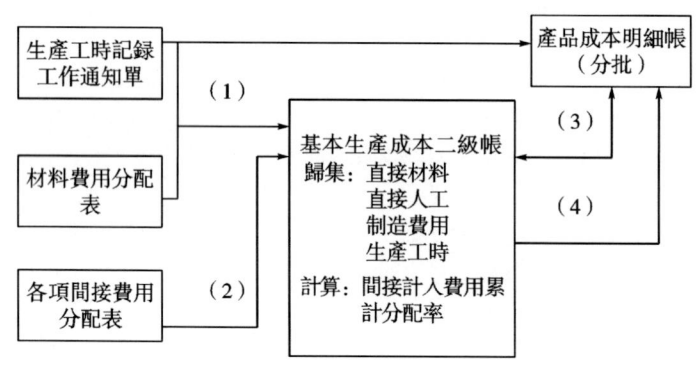

圖3-3 簡化分批法成本計算程序

> 提示：分批法的重要性。
> 正確計算各批產品成本，對企業管理者而言是至關重要的。管理者們利用他們掌握的分配成本知識來正確預計未來各批產品的成本，有助於他們制定正確的競價策略，也有助於企業控制成本，以獲取更多的利潤。

【例3-4】資料同【例3-3】，採用簡化的分批法計算產品成本。為了便於閱讀，資料再次列出。4月份生產情況如下：

（1）月初在產品成本：101批號，直接材料3,750元；102批號，直接材料2,200元；103批號，直接材料1,600元。月初直接人工1,725元，製造費用2,350元。

（2）月初在產品耗用累計工時為3,350小時，其中101批號1,800小時；102批號

590 小時；103 批號 960 小時。

（3）本月的生產情況，發生的工時和直接材料如表 3-26 所示：

表 3-26　　　　　　　　　　　　發生的工時和直接材料

產品名稱	批號	批量（件）	投產日期	完工日期	本月發生工時（小時）	本月發生直接材料（元）
甲	101	10	2 月	4 月	450	250
乙	102	5	3 月	4 月	810	300
丙	103	4	3 月	6 月	1,640	300

（4）本月發生的各項間接計入費用為：直接人工 1,400 元，製造費用 2,025 元。

要求：根據上述資料，登記基本生產成本二級帳和產品成本明細帳（見表 3-27）；計算完工產品成本（見表 3-28、表 3-29 和表 3-30）。

解：

表 3-27　　　　　　　　　　　基本生產成本二級帳　　　　　　　　　　　單位：元

20××年		摘　要	直接材料	工時（小時）	直接人工	製造費用	合計
月	日						
3	31	累計發生	7,550	3,350	1,725	2,350	11,625
4	30	本月發生	850	2,900	1,400	2,025	4,275
	30	累計發生數	8,400	6,250	3,125	4,375	15,900
	30	累計間接計入費用分配率			0.5	0.7	
	30	轉出完工產品成本	6,500	3,650	1,825	2,555	10,880
	30	月末在產品成本	1,900	2,600	1,300	1,820	5,020

> 提示：根據二級帳的數據，可以計算累計間接計入費用分配率如下：
> 直接人工 = 3,125/6,250 = 0.5（元/小時）
> 製造費用 = 4,375/6,250 = 0.7（元/小時）

表 3-28　　　　　　　　　　　產品成本明細帳

批號：101　　　產品名稱：甲　　　產量：10 件　　　完工日期：4 月　　　單位：元

20××年		摘　要	直接材料	工時（小時）	直接人工	製造費用	合計
月	日						
3	31	累計發生	3,750	1,800			
4	30	本月發生	250	450	0.5	0.7	
	30	累計發生數	4,000	2,250	1,125	1,575	6,700
	30	轉出完工產品成本	4,000	2,250	1,125	1,575	6,700
	30	單位成本	400		112.5	157.5	670

表 3-29　　　　　　　　　　產品成本明細帳
批號：102　　　　　　　　　　　　　　　　投產日期：3 月
產品名稱：乙　　　　產量：5 件　　　　　　完工日期：4 月　　　　　　　單位：元

20××年		摘　要	直接材料	工時（小時）	直接人工	製造費用	合計
月	日						
3	31	累計發生	2,200	590			
4	30	本月發生	300	810	0.5	0.7	
	30	累計發生數	2,500	1,400	700	980	4,180
	30	轉出完工產品成本	2,500	1,400	700	980	4,180
	30	單位成本	500		140	196	836

表 3-30　　　　　　　　　　產品成本明細帳
批號：103　　　　　　　　　　　　　　　　投產日期：3 月
產品名稱：丙　　　　產量：4 件　　　　　　完工日期：6 月

20××年		摘　要	直接材料（元）	工時（小時）	直接人工（元）	製造費用（元）	合計
月	日						
3	31	累計發生	1,600	960			
4	30	本月發生	300	1,640			
	30	累計發生數	1,900	2,600			

> 思考題：
> 　　你認為【例 3-4】中的小批生產企業採用簡化分批法能起到簡化成本計算的目的嗎？其適合採用簡化分批法嗎？為什麼？

第四節　逐步結轉分步法

一、分步法的適用範圍和基本特點

（一）分步法的適用範圍

分步法是以產品的生產步驟作為成本對象，歸集和分配生產費用，計算產品成本的一種方法。

分步法主要適用於大量、大批多步驟生產的企業，其生產過程是由若干個在技術上可以間斷的生產步驟所組成，每個生產步驟除了生產出半成品（最後步驟為產成品）外，還有一些加工中的在產品。已經生產出來的半成品既可以用於下一生產步驟進行進一步的加工，也可以對外銷售。為了適應生產的這一特點，企業不僅要計算每一種產品的成本，還要按產品經過的生產步驟，計算各步驟的成本。

（二）分步法的基本特點

1. 成本（計算）對象

分步法的成本對象是各種產品的生產步驟。因此，在計算產品成本時，應按照產

品的生產步驟結合產品品種設置基本生產成本明細帳。在實際工作中，作為產品成本計算的步驟並不直接等同於產品的實際生產步驟。為了簡化成本計算工作，可以只對管理上有必要分步計算成本的生產步驟單獨設置生產成本明細帳，單獨計算成本；管理上不要求單獨計算成本的生產步驟，則可以與其他生產步驟合併設置生產成本明細帳，合併計算成本。

2. 成本計算期

分步法的成本計算期是每月固定計算成本。這是因為分步法適用於多步驟的大量、大批生產。大量、大批生產意味著需要不斷投入原材料、同時不斷有產品完工，難以按生產週期計算成本，只能把按月份確定的會計報告期作為成本計算期。

3. 生產費用在完工產品與在產品之間分配

在大量、大批的多步驟生產中，由於生產過程較長且可以間斷，產品往往都是跨月陸續完工，月末各步驟一般都存在一定數量的在產品。因此，在成本計算時，還需要採用適當的分配方法，將匯集在基本生產成本明細帳中的生產費用，在完工產品與在產品之間進行分配。

(三) 分步法種類

根據成本管理對各生產步驟成本資料的要求不同（即要不要計算半成品的成本）和簡化成本計算工作的需要，以及各生產步驟成本計算和結轉方式的不同，分步法可分為逐步結轉分步法（計列半成品成本分步法）和平行結轉分步法（不計列半成品成本分步法）。

二、逐步結轉分步法

(一) 逐步結轉分步法概念和種類

逐步結轉分步法，是指按照產品生產加工步驟的先後順序，各步驟逐步計算並結轉半成品成本，各步驟半成品成本由本步驟發生的費用和上步驟轉入半成品成本構成，依次直至最後步驟累計計算出產成品成本的一種成本計算方法，又稱為順序結轉分步法、滾動計算分步法。由於該法逐步計算並結轉各步驟半成品成本，故也稱為計列（算）半成品成本分步法。

逐步結轉分步法按具體結轉半成品成本方式的不同，又分為綜合結轉法和分項結轉法。

(二) 逐步結轉分步法的適用範圍

通過前述內容我們知道，多步驟生產是指生產工藝過程由若干個可以間斷的、分散在不同地點、分別在不同時間進行的生產步驟所組成的生產。多步驟生產按其產品的加工方式，還可以分為連續式生產和裝配式生產。

逐步結轉分步法主要適用於大量、大批多步驟連續式生產的企業，產品製造要經過若干生產步驟的逐步加工，前面各步驟生產的都是半成品，只有最後步驟生產的才是產成品。如鋼鐵廠生產的鋼錠、生鐵，紡織廠生產的棉紗等。為加強成本管理，不僅要計算各種產成品成本，而且要求計算各步驟半成品成本。逐步結轉分步法通常適用於連續加工式多步驟生產產品的成本計算。

(三) 逐步結轉分步法的特點

(1) 成本對象是產品的各生產步驟及各步驟完工產品（包括半成品及最終產成品）。

（2）逐步計算並結轉半成品成本，故半成品的成本要隨著半成品的實物轉移而結轉。在逐步結轉分步法下，當某一步驟半成品完工，實物轉入半成品倉庫或直接轉入下一步驟加工時，其成本也隨之轉入「自製半成品明細帳」或下一步驟「基本生產明細帳」。

（3）各步驟「基本生產明細帳」歸集的費用，包括本步驟發生的費用和耗用上一步驟完工半成品的成本。只就某一步驟的成本計算方法而言，其實就是品種法，所以逐步結轉分步法實際上就是品種法的多次連續應用。

（4）各步驟的生產費用合計是在本步驟完工產品（包括半成品及最終產成品）和該步驟狹義在產品之間進行分配。

三、綜合結轉分步法

綜合結轉分步法是指上一生產步驟的半成品成本轉入下一生產步驟時，是以「自製半成品」或「直接材料」（必須是本步驟未耗用材料下）綜合項目記入下一生產步驟產品成本明細帳的方法。

採用這種方法，各步驟所耗上一步驟的半成品費用，可以按實際成本結轉，也可以按計劃成本結轉，即綜合結轉分步法包括實際成本綜合結轉和計劃成本綜合結轉，這裡僅介紹實際成本綜合結轉法。

實際成本綜合結轉法下，各步驟所耗上一步驟的半成品費用，應根據所耗半成品的實際數量乘以半成品的實際單位成本計算。由於各月所產半成品的實際單位成本不同，因而所耗半成品實際單位成本的計算，可根據企業的實際情況，選擇使用先進先出法、加權平均法等方法。

採用綜合結轉分步法計算產品成本的成本計算程序如下：

（1）根據產品的各生產步驟及各步驟完工產品設置「產品成本明細帳」及相應的產品成本計算單；

（2）第一步驟根據本步驟發生的各種生產費用，計算該步驟完工半成品成本，直接轉入下一步驟或半成品倉庫；

（3）第二步驟以後的各生產步驟，將從上一步驟或半成品庫轉入的半成品成本，以「自製半成品」或「直接材料」綜合項目計入本步驟產品成本明細帳中，再加上本步驟發生的費用，計算出本步驟完工的半成品成本，再以綜合項目轉入下一步驟產品成本明細帳中或半成品倉庫；

（4）最後步驟計算出完工產成品的成本。

綜合結轉分步法的優點是：可以在各生產步驟的基本生產成本明細帳中反應各該步驟完工產品所耗半成品費用的水平和本步驟加工費用的水平，有利於各個生產步驟的成本管理。缺點是：為了從整個企業的角度反應產品成本的構成，加強企業綜合成本管理，必須進行成本還原，從而增加核算工作量。因此，這種結轉方法適宜在半成品具有獨立的國民經濟意義，管理上要求計算各步驟完工產品所耗半成品費用，但不要求進行成本還原的情況下採用。

【例3-5】某企業大量生產甲產品，順序經過三個生產步驟，分別由三個車間連續加工製成。第一車間完工的 A 半成品，交半成品庫驗收；第二車間按照所需半成品數量向半成品庫領用，第二車間生產出 B 半成品直接交第三車間加工生產出甲產品。第

二車間所耗半成品費用按全月一次加權平均單位成本計算。有關資料如下：

1. 產量記錄見表3-30。
2. 原材料在生產開始時一次全部投入，各車間（步驟）在產品加工程度均為50%。
3. 本月已根據各種費用分配表等填製記帳憑證，並逐筆登記第一車間（第一步驟）生產成本明細帳（見表3-31）、第二車間（第二步驟）生產成本明細帳（見表3-33）和第三車間（第三步驟）生產成本明細帳（見表3-34）。

要求：採用綜合結轉分步法計算A半成品、B半成品和完工甲產品的成本（其中，各步驟完工半成品、產成品與月末在產品的分配均採用約當產量法）。

表3-31　　　　　　　　　　　　　產量記錄　　　　　　　　　　　　　單位：件

項　　目	第一車間（A半成品）	第二車間（B半成品）	第三車間（甲產品）
月初在產品數量	150	250	120
本月投入產品數量	850	950	1,000
本月完工產品數量	900	1,000	800
月末在產品數量	100	200	320

解：1. 第一車間A半成品成本計算。

（1）登記第一車間甲產品基本生產成本明細帳，月初在產品成本應根據上月有關數據計算登記，本月生產費用應根據本月各種費用分配表等進行登記，為了節約篇幅，本月生產費用在此作為已分配好的已知數。

（2）採用約當產量法分別計算完工A半成品和第一車間在產品成本。

表3-32　　　　　　　　　　　　生產成本明細帳

車間名稱：第一車間　　　　產品：A半成品　　　　　　　　　　　　單位：元

月	日	摘　要	數量	直接材料	直接人工	製造費用	成本合計
6	1	月初在產品成本	150	36,000	10,500	15,000	61,500
	30	本月材料費用		84,000			84,000
	30	本月人工費			18,000		18,000
	30	月末轉入製造費用				27,750	27,750
	30	生產費用累計	1,000	120,000	28,500	42,750	191,250
	30	完工半成品成本轉出	900	108,000	27,000	40,500	175,500
	30	半成品單位成本		120	30	45	195
	30	月末在產品成本	100	12,000	1,500	2,250	15,750

①分配直接材料費用

約當總產量＝完工產品產量＋在產品約當產量＝900＋100＝1,000（件）

半成品單位成本（費用分配率）＝120,000÷1,000＝120

完工半成品＝900×120＝108,000（元）

月末在產品＝100×120＝12,000（元）

②分配直接人工費用

約當總產量＝完工產品產量＋在產品約當產量＝900＋100×50%＝950（件）

半成品單位成本（費用分配率）＝28,500÷950＝30
完工半成品＝900×30＝27,000（元）
月末在產品＝100×50%×30＝1,500（元）
③分配製造費用
約當總產量＝完工產品產量＋在產品約當產量＝900＋100×50%＝950（件）
半成品單位成本（費用分配率）＝42,750÷950＝45
完工半成品＝900×45＝40,500（元）
月末在產品＝100×50%×45＝2,250（元）
以上分配工作在會計實務中是在相應的「產品成本計算單」上進行。

產品成本計算單
20××年6月30日

車間名稱：第一車間　　　　　　產品：A半成品　　　　　　　　　　　單位：元

項　目	數量	直接材料	直接人工	製造費用	成本合計
月初在產品成本	150	36,000	10,500	15,000	61,500
本月生產費用	850	84,000	18,000	27,750	129,750
生產費用累計	1,000	120,000	28,500	42,750	191,250
月末在產品約當產量		100	50	50	
約當總產量		1,000	950	950	
半成品單位成本		120	30	45	195
完工半成品成本	900	108,000	27,000	40,500	175,500
月末在產品成本	100	12,000	1,500	2,250	15,750

2. 第一車間半成品完工驗收入庫，第二車間領出半成品。
(1) 根據第一車間的半成品交庫單，填製如下記帳憑證並登記相應明細帳：
借：自制半成品——A半成品　　　　　　　　　　　　　　　175,500
　　貸：生產成本——基本生產成本——第一車間（A半成品）　175,500
(2) 根據第一車間半成品交庫單和第二車間領用半成品的領用單等憑證，登記自制半成品明細帳，見表3-33。

表3-33　　　　　　　　　　　　自制半成品明細帳
半成品：A半成品

摘　要	收入			發出			結存		
	數量（件）	單位成本（元）	金額（元）	數量（件）	單位成本（元）	金額（元）	數量（件）	單位成本（元）	金額（元）
期初結存							200	178.5	35,700
本期入庫	900	195	175,500						
本期發出				950	192	182,400			
期末結存							150	192	28,800

(3) 根據第二車間領用半成品的領用單，填製如下記帳憑證並登記相應明細帳：
借：生產成本——基本生產成本——第二車間（B半成品）　182,400
　　貸：自制半成品——A半成品　　　　　　　　　　　　　182,400

3. 第二車間 B 半成品成本計算及帳務處理。

（1）根據各種費用分配表、半成品領用單等登記的第二車間生產成本明細帳，見表 3-34。

表 3-34　　　　　　　　　　　　**生產成本明細帳**

車間名稱：第二車間　　　　　產品：B 半成品　　　　　　　　　　　　單位：元

月	日	摘　要	數量	半成品成本	直接人工	製造費用	成本合計
6	1	月初在產品成本	250	9,600	12,000	18,000	39,600
	30	本月轉入半成品	950	182,400			182,400
	30	本月人工費			30,900		30,900
	30	月末轉入製造費用				41,400	41,400
	30	生產費用累計	1,200	192,000	42,900	59,400	294,300
	30	半成品單位成本		160	39	54	253
	30	完工半成品成本轉出	1,000	160,000	39,000	54,000	253,000
	30	月末在產品成本	200	32,000	3,900	5,400	41,300

（2）分別計算完工 B 半成品和第二車間在產品成本。

產品成本計算單
20××年 6 月 30 日

車間名稱：第二車間　　　　　產品：B 半成品　　　　　　　　　　　　單位：元

項　目	數量	半成品成本	直接人工	製造費用	成本合計
月初在產品成本	250	9,600	12,000	18,000	39,600
本月生產費用	950	182,400	30,900	41,400	254,700
生產費用累計	1,200	192,000	42,900	59,400	294,300
月末在產品約當產量		200	100	100	
約當總產量		1,200	1,100	1,100	
半成品單位成本		160	39	54	253
完工半成品成本	1,000	160,000	39,000	54,000	253,000
月末在產品成本	200	32,000	3,900	5,400	41,300

①分配直接材料費用

約當總產量＝完工產品產量＋在產品約當產量＝1,000＋200＝1,200（件）

單位成本（費用分配率）＝192,000÷1,200＝160

完工半成品＝1,000×160＝160,000（元）

月末在產品＝200×160＝41,300（元）

②分配直接人工費用

約當總產量＝完工產品產量＋在產品約當產量＝1,000＋200×50％＝1,100（件）

單位成本（費用分配率）＝42,900÷1,100＝39

完工半成品＝1,000×39＝39,000（元）

月末在產品＝200×50％×39＝3,900（元）

③分配製造費用

約當總產量＝完工產品產量＋在產品約當產量＝1,000＋200×50％＝1,100（件）

單位成本（費用分配率）＝59,400÷1,100＝54

完工半成品＝1,000×54＝54,000（元）

月末在產品＝200×50％×54＝5,400（元）

4. 第二車間完工 B 半成品轉入第三車間加工。

借：生產成本——基本生產成本——第三車間（甲產品）　　253,000
　　貸：生產成本——基本生產成本——第二車間（B 半成品）　253,000

> **提示**：值得關注的是，實際工作中，為了減少填製記帳憑證的數量，半成品不經半成品庫收發直接轉入下一步驟加工時往往不編製上述會計分錄，而是採用直接在帳簿上對轉的方式進行。

5. 第三車間甲產品成本計算及帳務處理。

（1）根據各種費用分配表、半成品領用單等登記的第三車間生產成本明細帳，見表 3-35。

表 3-35　　　　　　　　　　　　生產成本明細帳

車間名稱：第三車間　　　　　產品：甲產品　　　　　　　　　　　　單位：元

月	日	摘　要	數量	半成品成本	直接人工	製造費用	成本合計
6	1	月初在產品成本	120	52,984	11,120	6,760	70,864
	30	本月轉入半成品	1,000	253,000			253,000
	30	本月人工費			58,000		58,000
	30	月末轉入製造費用				47,000	47,000
	30	生產費用累計		305,984	69,120	53,760	428,864
	30	甲產品單位成本		273.2	72	56	401.2
	30	轉出完工甲產品成本	800	218,560	57,600	44,800	320,960
	30	月末在產品成本	320	87,424	11,520	8,960	107,904

（2）分別計算完工甲產品和第三車間在產品成本。

產品成本計算單

20××年 6 月 30 日

車間名稱：第三車間　　　　　產品：甲產品　　　　　　　　　　　　單位：元

項　目	數量	半成品成本	直接人工	製造費用	成本合計
月初在產品成本	120	52,984	11,120	6,760	70,864
本月生產費用	1,000	253,000	58,000	47,000	358,000
生產費用累計		305,984	69,120	53,760	428,864
月末在產品約當產量		320	160	160	
約當總產量		1,120	960	960	
完工甲產品單位成本		273.2	72	56	401.2
完工甲產品成本	800	218,560	57,600	44,800	320,960
月末在產品成本	320	87,424	11,520	8,960	107,904

①分配直接材料費用
約當總產量＝完工產品產量＋在產品約當產量＝800＋320＝1,120（件）
單位成本（費用分配率）＝305,984÷1,120＝273.20
完工產成品＝800×273.20＝218,560（元）
月末在產品＝320×273.20＝87,424（元）
②分配直接人工費用
約當總產量＝完工產品產量＋在產品約當產量＝800＋320×50％＝960（件）
單位成本（費用分配率）＝69,120÷960＝72
完工產成品＝800×72＝57,600（元）
月末在產品＝320×50％×72＝11,520（元）
③分配製造費用
約當總產量＝完工產品產量＋在產品約當產量＝800＋320×50％＝960（件）
單位成本（費用分配率）＝53,760÷960＝56
完工產成品＝800×56＝44,800（元）
月末在產品＝320×50％×56＝8,960（元）
6. 根據第三車間完工甲產品驗收入庫填製如下記帳憑證並登記相應明細帳：
借：庫存商品——甲產品　　　　　　　　　　　　　320,960
　　貸：生產成本——基本生產成本——第三車間（甲產品）　320,960

四、成本還原

按綜合結轉分步法計算出來的各步驟半成品成本和最後步驟計算出來的產成品成本，不能真正體現產品成本的實際構成情況。因此，在管理上要求從整個企業角度考核和分析產品成本的構成和水平時，還應將綜合結轉分步法計算出的產成品成本進行成本還原。

（一）概念和程序

成本還原，就是把本月產成品成本中所耗上一步驟半成品的綜合成本，分解成直接材料、直接人工和製造費用等原始成本項目，從而求得按原始成本項目反應的產成品成本資料的成本分解過程。成本還原程序是從最後步驟起，將產成品成本中所耗上一步驟半成品的綜合成本，按照上一步驟本月所產完工的半成品成本項目的比例分解還原；如此自後向前逐步分解還原，直到第一步驟為止；然後再將相同成本項目的金額加以匯總，即可求得按原始成本項目反應的產成品成本資料。

（二）假設前提

由於各步驟所耗上一步驟半成品既可能有本月生產的，也可能有以前各月份生產的，而不同月份生產的半成品成本構成不盡相同，若完全依實際的成本構成進行分解是無法進行成本還原的。為了實現成本還原，有必要將複雜問題進行簡單化處理，即假設各步驟所耗上一步驟半成品均為本月所產的半成品，即本月各步驟所耗上一步驟半成品構成與本月所產半成品成本構成相同，而本月所產半成品成本構成根據各步驟生產成本明細帳可以計算得出，從而實現成本還原的目標。可以這麼說，本月所產半成品成本構成是本月所耗的相應半成品成本還原的依據。

(三) 還原方法

還原方法有兩種：一種是構成比例還原法，另一種是成本還原分配率還原法。

1. 構成比例還原法

構成比例還原法，是按照本月所產上步驟完工半成品的各成本項目成本結構比例進行分解還原。計算程序如下：

(1) 計算本月所產上一步驟完工半成品的各成本項目構成比例，即各成本項目占全部成本的比重；根據假設可知，等於計算了本月產成品所耗該半成品的成本構成比例。

(2) 計算半成品各成本項目還原值。將半成品的綜合成本進行分解。分解的方法是用產成品成本中半成品的綜合成本乘以上一步驟生產的該種半成品的各成本項目的比重。其計算公式如下：

$$\frac{\text{半成品某成本}}{\text{項目還原值}} = \frac{\text{本月產成品耗用上}}{\text{步驟半成品成本}} \times \frac{\text{上步驟完工半成品}}{\text{某成本項目比重}}$$

(3) 計算產成品還原後各成本項目金額。

在成本還原的基礎上，將各步驟還原前和還原後相同的成本項目金額相加，即可計算出產成品還原後各成本項目金額，從而求得按原始成本項目反應的產成品成本資料。其計算公式如下：

還原後產成品某成本項目金額＝還原前該成本項目金額＋該成本項目半成品還原金額

(4) 如果成本計算有兩個以上的步驟，第一次成本還原後，還有未還原的半成品成本。這時，還應將未還原的半成品成本進行還原，即用未還原的半成品成本，乘以前一步驟該種半成品的各個成本項目的比重。後面的還原步驟和方法同上。直至還原到第一步驟為止，才能將半成品成本還原為原來的成本項目。

【例3-6】相關資料：請參照本節【例3-5】的表3-32、表3-34和表3-35。

要求：對【例3-6】的計算結果採用構成比例還原法進行成本還原。

表3-36　　　　　　　　　　成本還原計算表　　　　　　　　　單位：元

項目	B半成品	A半成品	直接材料	直接人工	製造費用	合計
①還原前產品成本	218,560			57,600	44,800	320,960
②B半成品成本比重		160,000÷253,000 =0.632,4		39,000÷253,000 =0.154,2	54,000÷253,000 =0.213,4	100%
③B半成品成本還原	-218,560	138,217.34		33,701.95	46,640.71	
④A半成品成本比重			108,000÷175,500 =0.615,4	27,000÷175,500 =0.153,8	40,500÷175,500 =0.230,8	100%
⑤A半成品還原		-138,217.34	85,058.95	21,257.83	31,900.56	
⑥還原後產成品成本（①+③+⑤）			85,058.95	112,559.78	123,341.27	320,960

2. 還原分配率法

成本還原分配率法，是按照本月產成品所耗上步驟半成品總成本占本月所產該種半成品總成本的比例（即成本還原分配率）進行成本還原的方法。

（1）計算成本還原分配率，分子是待分配費用（本月完工產品所耗上步驟半成品總成本），分母是分配標準之和（本月所產該種半成品總成本），注意聯繫還原假設進行理解。

還原率＝本月完工產品所耗上步驟半成品總成本÷本月所產該種半成品總成本

（2）計算半成品各成本項目還原值，它是用成本還原分配率乘以本月生產該種半成品成本項目的金額，其計算公式如下：

$$\frac{半成品某成本}{項目還原值} = \frac{上步驟完工半成品}{該成本項目金額} \times 還原分配率$$

（3）計算產成品還原後各成本項目金額。

在成本還原的基礎上，將各步驟還原前和還原後相同的成本項目金額相加，即可計算出產成品還原後各成本項目金額，從而求得按原始成本項目反應的產成品成本資料，其計算公式如下：

還原後產成品某成本項目金額＝還原前該成本項目金額＋該成本項目半成品還原金額

（4）如果成本計算需經兩個以上的步驟，則需重複①～③步驟進行再次的還原，直至還原到第一步驟為止。

【例3-7】請參照本節【例3-5】的表3-32、表3-34和表3-35。

要求：對【例3-4】的計算結果採用成本還原分配率法進行成本還原。

解：計算過程及結果，見表3-37。

表 3-37　　　　　　　　　　產品成本還原計算表表

20××年6月　　　　　　　　　　　　　　單位：元

項目	B半成品	A半成品	直接材料	直接人工	製造費用	合計
①還原前產成品成本	218,560			57,600	44,800	320,960
②本月所產B半成品的成本		160,000		39,000	54,000	253,000
③B半成品成本還原	-218,560	138,224		33,692.1	46,643.9	
④本月所產A半成品的成本			108,000	27,000	40,500	175,500
⑤A半成品成本還原		-138,224	85,060.8	21,265.2	31,898	
⑥還原後產成品總成本（①+③+⑤）			85,060.8	112,557.3	123,341.9	320,960

B半成品還原率＝218,560÷253,000＝0.863,9

A半成品還原率＝138,244÷175,500＝0.787,6

【例3-8】某企業生產B產品，經過三個生產步驟連續加工。第一步驟生產的半成品直接交給第二步驟加工，第二步驟生產的半成品直接交給第三步驟加工為產成品，原材料在各工序開始時一次投入，各工序在產品的加工費用在本工序的完工程度按

50%計算。各工序完工產品和月末在產品之間的費用分配，均採用約當產量法。假設某月該產品各步驟均無在產品，其他資料如下：

（1）產量記錄如表3-38所示：

表3-38　　　　　　　　　　　產量記錄　　　　　　　　　　　單位：件

項　目	第一步驟	第二步驟	第三步驟
本月投入數量	156	132	120
本月完工數量	132	120	110
月末在產品數量	24	12	10

（2）成本資料見各步驟產品成本計算單。

要求：①用逐步綜合結轉分步法計算產品成本，並填列各步驟產品成本計算單；②編製完工產品入庫的會計分錄。

解：

表3-39　　　　　　　　　　產品成本計算單1
步驟：第一步驟　　　產品名稱：半成品1　　　完工量：132件　　　單位：元

項目	直接材料	直接人工	製造費用	合計
本月發生生產費用	70,200	14,400	17,280	101,880
合計	70,200	14,400	17,280	101,880
約當總產量（件）	132+24	132+24×0.5	132+24×0.5	
分配率	450	100	120	670
本步驟完工半成品成本	132×450 =59,400	132×100 =13,200	132×120 =15,840	132×670 =88,440
月末狹義在產品成本	10,800	1,200	1,440	13,440

直接材料分配率＝70,200÷（132+24）＝450
直接人工分配率＝14,400÷（132+24×50%）＝100
製造費用分配率＝17,280÷（132+24×50%）＝120

表3-40　　　　　　　　　　產品成本計算單2
步驟：第二步驟　　　產品名稱：半成品2　　　完工量：120件　　　單位：元

項目	半成品1	直接材料	直接人工	製造費用	合計
本月發生生產費用	88,440	13,200	17,640	18,900	138,180
合計	88,440	13,200	17,640	18,900	138,180
約當總產量（件）	120+12	120+12	120+12×0.5	120+12×0.5	
分配率	670	100	140	150	1,060
本步驟完工半成品成本	120×670 =80,400	120×100 =12,000	120×140 =16,800	120×150 =18,000	120×1,060 =127,200
月末狹義在產品成本	8,040	1,200	840	900	10,980

直接材料分配率＝13,200÷（120+12）＝100
直接人工分配率＝17,640÷（120+12×50%）＝140
製造費用分配率＝18,900÷（120+12×50%）＝150
半成品分配率＝88,440÷（120+12）＝670

表3-41　　　　　　　　　　　產品成本計算單3
步驟：第三步驟　　　產品名稱：B產品　　　完工量：110件　　　　　單位：元

項目	半成品2	直接材料	直接人工	製造費用	合計
本月發生生產費用	127,200	14,400	20,700	23,000	185,300
合計	127,200	14,400	20,700	23,000	185,300
約當總產量（件）	110+10	110+10	110+10×0.5	110+10×0.5	
分配率	1,060	120	180	200	1,560
完工產成品成本	110×1,060 =116,600	110×120 =13,200	110×180 =19,800	110×200 =22,000	110×1,560 =171,600
月末狹義在產品成本	10,600	1,200	900	1,000	13,700

直接材料分配率＝14,400÷（110+10）＝120
直接人工分配率＝20,700÷（110+10×50%）＝180
製造費用分配率＝23,000÷（110+10×50%）＝200
半成品分配率＝127,200÷（120+12）＝1,060
產成品入庫分錄：
　　借：庫存商品——B產品　　　　　　　　　　　　　　171,600
　　　　貸：生產成本——基本生產成本——第三步驟（B產品）　　171,600

五、分項結轉分步法

　　分項結轉分步法是指上一步驟轉入下一步驟的半成品成本，不是以「半成品」或「直接材料」成本項目進行反應的，而是將成本項目分別記入下一步驟產品成本明細帳的相關成本項目中。採用分項結轉分步法計算出來的產品成本，能直接提供按原始成本項目反應的產品成本結構，不需要進行成本還原。分項結轉分步法包括實際成本分項結轉和計劃成本分項結轉，這裡僅以實際成本分項結轉為例介紹。

　　採用分項結轉分步法結轉半成品成本，可以直接、如實地提供按原始成本項目反應的企業產品成本資料，便於從整個企業的角度考核和分析產品成本計劃的執行情況，不需要進行成本還原。但是，這一方法的成本結轉工作比較複雜，而且在各步驟完工產品成本中無法看出所耗上一步驟半成品費用是多少，本步驟加工費用是多少，不便於進行各步驟完工產品的成本分析。

　　例如，鋼鐵工業企業的煉鋼步驟所生產半成品鋼錠的成本，如果分項轉入軋鋼步驟基本生產成本明細帳的各個成本項目，在其完工轉出的產成品鋼材成本中就看不出所耗鋼錠費用有多少，本步驟的軋鋼費用有多少，因而不便於進行軋鋼步驟的成本管理。因此，分項結轉分步法一般適用於管理上不要求計算各步驟完工產品所耗半成品費用和本步驟加工費用，而要求按原始成本項目計算產品成本的企業。這類企業，各

生產步驟的成本管理要求不高，實際上只是按生產步驟分工計算成本，其目的主要是編製按原始成本項目反應的企業產品成本報表。

【例3-9】某企業大量生產乙產品分兩個步驟，分別由兩個車間連續加工制成。第一車間完工的乙半產品，交半成品庫驗收；第二車間按照所需半成品數量向半成品庫領用繼續加工生產出乙成品，第二車間所耗半成品費用按全月一次加權平均單位成本計算。兩步驟完工產品與月末在產品成本的分配均採用定額成本法。

（1）產量資料，第一車間月末完工500件，在產品100件；第二車間月末完工550件，在產品90件。

（2）原材料在生產開始時一次全部投入；兩車間在產品的加工程度均為50%。

（3）本月已根據各種費用分配表等憑證登記第一車間（第一步驟）乙產品成本計算單（見表3-42），第二車間（第二步驟）乙產品成本計算單（見表3-45）。

（4）定額資料：單位產成品材料費用定額為122.40元；第一車間單位半成品工時定額為3小時，每小時人工費用4.8元，每小時製造費用9.6元；第二車間單位產品在本步驟工時定額為7小時，每小時人工費用4.8元，每小時製造費用10元。

要求：採用分項結轉分步法計算乙半成品和完工乙產品的成本。

解：（1）第一車間（第一步驟）乙半成品成本計算。

①登記第一車間乙半成品產品成本計算單（見表3-42）。

表3-38　　　　　　　　　產品成本計算單

步驟：第一車間　　　　　　產品名稱：乙半成品　　　　　　　　　　單位：元

項　目	數量(件)	直接材料	直接人工	製造費用	成本合計
月初在產品成本(定額成本)		10,200	600	1,200	12,000
本月生產費用		63,240	9,120	20,040	92,400
生產費用累計		73,440	9,720	21,240	104,400
完工半成品成本	500	61,200	9,000	19,800	90,000
完工半成品單位成本		122.4	18	39.6	180
月末在產品成本（定額成本）	100	12,240	720	1,440	14,400

②採用定額成本法分配計算完工乙半成品成本（見表3-43）。

表3-39　　　　　　　　　月末在產品定額成本計算表　　　　　　　　　單位：元

步驟	在產品數量	直接材料費用	定額工時（小時）	直接人工	製造費用	定額成本合計
1	100	100×（122.4×100%）=12,240	100×（3×50%）=150	150×4.8=720	150×9.6=1,440	14,400

（2）第一車間半成品完工驗收入庫，第二車間領出半成品。

①根據第一車間的半成品交庫單，填製如下記帳憑證並登記相應明細帳：

借：自制半成品——乙半成品　　　　　　　　　　　　　90,000

　　貸：生產成本——基本生產成本——第一車間（乙半成品）　　90,000

②根據第二車間領用半成品的領用單，填製如下記帳憑證並登記相應明細帳：
借：生產成本——基本生產成本——第二車間（乙產品）　　96,200.3
　　貸：自制半成品——乙半成品　　　　　　　　　　　　　96,200.3

表3-44　　　　　　　　　　　　自制半成品明細帳

產品：乙半成品　　　　　　　　　　　　　　　　　　　　　　　單位：元

月份	摘要	數量（件）	實際成本			
			直接材料	直接人工	製造費用	成本合計
6	月初餘額	100	12,850	1,894	4,156	18,900
6	本月增加	500	61,200	9,000	19,800	90,000
6	合　計	600	74,050	10,894	23,956	108,900
6	單位成本		123.42	18.16	39.93	181.51
6	本月減少	530	65,412.6	9,624.8	21,162.9	96,200.3
6	月末餘額	70	8,637.4	1,269.2	2,793.1	12,699.7

（3）第二車間（第二步驟）乙產品成本計算及帳務處理。
①登記第二車間乙半成品產品成本計算單（見表3-45）。

表3-45　　　　　　　　　　　　產品成本計算單

步驟：第二車間　　　　產品名稱：乙產品　　　　　　　　　　　單位：元

項目	數量(件)	直接材料	直接人工	製造費用	成本合計
在產品成本（定額成本）		12,920	4,108.5	4,471.5	21,500
本月本步加工費用			3,970	5,955	9,925
本月耗用半成品費用		65,412.6	9,624.8	21,162.9	96,200.3
生產費用累計		78,332.6	17,703.3	31,589.4	127,625.3
本月產成品成本	550	67,316.6	14,895.3	25,739.4	107,951.3
產成品單位成本		123.39	28.26	46.8	198.45
在產品成本（定額成本）	90	11,016	2,808	5,850	19,674

②採用定額成本法分配計算完工乙產品成本。

表3-46　　　　　　　　　　　月末在產品定額成本計算表　　　　　　　　單位：元

步驟	在產品數量	直接材料費用	定額工時（小時）	直接人工	製造費用	定額成本合計
2	90	90×（122.4×100%）= 11,016	90×（3+7×50%）= 585	585×4.8 = 2,808	585×10 = 5,850	19,674

③第二車間完工產成品驗收入庫。
根據第二車間產成品交庫單，編製結轉產成品成本的會計分錄如下：
借：庫存商品——乙產品　　　　　　　　　　　　　　　107,951.3
　　貸：生產成本——基本生產成本——第二車間（乙產品）　107,951.3

第五節　平行結轉分步法

　　平行結轉分步法是指各生產步驟不計算也不結轉本步驟完工半成品成本，只歸集本步驟發生的費用和計算這些費用中應由最終完工產成品成本負擔的部分（「份額」），最後將這些「份額」進行平行結轉、匯總，從而計算出產品成本的方法，又稱不順序結轉分步法、不滾動計算分步法。由於該法不計算也不結轉各步驟完工半成品成本，故又稱為不計列（算）半成品成本分步法。

一、適用範圍和特點

　　從理論上講，大量、大批的連續式、裝配式多步驟生產的企業，均可以採用平行結轉分步法來計算其成本。但平行結轉分步法無法提供各步驟完工半成品成本，比如，當企業有半成品外售的情況，需要外銷半成品成本時，就不宜採用平行結轉分步法。平行結轉分步法主要適用於在成本管理上要求分步歸集生產費用，但不需要提供半成品成本的大量、大批多步驟生產的企業。

　　平行結轉分步法的特點如下：

　　（1）成本對象是產品的各生產步驟及最終產成品。

　　（2）不計算也不結轉半成品成本，故半成品的成本不隨實物移動而結轉。在平行結轉分步法下，當某一步驟半成品完工，其實物轉入半成品倉庫或直接轉入下一步驟加工時，其成本不隨之結轉。

　　（3）各生產步驟不計算半成品成本，在各步驟「生產成本明細帳」中只歸集本步驟發生的費用，不歸集從上步驟轉入的半成品費用。比如，當材料是一次投料時，除第一步驟生產費用中包括所耗用的直接材料、直接人工和製造費用外，其他各步驟只有本步驟發生的直接人工和製造費用等加工費用。

　　（4）各步驟的生產費用合計是在最終產成品和該步驟廣義在產品之間進行分配。所謂廣義在產品，即指尚未完成全部加工的在產品和半成品，包括：①尚在本步驟加工中的在產品，即狹義在產品；②本步驟已完工轉入半成品庫的半成品；③已從半成品庫轉到以後各步驟進一步加工、尚未最後完成的產品。因此，這裡的在產品成本，是指包括這三個部分的廣義在產品的成本。其中後兩部分的實物已經從本步驟轉出，但其成本仍留在本步驟生產成本明細帳中尚未轉出。

二、平行結轉分步法的基本計算程序

　　（1）根據產品的各生產步驟及最終產成品設置「產品成本明細帳」及相應的產品成本計算單；

　　（2）各步驟成本明細帳分別按成本項目歸集本步驟發生的生產費用（但不包括耗用的上一步驟半成品的成本）；

　　（3）月末將各步驟歸集的生產費用在產成品與該步驟廣義在產品之間進行分配，計算各步驟費用中應計入產成品成本的「份額」；

　　（4）將各步驟費用中應計入產成品成本的「份額」按成本項目平行結轉，匯總計

算出產成品的總成本及單位成本,如圖 3-4 所示:

甲產品第一步驟成本計算單	
成本項目	生產費用合計(元)
直接材料	12,516
直接人工	6,779
製造費用	5,320
合計	24,615
計入完工產品份額	21,538.13
月末在產品成本	3,076.87

甲產品第二步驟成本計算單	
成本項目	生產費用合計(元)
直接材料	
直接人工	5,860
製造費用	5,140
合計	11,000
計入完工產品份額	9,625
月末在產品成本	1,375

甲產品成本匯總計算單	
第一步驟	21,538.13元
第二步驟	9,625元
第三步驟	9,367.75元
合計	40,530.88元

甲產品第三步驟成本計算單	
成本項目	生產費用合計(元)
直接材料	
直接人工	5,720
製造費用	4,986
合計	10,706
計入完工產品份額	9,367.75
月末在產品成本	1,338.25

圖 3-4　平行結轉分步法的核算程序

三、各步驟費用中應計入產成品成本「份額」的確定

正確確定各步驟生產費用中應計入產成品成本的「份額」,即每一生產步驟的生產費用正確地在完工產成品和廣義在產品之間進行分配,是採用這一方法時得以正確計算產成品成本的關鍵所在。在平行結轉分步法下,通常採用約當產量法、定額比例分配法進行費用的分配,以確定各步驟費用中應計入產成品成本的「份額」。

（一）採用定額比例分配法計算應計入產成品成本的「份額」

採用定額比例分配法計算應計入產成品成本的「份額」,就是將各步驟生產費用合計按照完工產成品與月末廣義在產品定額消耗量或定額費用、定額工時的比例進行分配,以確定各步驟費用中應計入產成品成本的「份額」。其中直接材料費用,一般按材料的定額消耗量或定額費用的比例分配;直接人工、製造費用等加工費用,一般按定

額費用或定額工時比例分配。由於直接人工等加工費用的定額費用一般是根據定額工時乘以每小時的各該費用定額計算，因而這些費用一般按定額工時比例分配，以節省各項費用的計算工作。

應計入產成品成本的「份額」計算公式為：

廣義在產品的實物分散在各個生產步驟和半成品倉庫，具體的盤存、計算比較複雜，通常採用倒擠的方法計算。

1. 月末廣義在產品定額＝月初在產品定額＋本月投入定額－本月完工產成品定額

其中，定額包括定額消耗量、定額費用或定額工時，應根據不同的成本項目選擇合適的定額標準。

2. 分配率＝某項生產費用合計÷（月初廣義在產品定額＋本月投入定額）

3. 計入產成品成本的「份額」＝完工產成品定額 × 分配率

（二）採用約當產量法計算應計入產成品成本的「份額」

採用約當產量法計算應計入產成品成本的「份額」，就是將各步驟生產費用按照完工產成品所耗各步驟半成品的數量與月末廣義在產品約當產量的比例進行分配，以確定各步驟費用中應計入產成品成本的「份額」。計算公式為：

某步驟應計入產成品成本的「份額」＝產成品的數量 × 單位產成品耗用該步半成品數量 × 該步驟半成品單位成本

上式中「該步驟半成品單位成本」，按下列公式計算：

某步驟半成品單位成本 ＝ (該步驟月初廣義在產品成本＋該步驟本月發生費用) ÷ (完工產成品所耗該步驟半成品的數量＋該步驟月末廣義在產品約當產量)

上式中「該步驟月末廣義在產品約當產量」，按下述公式計算：

某步驟月末廣義在產品約當產量 ＝ 該步完工存入半成品倉庫半成品數量 ＋ 該步完工轉入以後各步驟正在加工半成品數量 ＋ 該步驟月末狹義在產品約當產量

上式中各步驟完工產品總數量（總約當產量）是由三部分組成的，即本月完工產成品數量、各步驟月末尚未完工的在產品數量，以及本步驟已經加工完成轉到半成品庫和以後各步驟尚未制成為產成品的半成品數量。

> **提示**：不滾動計算的分步法。
> 　　1950 年，華東紡織管理局財務處成本科的工作人員研究出了一種新的不滾動計算的分步法。紡織工業部財務司將其收入各類《紡織企業成本計算規程》，推介到全國紡織企業。隨後又經財政部會計司向全國各行業推廣，被稱為平行結轉分步法。

四、平行結轉分步法的優缺點

採用平行結轉分步法計算產品成本，由於各步驟不計算所耗上一步驟半成品的成本，只計算本步驟所發生的費用中應計入產成品成本的「份額」，將每一步驟應計入產成品成本的「份額」平行匯總即可計算出產成品成本。因此，各生產步驟月末可以同時進行成本計算，不必等待上一步驟半成品成本的結轉，從而加快了成本計算工作的速度，縮短了成本計算的時間；同時，採用平行結轉分步法能直接、準確提供按原始

成本項目反應的產品成本資料，有助於進行成本分析和成本考核。

半成品成本的結轉同其實物結轉相脫節，各步驟月末在產品成本不僅包括本步驟正在加工中的在產品，而且也包括轉入下一步驟但尚未最後制成產成品的那些半成品在本步驟中發生的費用，這樣，各步驟成本計算單上的月末在產品成本與實際結存在該步驟的在產品成本就不一致，因而，不利於加強對生產資金的管理。

所以，平行結轉分步法一般適用於不需提供各步驟半成品成本資料的企業。

五、逐步結轉分步法和平行結轉分步法的比較

(一) 成本管理的要求不同

逐步結轉分步法是計算半成品成本的分步法，平行結轉分步法是不計算半成品成本的分步法。要不要計算半成品的成本取決於成本管理的要求。這兩種計算方法的區別，首先表現在它們體現了不同的成本管理要求。

如果企業自制半成品對外銷售，或半成品的成本是進行同行業成本評比的重要指標，或某種半成品為企業多種產品共同耗用時，在成本管理上就會要求計算半成品的成本，這樣成本的計算就應採用逐步結轉分步法。逐步結轉分步法可以為分析和考核各生產步驟半成品成本計劃的完成情況，為正確地計算半成品的銷售成本提供資料。

如果企業半成品的種類較多，且不對外銷售時，在成本管理上可以不要求計算半成品的成本。這樣，採用平行結轉分步法，各生產步驟可以同時計算應計入產成品成本的「份額」，無須逐步計算和結轉半成品的成本。

(二) 成本的計算方式不同

逐步結轉分步法是按照生產步驟逐步計算和結轉半成品成本，直到最後步驟計算出完工產品的成本。各生產步驟的成本核算需要等待上一步驟的成本核算結果。如果半成品採用綜合結轉時，為了全面反應企業產品成本的構成，還必須進行成本還原，增加了成本核算的工作量。而採用分項結轉半成品成本，雖然可以直接提供按原始成本項目反應的成本構成，不需要進行成本還原，但各步驟成本結轉比較複雜。逐步結轉分步法核算工作量較大，不便於核算工作的分工，核算工作的效率也比較低。

平行結轉分步法是將各生產步驟應計入產成品成本的「份額」平行結轉匯總計算產品成本的。各步驟應計入產成品成本的「份額」可以同時計算，無須等待，可以簡化和加速成本核算工作。

(三) 在產品的含義不同

在逐步結轉分步法下，各步驟的完工產品包括完工半成品和產成品；而在產品是指各該步驟狹義的在產品。即正在各步驟加工中的在產品。在逐步結轉分步法下，半成品的成本隨著半成品的實物移動而結轉，各生產步驟在產品成本的發生地和在產品的所在地是一致的。這樣，更有利於在產品和半成品的實物管理。

在平行結轉分步法下，各生產步驟完工產品均是指最終的產成品；而在產品是指廣義的在產品，廣義在產品包括：尚在本步驟加工的在產品（即狹義在產品），及本步驟已完工轉入半成品庫的半成品或已從半成品庫轉到以後各步驟進一步加工尚未最後完工的產品。在平行結轉分步法下，半成品的實物已經轉移而半成品的成本仍留在各步驟，這樣各生產步驟在產品成本的發生地和在產品的所在地往往是不一致的。這樣，不利於在產品和半成品的實物管理。

【例 3-10】 某企業生產甲產品，生產分兩步進行，第一步驟為第二步驟提供半成品，第二步驟將其加工為產成品。材料在生產開始時一次投入，產成品和月末在產品之間分配費用的方法採用定額比例法：其中材料費用按定額材料費用比例分配，其他費用按定額工時比例分配。有關定額資料、月初在產品成本及本月發生的生產費用見各步驟的產品成本計算單（見表 3-47 至表 3-52）。

要求：(1) 採用平行結轉分步法計算甲產品成本（完成各步驟產品成本計算單和產品成本匯總表的填製，列出每一步驟各成本項目分配率的計算過程，分配率保留小數點後兩位）；

(2) 編製完工產成品入庫的會計分錄。

表 3-47　　　　　　　　　　　產品成本計算單
生產步驟：第一步驟　　　　　　20××年 8 月　　　　　　產品品種：甲產品

項目	直接材料 定額（元）	直接材料 實際（元）	定額工時（小時）	直接人工（元）	製造費用（元）	合計
月初在產品成本	67,000	62,000	2,700	7,200	10,000	79,200
本月生產費用	98,000	89,500	6,300	11,700	11,600	112,800
本月生產費用合計						
分配率						
應計入產成品成本的份額	125,000		5,000			
月末在產品成本						

表 3-48　　　　　　　　　　　產品成本計算單
生產步驟：第二步驟　　　　　　20××年 8 月　　　　　　產品品種：甲產品

項目	直接材料 定額（元）	直接材料 實際（元）	定額工時（小時）	直接人工（元）	製造費用（元）	合計
月初在產品成本			2,300	8,500	9,500	18,000
本月生產費用			9,300	20,500	22,980	43,480
本月生產費用合計						
分配率						
應計入產成品成本的份額			10,000			
月末在產品成本						

表 3-49　　　　　　　　　　產品成本匯總計算表
產品品種：甲產品　　　　　　　20××年 8 月　　　　　　　　　單位：元

生產步驟	產成品數量	直接材料	直接人工	製造費用	合計
第一步驟份額					
第二步驟份額					
總成本	500				
單位成本					

解答：

表 3-50　　　　　　　　　　　　　產品成本計算單
生產步驟：第一步驟　　　　　　　20××年 8 月　　　　　　　　產品品種：甲產品

項目	直接材料 定額(元)	直接材料 實際(元)	定額工時（小時）	直接人工（元）	製造費用（元）	合計
月初在產品成本	67,000	62,000	2,700	7,200	10,000	79,200
本月生產費用	98,000	89,500	6,300	11,700	11,600	112,800
合計	165,000	151,500	9,000	18,900	21,600	192,000
分配率		0.92		2.1	2.4	
應計入產成品成本的份額	125,000	115,000	5,000	10,500	12,000	137,500
月末在產品成本	40,000	36,500	4,000	8,400	9,600	54,500

①直接材料分配率＝151,500/165,000＝0.92
②直接人工分配率＝18,900/9,000＝2.1
③製造費用分配率＝21,600/9,000＝2.4

表 3-51　　　　　　　　　　　　　產品成本計算單
生產步驟：第二步驟　　　　　　　20××年 8 月　　　　　　　　產品品種：甲產品

項目	直接材料 定額(元)	直接材料 實際(元)	定額工時（小時）	直接人工（元）	製造費用（元）	合計
月初在產品成本			2,300	8,500	9,500	18,000
本月生產費用			9,300	20,500	22,980	43,480
合計			11,600	29,000	32,480	61,480
分配率				2.5	2.8	
應計入產成品成本的份額			10,000	25,000	28,000	53,000
月末在產品成本			1,600	4,000	4,480	8,480

①直接人工分配率＝29,000/11,600＝2.5
②製造費用分配率＝32,480/11,600＝2.8

表 3-52　　　　　　　　　　　　產品成本匯總計算表
產品品種：甲產品　　　　　　　20××年 8 月　　　　　　　　　　單位：元

生產步驟	完工產成品數量（件）	直接材料	直接人工	製造費用	合計
第一步…		115,000	10,500	12,000	137,500
第二步…			25,000	28,000	53,000
總成本	500	115,000	35,500	40,000	190,500
單位成本		230	71	80	381

借：庫存商品——甲產品　　　　　　　　　　　　　　　　　190,500
　　貸：生產成本——基本生產成本——第一步（甲產品）　　137,500
　　　　　　　　　　　　　　　　　——第二步（甲產品）　　53,000

【例3-11】資料同【例3-8】，成本計算方法由原來的逐步綜合結轉分步法改為平

行結轉分步法。為了便於說明，資料再次列出。

某企業生產 B 產品，經過三個生產步驟連續加工。第一步驟生產的半成品直接交給第二步驟加工，第二步驟生產的半成品直接交給第三步驟加工為產成品，原材料在各步驟開始時一次投入，各步驟在產品的加工費用在本工序的完工程度均按 50% 計算。各步驟完工產品和月末在產品之間的費用分配均採用約當產量法。假設某月該產品各步驟均無在產品，其他資料如下：

（1）產量記錄如表 3-53 所示：

表 3-53　　　　　　　　　　產量記錄表　　　　　　　　　　單位：件

項目	第一步驟	第二步驟	第三步驟
本月投入數量	156	132	120
本月完工數量	132	120	110
月末在產品數量	24	12	10

（2）成本資料見各步驟產品成本計算單（見表 3-54 至表 3-57）。

要求：①採用平行結轉分步法計算產品成本，並填列各步驟產品成本計算單；②編製完工產品入庫的會計分錄。

解：

表 3-54　　　　　　　　　產品成本計算單 1

步驟：第一步驟　　　產品名稱：B 產品　　　完工量：110 件　　　單位：元

項目	直接材料	直接人工	製造費用	合計
本月發生生產費用	70,200	14,400	17,280	101,880
合計	70,200	14,400	17,280	101,880
月末廣義在產品約當產量（件）	12+10+24 =46	12+10+24×0.5 =34	12+10+24×0.5 =34	
約當總產量（件）	110+46	110+34	110+34	
分配率	450	100	120	670
計入產成品成本的份額	110×450 =49,500	110×100 =11,000	110×120 =13,200	110×670 =73,700
月末廣義在產品成本	20,700	3,400	4,080	28,180

直接材料分配率 = 70,200 ÷ (110+46) = 450
直接人工分配率 = 14,400 ÷ (110+34) = 100
製造費用分配率 = 17,280 ÷ (110+34) = 120

表 3-55　　　　　　　　　產品成本計算單 2

步驟：第二步驟　　　產品名稱：B 產品　　　完工量：110 件　　　單位：元

項目	直接材料	直接人工	製造費用	合計
本月發生生產費用	13,200	17,640	18,900	49,740
合計	13,200	17,640	18,900	49,740

表3-53(續)

項目	直接材料	直接人工	製造費用	合計
月末廣義在產品約當產量（件）	10+12＝22	10+12×0.5＝16	10+12×0.5＝16	
約當總產量（件）	110+22	110+16	110+16	
分配率	100	140	150	390
計入產成品成本的份額	110×100＝11,000	110×140＝15,400	110×150＝16,500	110×390＝42,900
月末廣義在產品成本	2,200	2,240	2,400	6,840

直接材料分配率＝13,200÷（110+22）＝100
直接人工分配率＝17,640÷（110+16）＝140
製造費用分配率＝18,900÷（110+16）＝150

表3-56　　　　　　　　　產品成本計算單3
步驟：第三步驟　　　產品名稱：B產品　　　完工量：110件　　　單位：元

項目	直接材料	直接人工	製造費用	合計
本月發生生產費用	14,400	20,700	23,000	58,100
合計	14,400	20,700	23,000	58,100
約當總產量	110+10	110+10×0.5	110+10×0.5	
分配率	120	180	200	500
計入產成品成本的份額	110×120＝13,200	110×180＝19,800	110×200＝22,000	110×500＝55,000
月末廣義在產品成本	1,200	900	1,000	3,100

直接材料分配率＝14,400÷（110+10）＝120
直接人工分配率＝20,700÷（110+10×50%）＝180
製造費用分配率＝23,000÷（110+10×50%）＝200

表3-57　　　　　　　　　產品成本匯總表4
產品名稱：B產品　　　　完工量：110件　　　　　　　　單位：元

項目		直接材料	直接人工	製造費用	合計
總成本	第一步驟	49,500	11,000	13,200	73,700
	第二步驟	11,000	15,400	16,500	42,900
	第三步驟	13,200	19,800	22,000	55,000
	合計	73,700	46,200	51,700	171,600
單位成本	第一步驟	450	100	120	670
	第二步驟	100	140	150	390
	第三步驟	120	180	200	500
	合計	670	420	470	1,560
B產成品總成本		73,700	46,200	51,700	171,600
B產成品單位成本		670	420	470	1,560

產成品入庫分錄：
借：庫存商品——B產品　　　　　　　　　　　　　　171,600
　　貸：生產成本——基本生產成本——第一步驟（B產品）　73,700
　　　　　　　　　　　　　　　　——第二步驟（B產品）　42,900
　　　　　　　　　　　　　　　　——第三步驟（B產品）　55,000

本章思考題

1. 產品成本計算的主要方法和輔助方法有哪些？各種不同的方法最主要的區別是什麼？
2. 簡化的分批法其「簡化」之處表現在哪些方面？
3. 進行成本還原的前提條件是什麼？如何理解？
4. 請對逐步結轉分步法與平行結轉分步法進行比較。
5. 逐步綜合結轉和分項結轉有何相同與不同之處？
6. 試述平行結轉分步法的成本對象、特點及計算程序。

本章練習題

一、某廠設有一個基本生產車間，大量生產甲、乙兩種產品。甲、乙兩種產品屬於單步驟生產，根據生產特點和管理要求，甲、乙兩種產品採用品種法計算產品成本。該企業「生產成本」總帳下分甲、乙產品設置產品成本計算單，下設「直接材料」「直接人工」和「製造費用」三個成本項目。「製造費用」核算基本生產車間發生的間接費用，按費用項目設專欄組織明細核算。20××年11月有關成本計算資料如下：

1. 月初在產品成本。甲、乙兩種產品的月初在產品成本已分別記入各該產品成本計算單。

2. 本月生產數量。甲產品本月完工500件，月末在產品100件，實際生產工時100,000小時；乙產品本月完工200件，月末在產品40件，實際生產工時50,000小時。甲、乙兩種產品的原材料都在生產開始時一次投入，加工費用發生比較均衡，月末在產品完工程度均為50%。

3. 本月發生生產費用。

（1）本月發出材料匯總表見表3-1：

表3-1　　　　　　　　　發出材料匯總表　　　　　　　　單位：元

領料部門和用途	材料類別 原材料	包裝物	低值易耗品	合計
基本生產車間				
甲產品耗用	800,000	10,000		810,000
乙產品耗用	600,000	4,000		604,000
甲、乙產品共同耗用	28,000			28,000
車間一般耗用	2,000		100	2,100
廠部管理部門耗用	1,200		400	1,600
合計	1,431,200	14,000	500	1,445,700

生產甲、乙兩種產品共同耗用的材料按甲、乙兩種產品直接耗用原材料的比例分配。

（2）本月工資結算匯總表及職工福利費用計算表（簡化格式）見表3-2：

表 3-2　　　　　　　　　　　工資及福利費匯總表　　　　　　　　　　單位：元

人員類別	應付工資總額	應計提福利費	合　計
基本生產車間			
產品生產工人	420,000	58,800	478,800
車間管理人員	20,000	2,800	22,800
廠部管理人員	40,000	5,600	45,600
合　　計	480,000	67,200	547,200

（3）本月以庫存現金支付的費用為1,875元，其中基本生產車間辦公費315元，廠部管理部門辦公費1,560元。

（4）本月以銀行存款支付的費用為12,000元，其中基本生產車間辦公費等7,000元，廠部管理部門辦公費等5,000元。

（5）本月應計提固定資產折舊費16,000元，其中基本生產車間10,000元，廠部6,000元。

（6）本月應分攤財產保險費1,795元，其中基本生產車間1,195元，廠部管理部門600元。

要求：用品種法核算甲、乙兩種產品的成本。具體要求附後。

（一）根據各項生產費用發生的原始憑證和其他有關資料，編製各項要素費用分配表，分配各項要素費用並編製相關會計分錄。

1. 分配材料費用，其中生產甲、乙兩種產品共同耗用材料按甲、乙兩種產品直接耗用原材料的比例分配。

（1）完成分配表（見表3-3、表3-4）。

表 3-3　　　　　　　　　甲、乙產品共耗材料分配表　　　　　　　　　單位：元

產品名稱	直接耗用原材料	分配率	分配共耗材料
合　計			

表 3-4　　　　　　　　　　材料費用歸集分配表　　　　　　　　　　單位：元

會計科目	明細科目	原材料	包裝物	低值易耗品	合　計
生產成本	甲產品				
	乙產品				
	小　計				
製造費用	基本車間				
管理費用	修理費				
合　　計					

（2）編製會計分錄。

2. 分配工資及福利費用，其中甲、乙兩種產品應分配的工資及福利費按甲、乙兩種產品的實際生產工時比例分配。

（1）完成分配表（見表3-5）。

表3-5　　　　　　　　　　　工資及福利費用分配表　　　　　　　　　單位：元

分配對象		工　資			福利費	
會計科目	明細科目	分配標準（小時）	分配率	分配金額	分配率	分配金額
生產成本	甲產品	100,000				
	乙產品	50,000				
	小計					
製造費用	基本生產車間					
管理費用	薪酬費					
合　計						

（2）編製相應的會計分錄。

3. 編製本月現金和銀行存款支付費用的會計分錄。

4. 根據固定資產折舊費用計算表（見表3-6），及財產保險費分配表（見表3-7）編製會計分錄。

表3-6　　　　　　　　　　　折舊費用計算表　　　　　　　　　　　單位：元

會計科目	明細科目	費用項目	分配金額
製造費用	基本車間	折舊費	10,000
管理費用		折舊費	6,000
合　計			16,000

表3-7　　　　　　　　　　　財產保險費分配表　　　　　　　　　　單位：元

會計科目	明細科目	費用項目	分配金額
製造費用	基本車間	保險費	1,195
管理費用		保險費	600
合　計			1,795

（二）按甲、乙兩種產品的生產工時比例分配製造費用。

根據基本生產車間歸集的製造費用總額43,410元，編製製造費用分配表（見表3-8）及會計分錄。

1. 編製製造費用表。

表 3-8　　　　　　　　　　　製造費用分配表
車間名稱：基本生產車間　　　　　　　　　　　　　　　　　　　　單位：元

產品	生產工時	分配率	分配金額
合　計			

2. 製造費用分配的會計分錄。

(三) 在完工產品與在產品之間分配生產費用。

1. 甲產品按約當產量法計算完工產品和月末在產品成本。編製甲產品月末在產品約當產量計算表（表 3-9），並完成甲產品的成本計算單（表 3-10）。

表 3-9　　　　　　　　　　　在產品約當產量計算表
產品名稱：甲產品　　　　　　　　　　　　　　　　　　　　　　　單位：件

成本項目	在產品數量	投料程度（加工程度）	約當產量
直接材料			
直接人工			
製造費用			

表 3-10　　　　　　　　　　產品成本計算單
產品名稱：甲產品　　　　　　　20××年 11 月　　　　　　　　　　單位：元

項　　目	直接材料	直接人工	製造費用	合　計
月初在產品成本	164,000	32,470	3,675	200,145
本月生產費用				
生產費用合計				
完工產品數量（件）				
在產品約當量（件）				
約當總產量（件）				
分配率（單位成本）				
完工產品總成本				
月末在產品成本				

2. 乙產品按固定在產品成本法計算完工產品和月末在產品成本，完成乙產品的成本計算單（表 3-11）。

表 3-11　　　　　　　　　　　　　產品成本計算單
產品名稱：乙產品　　　　　　　　20××年 11 月　　　　　　　　　　　單位：元

項　目	直接材料	直接人工	製造費用	合　計
月初在產品成本	123,740	16,400	3,350	143,490
本月生產費用				
生產費用合計				
完工產品總成本				
月末在產品成本				

（四）結轉完工產品成本。

根據表 3-10、表 3-11 中的分配結果，編製完工產品成本匯總表（表 3-12），結轉完工入庫產品成本。

表 3-12　　　　　　　　　　　　完工產品成本匯總表
　　　　　　　　　　　　　　　　20××年 11 月　　　　　　　　　　　單位：元

成本項目	甲產品（500 件）		乙產品（200 件）	
	總成本	單位成本	總成本	單位成本
直接材料				
直接人工				
製造費用				
合　計				

二、東興機床廠根據客戶訂單要求組織生產，採用分批法計算產品成本。20××年 9 月生產產品的情況如下：

（1）車床 20 臺，批號 703 號，7 月份投產，本月份全部完工。

（2）機床 40 臺，批號 901 號，本月份投產，月末尚未完工。

（3）磨床 120 臺，批號 509 號，5 月份投產，本月完工 90 臺，其餘尚未完工。因完工產品數量較大，生產費用要求在完工產品和在產品之間按約當產量法進行分配。產品的原材料在生產開始時一次投入，月末在產品完工程度為 60%。

其他有關生產費用資料見產品成本明細帳。

要求：完成三個批次產品成本明細帳（表 3-13 至表 3-15）及產品成本計算單（表 3-16）的填製。

表 3-13　　　　　　　　　　　　　產品成本明細帳 1
批號：703　　　　　　　　　批量：20 臺　　　　　　　　投產日期：7 月
產品名稱：車床　　　　　　　本月完工：20 臺　　　　　完工日期：9 月　　　單位：元

摘　要	直接材料	直接人工	製造費用	合　計
月初在產品成本	100,000	20,000	18,000	138,000
本月發生材料費用	300,000			300,000
本月發生人工費		55,000		55,000
月末轉入的製造費用			36,000	36,000

表3-13(續)

摘要	直接材料	直接人工	製造費用	合計
生產費用累計				
轉出完工產品成本				
單位成本				

表 3-14　　　　　　　　　　　　產品成本明細帳 2

批號：901　　　　投產日期：9 月　　　　產品名稱：機床

批量：40 臺　　　　完工日期：　　　　　　　　　　　　單位：元

摘要	直接材料	直接人工	製造費用	合計
本月發生材料費用	100,000			100,000
本月發生人工費		80,000		80,000
月末轉入的製造費用			20,000	20,000
生產費用累計				
月末在產品成本				

表 3-15　　　　　　　　　　　　產品成本明細帳 3

批號：509　　　　投產日期：5 月　　　　產品名稱：磨床

批量：120 臺　　　本月完工：90 臺　　完工日期：　　　　　單位：元

摘要	直接材料	直接人工	製造費用	合計
月初在產品成本	2,330,400	200,000	354,200	2,884,600
本月發生人工費		16,000		16,000
月末轉入的製造費用			104,800	104,800
生產費用累計				
轉出完工產品成本				
月末在產品成本				

表 3-16　　　　　　　　　　　　產品成本計算單

批號：509　　　　投產日期：5 月　　　　產品名稱：磨床

批量：120 臺　　　本月完工：90 臺　　完工日期：　　　　　單位：元

項目	直接材料	直接人工	製造費用	合計
月初在產品成本				
本月生產費用				
生產費用累計				
在產品約當產量				
約當總產量				
分配率				
完工產品成本				
月末在產品成本				

三、某工業企業採用簡化的分批法計算乙產品各批產品成本。

1. 5月份生產批號有：

1028號：4月份投產10件，5月20日全部完工。

1029號：4月份投產20件，5月完工10件。

1030號：本月投產9件，尚未完工。

2. 各批號5月末累計原材料費用（原材料在生產開始時一次投入）和工時為：

1028號：原材料費用1,000元，工時100小時。

1029號：原材料費用2,000元，工時200小時。

1030號：原材料費用1,500元，工時100小時。

3. 5月末，該企業乙產品所有批次的累計原材料費用4,500元，工時400小時，直接人工費用2,000元，製造費用1,200元。

4. 5月末，完工產品工時250小時，其中1029號用時150小時。

要求：（1）計算累計間接計入費用分配率；

（2）計算各批完工產品成本；

（3）編寫完工產品入庫會計分錄。

四、某企業甲產品生產分三個步驟，由第一、第二、第三三個生產車間順序進行，第一車間生產A半成品完工後全部直接交第二車間繼續加工，第二車間生產B半成品完工後全部交半成品庫驗收；第三車間按所需B半成品數量向半成品庫領用，所耗半成品費用按全月一次加權平均單位成本計算。三個車間完工產品和月末在產品之間的費用分配，均採用約當產量法，原材料在生產開始時一次投入，各車間的工資和費用發生比較均衡，月末在產品完工程度均為50%，第一、第二、第三車間月末在產品數量分別為100件、100件、150件，完工產品數量分別為500件、500件、550件。該企業採用按實際成本綜合逐步結轉分步法計算甲產品成本，有關資料見產品成本計算單和自製半成品明細帳。

要求：（1）計算填列產品成本計算單（表3-17至表3-19）和自製半成品明細帳（表3-20）。

（2）計算填列產成品成本還原計算表（表3-21，還原分配率要求保留小數點後四位）。

（3）編製結轉完工半成品和產成品入庫的會計分錄。

表3-17　　　　　　　　　　　　產品成本計算單

車間名稱：第一車間　　　　　20××年11月　　　　產品名稱：A半成品　　　單位：元

項　目	直接材料	直接人工	製造費用	合計
月初在產品成本	25,000	6,250	5,000	36,250
本月生產費用	275,000	131,250	105,000	
生產費用合計				
本月完工產品數量（件）	500	500	500	500
月末在產品約當產量（件）				
費用分配率				
完工A半成品成本				
月末在產品成本				

表 3-18　　　　　　　　　　　　　產品成本計算單
車間名稱：第二車間　　　　　　20××年11月　　　　產品名稱：B半成品　　　單位：元

項　目	直接材料	直接人工	製造費用	合計
月初在產品成本	95,000	20,000	15,000	130,000
本月生產費用		200,000	150,000	
生產費用合計				
本月完工產品數量（件）	500	500	500	500
月末在產品約當產量（件）				
費用分配率				
完工B半成品成本				
月末在產品成本				

表 3-19　　　　　　　　　　　　　產品成本計算單
車間名稱：第三車間　　　　　　20××年11月　　　　產品名稱：甲產品　　　單位：元

項　目	直接材料	直接人工	製造費用	合計
月初在產品成本	330,000	40,000	30,000	400,000
本月生產費用		210,000	157,500	
生產費用合計				
本月完工產品數量（件）	550	550	550	550
月末在產品約當產量（件）				
費用分配率				
完工甲產品成本				
月末在產品成本				

表 3-20　　　　　　　　　　　　　自制半成品明細帳
品名：B半成品　　　　　　　　　20××年11月　　　　　　　　　　　　　單位：件

20××年		收入		發出			結存	
月	日	數量	金額	數量	單價	金額	數量	金額
11	1						200	328,000
	2			200				
	10	200						
	13			200				
	23	200						
	25			200				
	30	100						
	30							

表 3-21　　　　　　　　　　產成品成本還原計算表　　　　　　　　單位：元

摘　要	成本項目					
	B 半成品	A 半成品	直接材料	直接人工	製造費用	合計
還原前甲產品成本						
本月所產 B 半成品成本						
B 半成品成本還原						
本月所產 A 半成品成本						
A 半成品成本還原						
還原後甲產品成本						

B 半成品還原分配率 =

A 半成品還原分配率 =

五、某企業生產 A 產品需要經過兩個生產步驟連續加工完成，第一步完工半成品直接投入第二步加工，不通過自製半成品庫收發。各步驟月末在產品與完工產品之間的費用分配採用約當產量法。原材料於生產開始時一次投入，各步驟在產品在本步驟的完工程度為 50%。

月初無在產品成本，本月有關生產費用見各步驟成本計算單。各步驟完工產品及月末在產品情況如表 3-22 所示。

表 3-22　　　　　　　各步驟完工產品及月末在產品　　　　　　　單位：件

項目	第一步	第二步
完工產品數量	400	300
月末在產品數量	200	100

要求：(1) 採用逐步綜合、分項結轉分步法分別計算產品成本，並填列各步驟產品成本計算單（表 3-23 至表 3-25）；

(2) 對逐步綜合結轉下計算出的產成品成本進行成本還原（表 3-26）。

表 3-23　　　　　　　　　　產品成本計算單 1

生產步驟：第一步驟　　　　　　　　產品名稱：X 半成品　　　　　　　　單位：元

項　目	直接材料	直接人工	製造費用	合計
本月發生生產費用	60,000	10,000	20,000	90,000
合計				
在產品約當產量（件）				
總約當產量（件）				
分配率（單位半成品成本）				
完工半成品成本（400 件）				
月末在產品成本（200 件）				

表 3-24　　　　　　　　　　　產品成本計算單 2（綜合結轉）
生產步驟：第二步驟　　　　　　　　產品名稱：A 產品　　　　　　　　單位：元

項目	半成品成本	直接人工	製造費用	合計
本月發生生產費用		3,500	10,500	
合計				
在產品約當產量（件）				
總約當產量（件）				
分配率（單位產成品成本）				
完工產成品成本（300 件）				
月末在產品成本（100 件）				

表 3-25　　　　　　　　　　　產品成本計算單 3（分項結轉）
生產步驟：第二步驟　　　　　　　　產品名稱：A 產品　　　　　　　　單位：元

項　目	直接材料	直接人工 轉入半成品	直接人工 本步驟發生	製造費用 轉入半成品	製造費用 本步驟發生	合計
本步驟發生			3,500		10,500	14,000
轉入的半成品成本						
合計						
在產品約當產量（件）						
總約當產量（件）						
分配率（單位產成品成本）						
完工產成品成本（300 件）						
月末在產品成本（100 件）						

表 3-26　　　　　　　　　　　產成品成本還原計算表　　　　　　　　　　單位：元

項目	自制半成品	直接材料	直接人工	製造費用	合計
還原前產成品成本					
本月所產半成品成本					
產成品所耗半成品成本還原					
還原後產成品成本					

還原分配率＝

六、華鑫工廠生產 A 產品分別由兩個步驟連續加工制成。第一步驟生產出 A 半成品，由第二步驟將 A 半成品加工生產出 A 產品。

（1）費用資料：本月已根據各種費用分配表，記入第一步驟、第二步驟 A 產品生產成本明細帳及相應的產品成本計算單。

（2）產量資料和完工程度：A 產品有關產量資料和加工程度見表 3-27。各步驟所耗原材料在各步驟生產開始時一次全部投入。

表 3-27　　　　　　　　　　　　　產量記錄　　　　　　　　　　　　　單位：件

生產步驟	月初在產品	本月投產	本月完工	月末在產品	加工程度
第一步驟	20	200	160	60	50%
第二步驟	60	160	180	40	50%

要求：（1）採用平行結轉分步法計算產品成本並填製兩個步驟的產品成本計算單（表 3-28、表 3-29）和產品成本匯總表（表 3-30）；

（2）編製完工產成品入庫的會計分錄。

表 3-28　　　　　　　　　　　　產品成本計算單
步驟：第一步驟　　　　　產品品種：A 產品　　　　　　　　　　單位：元

項　目	直接材料	直接人工	製造費用	成本合計
月初廣義在產品成本	11,210	1,350	1,800	14,360
本月生產費用	35,830	5,150	7,200	48,180
生產費用累計				
產成品耗用第一步驟半成品數量（件）				
月末廣義在產品約當產量（件）				
約當總產量（件）				
半成品單位成本				
計入產成品成本份額				
月末廣義在產品成本				

表 3-29　　　　　　　　　　　　產品成本計算單
步驟：第二步驟　　　　　產品品種：A 產品　　　　　　　　　　單位：元

項　目	直接材料	直接人工	製造費用	成本合計
月初廣義在產品成本	200	720	860	1,580
本月生產費用	2,000	2,880	4,340	7,220
生產費用累計				
約當總產量（件）				
產成品數量（件）				
月末廣義在產品約當產量（件）				
單位成本				
計入產成品成本份額				
月末廣義在產品成本				

表 3-30　　　　　　　　　　A 產成品成本匯總表　　　　　　　　　　單位：元

項　目	數量(件)	直接材料	直接人工	製造費用	成本合計
第一步驟份額					
第二步驟份額					
合　　計					
單位成本					

七、F公司是一個服裝生產企業，常年大批量生產甲、乙兩種工作服。產品生產過程劃分為裁剪、縫紉兩個步驟，相應設置裁剪、縫紉兩個車間。裁剪車間為縫紉車間提供半成品，經縫紉車間加工最終形成產成品。甲、乙兩種產品耗用主要材料（布料）相同，且在生產開始時一次投入。所耗輔助材料（縫紉線和扣子等）由於金額較小，不單獨核算材料成本，而直接計入製造費用。

F公司採用平行結轉分步法計算產品成本。實際發生生產費用在各種產品之間的分配方法是：材料費用按定額材料費用比例分配；生產工人薪酬和製造費用按實際生產工時分配。月末完工產品與在產品之間生產費用的分配方法是：材料費用按定額材料費用比例分配；生產工人薪酬和製造費用按定額工時比例分配。F公司8月份有關成本計算資料如下：

（1）甲、乙兩種產品定額資料（表3-31、表3-32）。

表3-31　　　　　　　　甲產品定額資料

生產車間	單件產成品定額		本月（8月份投入）	
	材料費用（元）	工時（小時）	材料費用（元）	工時（小時）
裁剪車間	60	1.0	150,000	1,500
縫紉車間		2.0		4,000
合計	60	3.0	150,000	5,500

表3-32　　　　　　　　乙產品定額資料

生產車間	單件產成品定額		本月（8月份投入）	
	材料費用（元）	工時（小時）	材料費用（元）	工時（小時）
裁剪車間	80	0.5	100,000	500
縫紉車間		1.5		2,500
合計	80	2.0	100,000	3,000

（2）8月份甲產品實際完工入庫產成品2,000套。

（3）8月份裁剪車間、縫紉車間實際發生的原材料費用、生產工時數量以及生產工人薪酬、製造費用如表3-33、表3-34所示。

表3-33　　　　8月份裁剪車間實際耗用生產工時和生產費用

產品名稱	材料費用（元）	生產工時（小時）	生產工人薪酬（元）	製造費用（元）
甲產品		1,600		
乙產品		800		
合計	280,000	2,400	30,000	120,000

表 3-34　　　　　8月份縫紉車間實際耗用生產工時和生產費用

產品名稱	材料費用（元）	生產工時（小時）	生產工人薪酬（元）	製造費用（元）
甲產品		4,200		
乙產品		2,800		
合計		7,000	140,000	350,000

（4）裁剪車間和縫紉車間甲產品的期初在產品成本如表3-35所示。

表 3-35　　　　　裁剪車間和縫紉車間甲產品的期初在產品成本

項目	車間	直接材料（元）		定額工時（小時）	直接人工（元）	製造費用（元）	合計（元）
月初在產品成本	裁剪車間	30,000	30,000	2,000	18,500	60,000	108,500
	縫紉車間			800	7,200	15,600	22,800

要求：（1）將裁剪車間和縫紉車間8月份實際發生的材料費用、生產工人薪酬和製造費用在甲、乙兩種產品之間分配；

（2）編製裁剪車間和縫紉車間的甲產品成本計算單，結果填入給定的甲產品成本計算單（表3-36、表3-37）中；

（3）編製甲產品的成本匯總計算表，結果填入給定的甲產品成本匯總計算表（表3-38）中。

表 3-36　　　　　甲產品成本計算單（裁剪車間）

項目	產品產量（套）	直接材料（元）		定額工時（小時）	直接人工（元）	製造費用（元）	合計（元）
		定額	實際				
月初在產品成本							
本月生產費用							
生產費用合計							
分配率							
計入產成品份額	2,000						
月末在產品成本							

表 3-37　　　　　甲產品成本計算單（縫紉車間）

項目	產品產量（套）	直接材料（元）		定額工時（小時）	直接人工（元）	製造費用（元）	合計（元）
		定額	實際				
月初在產品成本							
本月生產費用							
生產費用合計							
分配率							
計入產成品份額	2,000						
月末在產品成本							

表 3-38　　　　　　　　甲產品成本匯總計算表

生產車間	產成品數量（套）	直接材料費用（元）	直接人工費用（元）	製造費用（元）	合計（元）
裁剪車間					
縫紉車間					
合計	2,000				
單位成本					

本章參考文獻

1. 李定安. 成本會計研究 [M]. 北京：經濟科學出版社，2002.
2. 羅紹德. 成本會計學 [M]. 成都：西南財經大學出版社，2002.
3. 孫茂竹. 成本管理學 [M]. 北京：中國人民大學出版社，2003.
4. 謝靈. 成本會計學 [M]. 北京：中國人民大學出版社，2004.
5. 王立彥. 成本管理會計 [M]. 北京：經濟科學出版社，2005.
6. 胡國強. 成本管理會計 [M]. 3 版. 成都：西南財經大學出版社，2012.

第四章 作業成本法

【學習目標】
(1) 瞭解作業成本法產生的背景，理解作業成本法的意義；
(2) 掌握作業成本法的概念，掌握作業成本法與傳統成本核算方法的區別；
(3) 掌握作業成本法的原理及進行作業成本法核算；
(4) 理解作業成本法的應用，理解掌握作業成本法的局限性。

【關鍵術語】
作業成本法　資源　作業　作業中心　成本動因　成本對象

第一節　作業成本法概述

一、作業成本法的概念及產生背景

(一) 作業成本法的概念

作業成本法（Activity Based Costing），簡稱 ABC 成本法，又被稱為作業成本分析法、作業成本計算法，作業成本核算法等，是一種基於作業的成本核算方法，是指以作業為間接費用的歸集對象，通過資源動因的確認、計量，歸集資源費用到作業上，再通過作業動因的確認、計量，歸集作業成本到產品或顧客上去的間接費用分配方法。它的理論核心是在傳統成本核算方法的基礎之上，引入資源和作業的概念，通過資源動因將成本費用分配至作業，再通過作業動因將作業分配至成本核算對象，最終匯總到各種產品的總成本中去。

根據上述定義，得出作業成本法定義的三個要點：①作業成本法是成本核算方法之一，屬於成本管理會計範疇；②作業成本法的成本分配的原理是：產品或服務消耗作業，作業消耗資源，即以作業為紐帶進行共同、聯合成本的分配；③定義揭示了作業成本法的一個發展趨勢——作業管理，即以作業來管理成本。

(二) 作業成本法產生的背景

在 20 世紀後期，現代管理會計出現了許多重大變革，並取得了引人注目的新進展。這些新進展都是圍繞管理會計如何讓為企業塑造核心競爭能力而展開的，以「作業」為核心的作業成本法便是其中之一。科學技術和社會經濟環境發生的重大變化，必然會影響企業成本核算方法。

1. 技術背景和社會背景

20 世紀 70 年代以來,高新技術和電子信息技術蓬勃發展,全球競爭壓力日趨激烈。為提高生產率、降低成本、改善產品質量,企業的產品設計與製造工程師開始採用計算機輔助設計、輔助製造,最終發展為依託於計算機的一體化製造系統,實現了生產領域的高度計算機化和自動化。隨後,計算機的應用延伸到了企業經營的各個方面,從訂貨開始,到設計、製造、銷售等環節,均由計算機控制,企業成為受計算機控制的各個子系統的綜合集合體。計算機化控制系統的建立,引發了管理觀念和管理技術的巨大變革,準時制生產系統應運而生。準時制生產系統的實施,使傳統成本計算與成本管理方法受到強烈的衝擊,並直接導致了作業成本法的形成和發展。

高新技術在生產領域的廣泛應用,極大地提高了勞動生產率,促進了社會經濟的發展,人們可支配收入也在增加,追求生活質量的要求也越來越高。人們不再熱衷於大眾型消費,轉而追求彰顯個性的差異化消費品。社會需求的變化,必然對企業提出新的、更高的要求。與此相適應,顧客生化生產—柔性製造系統取代追求「規模經濟」為目標的大批量傳統生產就成了歷史的必然。這樣,適應產品品種單一化、常規化和數量化、批量化的傳統成本計算賴以存在的社會環境就不存在了,變革傳統的成本管理方法已是大勢所趨。

2. 傳統成本計算方法的不適應性

傳統成本核算中,產品生產成本主要由直接材料、直接人工、製造費用構成,其中製造費用屬於間接費用,必須按一定標準將其分配計入有關產品。傳統成本計算方法通常以直接人工成本、直接人工工時、機器工時等作為製造費用的分配標準。這種方法在過去的製造環境下是比較適宜的。20 世紀 70 年代以後,生產過程高度自動化,製造費用構成內容和金額發生了較大變化,與直接人工成本逐漸失去了相關性。隨著技術和社會環境的巨變,傳統成本核算方法逐漸顯現出固有的缺陷,變得越來越不合時宜了,主要體現在以下幾個方面:①製造費用激增,直接人工費用下降,成本信息可信性受到質疑;②與工時無關的費用增加,歪曲了成本信息;③簡單的分配標準導致成本轉移問題出現,成本信息失真。

正是在上述因素的綜合作用下,以作業為基礎的成本計算方法——作業成本法應運而生,並引起了人們的極大關注。

二、作業成本法的概念體系

作業成本法引入了許多新的概念,它們共同構成了作業成本法的概念體系。作業成本法的概念包括:資源、作業、作業中心、成本對象、成本動因。

(一) 資源

資源 (Resource) 是指企業在生產經營過程中發生的成本、費用項目的來源。它是企業為生產產品,或者是為了保證作業完整正常的執行所必需花費的代價。作業成本法下的資源是指為了產出作業或產品而發生的費用支出,即資源就是指各項費用的總和。製造行業中典型的資源項目有:原材料、輔助材料、燃料與動力費用、工資及福利費、折舊費、辦公費、修理費、運輸費等。在作業成本核算中,與某項作業直接相關的資源應該直接計入該項作業;但若某一資源支持多種作業,就應當使用成本動因將資源分配計入各項相應的作業中。在實際運用過程中,為了方便計算和統計,通常

將具有相同或者類似性質的資源進行合併,從而劃分為不同的資源庫來進行計算。

(二) 作業

1. 作業的含義

作業(Activity)指相關的一系列任務的總稱,或指組織內為了某種目的而進行的消耗資源的活動。它代表了企業正在進行或已經完成的工作,是連接資源和成本核算對象的橋樑,是對成本進行分配和歸集的基礎,因而是作業成本法的核心。在現代企業中任何一項業務或產品,都是由若干的作業經過有序的結合而形成的產物,也就是相關作業通過連接進而形成一個完整的作業鏈,構建出一個業務或產品的價值鏈的過程,前一環節作業形成的價值轉移至下一環節的作業,前一環節作業為下一環節作業服務並進行增值,直至形成最後的業務或者產品。

2. 作業的分類

根據企業業務的層次和範圍,可將作業分為以下四類:單位水平作業、批別水平作業、產品水平作業和支持水平作業。

(1) 單位作業(Unit Activity),是指使單位產品或顧客受益的作業。此種作業的成本一般與產品產量或銷量成正比例變動,例如直接人工成本、直接材料成本等成本項目,如果產量增加一倍時,則直接人工成本也會增加一倍。

(2) 批別作業(Batch Activity),是使一批產品受益的作業。批作業的資源消耗往往與產品或勞務數量沒有直接關係,而是取決於產品的批數。這類作業的成本與產品的批數成比例變動,而與每批的產量無關。如機器準備成本,當生產批數愈多時,機器準備成本就愈多,但與產量多少無關。該類常見的作業如設備調試作業、生產準備作業、批產品檢驗作業、訂單處理作業、原料處理作業等。

(3) 產品作業(Product Activity),是為準備各種產品的生產而從事的作業。這種作業的目的是服務於各項產品的生產與銷售,其成本與數量和批量無關,但與生產產品的品種數成比例變動,例如對一種產品進行工藝設計、編製材料清單、測試線路、為個別產品提供技術支持等作業,都是產品水平的作業。

(4) 過程作業(Process Activity),也稱支持水平作業,是為了支持和管理生產經營活動而進行的作業。支持水平作業是為維持企業正常生產而使所有產品都受益的作業,作業的成本與產量、批次、品種數無關,而取決於組織規模與結構,如工廠管理、生產協調、廠房維修作業等。一般可將管理作業進一步分為車間管理作業(或事業部管理作業)與企業一般管理作業兩個小類。

作業水準的分類能為作業成本信息的使用者和設計者提供幫助,因為作業水準與作業動因的選擇有著內在的關係。可以看出,傳統成本法只考慮了單位水準作業。一個企業往往有很多作業,如不採用有效的分類方法,很容易迷失在數據堆中。最常用的解決辦法是把多個相關作業歸入一個作業中心。

(三) 作業中心

作業中心(Activity Center)是一系列相互聯繫,能夠實現某種特定功能的作業集合。作業中心提供有關每項作業的成本信息,每項作業所消耗資源的信息以及作業執行情況的信息。作業中心的劃分遵循同質性原則,即性質相同的作業歸並在一個作業中心,同時應考慮作業中心應具備一定的規模、企業對成本核算準確性的要求等因素。如果企業的作業流程比較清晰,且一個部門中的作業大多為同質性作業,那麼可將企

業中的每個部門作為一個作業中心。但考慮某些作業跨部門的特性，故還需單獨將這些同質性相關作業從各部門中抽出，再根據作業中心劃分的原則與應考慮的因素，歸並形成有關新的作業中心。

通過把相關聯或相類似的一系列作業合併為一個合適的作業中心，把這些作業所消耗的資源歸集到這樣的作業中心去，可以大幅減少成本計算的工作量，同時也可以保證最終計算結果的準確性。把相關的一系列作業消耗的資源費用歸集到作業中心，就構成該作業中心的作業成本庫，作業成本庫是作業中心的貨幣表現形式。

（四）成本對象

成本對象（Cost Objects）是企業需要進行計量成本的對象，是作業成本分配的終點和歸屬。成本對象通常是企業生產經營的產品，此外還有勞務、顧客、市場等。把成本準確地分配到各個成本對象，是進行成本管理和控制的基礎。

（五）成本動因

成本動因（Cost Driver），又譯作業成本驅動因素，是指引發成本的事項或作業，是引起成本發生與變化的內在原因，是對作業的量化表現。如研究開發費用的支出與研究計劃的數量、研究計劃上所費的工時或者研究計劃的技術複雜性相關，那麼它們就是研究開發費用的成本動因。

成本動因是決定成本發生、資源消耗的真正原因，通常選擇作業活動耗用資源的計量標準來進行度量。出於可操作性考慮，成本動因必須能夠量化。可量化的成本動因包括生產準備次數、零部件數、不同的批量規模數、工程小時數等。

1. 成本動因的特徵

成本動因具有以下基本特徵：

（1）隱蔽性。成本動因是隱蔽在成本之後的驅動因素，一般不易直接識別。這種隱蔽性的特性要求對成本行為進行深入的分析，才能把隱蔽在其後的驅動因素識別出來。

（2）相關性。成本動因與引發成本發生和變動的價值活動高度相關，價值活動是引起資源耗費的直接原因，只有通過作業鏈分析其相關性，才能正確選擇成本動因。

（3）適用性。成本動因寓於各種類型作業、各種資源流動和各類成本領域之中，它具有較強的適用性，它適用於分析各類作業、資源流動和成本領域的因果關係。

（4）可計量性。成本動因是成本驅動因素，是分配和分析成本的基礎，一般易於量化。在作業成本法下，一切成本動因都可計量，因而可作為分配成本的標準。

2. 成本動因的分類

成本動因是引起成本發生的因素。成本動因可分為資源動因和作業動因。

（1）資源動因。資源動因是作業消耗資源的方式和原因，反映了作業和作業中心對資源的消耗情況，是資源成本分配到作業和作業中心的標準和依據。資源動因聯繫著資源和作業，反應作業量與資源消耗的因果關係，它把總分類帳上的資源成本分配到作業。資源動因作為一種分配資源的標準，它反應了作業對資源的耗費情況，也是作業成本法第一步驟資源分配至作業的核心和關鍵。

（2）作業動因。作業動因是作業發生的原因，是將作業成本或作業中心的成本分配到產品、服務或顧客等成本對象的標準，它也是將資源消耗與最終產出相溝通的仲介。它計量各成本對象對作業的需求，反應成本對象與作業消耗的邏輯關係，並用來

分配作業成本。通過分析作業動因與最終產出之間的聯繫,可以判斷出該作業是否對產品的增值起到了作用,如果該作業對產品的生產起到了不可替代或者決定性的作用,那麼該作業就是增值作業;反之,如果作業對在產品生產的過程中是可以被替代或者不必要的,那麼該作業則為非增值作業。

根據成本動因分配作業成本的情況,如圖4-1所示:

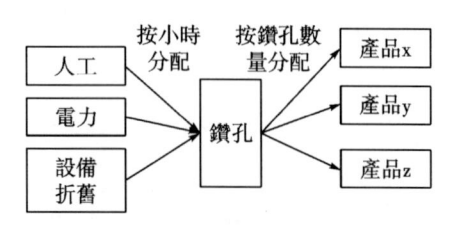

圖4-1 根據成本動因分配成本示意圖

成本動因改善了成本分攤方式,有利於更準確的計算成本,找到了成本動因也就找到了資源耗費的根本原因,因此有利於消除浪費,改進作業。

三、作業成本法與傳統成本計算法的區別

1. 基本原理不同

傳統成本核算方法的基本原理是企業所生產的產品按其消耗的時間或者產量線性的消耗所有成本費用,即計算的時候用生產總成本直接除以產品的總生產時間或者總產品數量來得到單位產品成本。因此,這樣的計算方式導致其中的間接費用與直接費用在計算上沒有直接的差別,也就是間接費用會按照與直接費用相同的比例平均分配到各產品的單位成本中。但在實際的生產過程中每一種產品並不一定都是按照同一標準消耗間接費用,每種產品的生產可能都有自己單獨的間接費用消耗數量和配比。作業成本法的基本原理是作業消耗資源,成本對象消耗作業。它是在成本核算過程中加入作業的概念,通過作業作為連接資源和產品的橋樑,從消耗資源開始,以資源動因為標準將成本歸集到作業或作業中心,然後將作業中心按作業動因標準分配至各成本核算對象中,這樣使得成本費用根據不同的產品的消耗標準進行分攤,這樣的分配方式比傳統成本核算方法在成本結果的可靠性上有了很大進步。

2. 適用企業類型不同

傳統成本核算方法產生於20世紀的工業革命時期,由於當時正值大規模的工業化生產改革進行中,企業也以紡織、製造等以大批量連續的生產為主,產品種類往往比較單一,需要大量的工人參與直接生產。企業的成本主要集中於生產材料和直接人工,傳統成本核算方法也正是基於此種生產經營方式而產生,它適用於產品結構簡單且有大量直接人工參與的勞動密集型企業。而隨著世界經濟和科技的發展,各種有別於傳統類型的企業逐漸誕生。作業成本法的理論也隨之在20世紀80年代誕生,它提出了企業生產過程中間接費用的分配方法,因此適用於生產過程中間接費用所占比重較大,生產經營活動種類繁多,產品結構複雜的技術密集型或資金密集型企業。

3. 間接成本的認識和處理方法不同

這是傳統成本核算方法和作業成本法最主要的不同之處。傳統成本核算方法中,產品的成本一般包括與生產產品直接相關的人工、材料等的費用,對於組織、管理生

產等的間接費用也採用與直接成本相同的標準平均計入單位產品成本，沒有考慮不同產品對於間接費用耗用的不同，很容易造成成本的扭曲，嚴重影響成本信息的客觀真實性。作業成本法則強調間接費用的分配而不是簡易的分攤，雖然其核算過程相對複雜和繁瑣，但是能提供更加真實準確的成本信息。

4. 成本信息結果存在差異

傳統成本核算方法由於沒有考慮實際生產中產品與成本的比例消耗問題，可能產生使人高度誤解的成本信息。作業成本法分配間接費用時著眼於費用、成本的來源，將間接費用的分配與產生這些費用的原因聯繫起來。在分配間接費用時，按照多樣化的分配和分攤標準，使最終得到成本信息的準確性大大提高，降低了企業對成本信息錯誤解讀的風險，為企業正確的管理決策提供數據支撐。

四、作業成本法的意義

從作業成本法產生的背景和作業成本法基本特徵的分析中，我們可以看到作業成本對於企業經營管理的重要作用。

1. 作業成本計算可為適時生產和全面質量管理提供經濟依據

作業成本法支持作業管理，而作業管理的目標是盡可能地消除非增值作業和提高增值作業的效率。這就要求採用適時生產系統和全面質量管理。適時生產系統要求零庫存，消除與庫存有關的作業，減少庫存上的資源耗費。零庫存的基本條件是生產運行暢通無阻，不能有任何質量問題，因此需要進行全面質量管理。只有作業成本計算、適時生產與全面質量管理三者同步進行，才能相輔相成，達到提高企業經濟效益的目的。

2. 作業成本法有利於完善企業的預算控制與業績評價

傳統的費用分配方式單一而直接，使得以標準成本和費用計劃為基礎的預算控制和業績評價缺乏客觀性，使得相應的費用分析和業績報告缺乏可信性，因此削弱了預算控制與業績評價的作用與效果。採用作業成本法可以依據作業成本信息為作業和產品的制定合理的成本費用標準，可以從多種成本動因出發分析成本費用節約或超支的真實原因，結合多種成本動因的形成數量和責任中心的作業成本與效率評價責任中心的業績，可以為作業活動的改進和產品成本的降低提供思路和措施。

3. 作業成本法可以滿足戰略管理的需要

戰略管理的核心是使企業適應自身的經營條件與外部的經營環境，使企業具有競爭優勢，保持長久的生存和持續的發展。邁克爾·波特（Michael E. Porter）首先在其著寫的《競爭優勢》（Competitive Advantage）一書中所提出「價值鏈」理論認為，不斷改進和優化「價值鏈」，盡可能地提高「顧客價值」是提高企業競爭優勢的關鍵。「價值鏈」理論是把企業看作是為最終滿足顧客需要而設計成的「一系列」作業的集合體，形成一個由此及彼、由內到外的作業鏈（Activity Chain）。每完成一項作業都要消耗一定的資源，而作業的產出又會形成一定的價值，再轉移到下一個作業，按此逐步推移，直到最終把產品提供給企業外部的顧客，以滿足他們的需要。作業成本法將通過提供作業信息，改進作業管理，來提升企業價值鏈的價值，從而提升企業的競爭力，實現戰略管理的預期目標。

第二節　作業成本法的基本原理

一、作業成本法的原理與特徵

(一) 作業成本法的原理

作業成本法的基本指導思想就是：作業消耗資源，產品消耗作業。因而作業成本法將著眼點和重點放在對作業的核算上。其基本思想是在資源和產品（服務）之間引入一個仲介——作業，其關鍵是成本動因的選擇和成本動因率的確定。

相對於傳統成本計算法發生了根本性的變革。傳統成本計算法將作業這一關鍵環節給掩蓋了，直接把資源分配到產品上形成產品成本。作業成本法將成本計算的重點放在作業上，作業是資源和產品之間的橋樑。根據作業成本法的指導思想，製造費用的分配過程可以分為兩個階段。第一階段把有關生產或服務的製造費用按照資源動因歸集到作業中心，形成作業成本；第二階段通過作業動因將作業成本庫中的成本分配到產品或服務中去。

與傳統成本計算方法相比，作業成本法對於直接成本的處理是完全相同的，但對間接成本按照成本動因進行了兩次分配——先按資源動因分配到作業，再按作業動因分配到產品，這使得計算成本結果更為準確。作業成本法下，間接成本分配的兩階段如圖 4-2 所示：

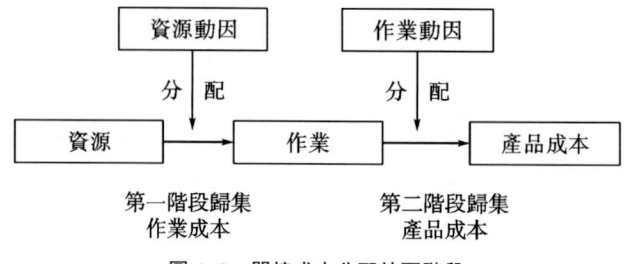

圖 4-2　間接成本分配的兩階段

(二) 作業成本法的特徵

與單一的、直接的間接成本分配的傳統成本計算方法相比，作業成本法具有以下的一些特徵：

1. 作業成本法是一種間接的間接成本分配方法

作業成本法在間接成本分配的過程中引入了「作業」這個分配仲介，設計了先將消耗的資源分配給作業這個中間分配環節，再將作業成本庫中的成本分配給產品的第二階段間接成本分配程序，改變了傳統成本法直接將間接成本分配給產品的做法。

2. 作業成本法是一種求本溯源的間接成本分配方法

作業成本法根據作業的資源消耗動因將作業所消耗的資源計入作業成本庫，再根據產品的作業成本動因將產品所消耗的作業成本計入產品。也就是說，在被消耗的資源不能直接追溯於產品時，要尋找影響其消耗數量變化的關鍵因素作為分配基礎，而作業和產品則需要根據它們所引起的動因數量來承擔相應的間接成本。從而克服了傳

統的間接成本分配，人為地按照未必與產品所消耗的間接成本有關的產品的直接人工成本分配的主觀性。

3. 作業成本法是一種成本計算與成本管理緊密結合的方法

當企業管理深入到作業時就形成了作業管理，作業管理需要作業成本的信息，作業成本法由於其間接成本分配的中間環節是以作業為對象進行成本歸集的，因此可以提供作業管理所需要的成本信息。作業管理對作業鏈上的作業進行分析、改進與調整，盡可能消除非增值作業，同時盡可能減少增值作業的資源消耗，由此促進企業價值鏈的價值增值，提高企業整體的經濟效益。作業成本法所發現的成本動因是作業成本和產品成本形成的原因與方式，是決定作業成本和產品成本高低的關鍵因素。把握了這些因素就控制了成本形成的根源，就找到了成本控制的方式。作業成本法在產品成本計量的同時也計量了作業的成本，在尋找間接成本分配依據的同時也找到了控制成本的措施，因此作業成本法是一種成本計量與成本管理相結合的方法。

二、作業成本法計算程序

與傳統的完全成本核算方法相比，作業成本法增加了作業層次，把間接成本的一次分配變為兩次分配，將單一的數量分配標準改變為按照實際消耗情況確定的多種成本動因的分配標準，因而能夠非常精細地核算產品成本，能夠比較真實地反應產品和作業對於企業資源的實際消耗情況。

在作業成本法下產品成本形成過程如圖 4-3 所示：

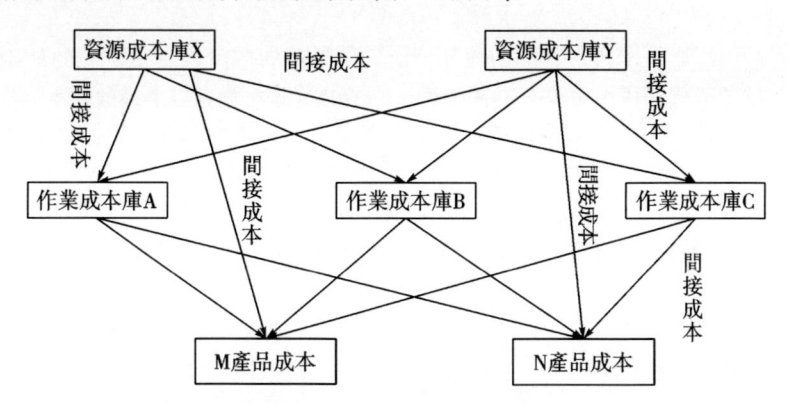

圖 4-3　產品成本的形成過程

作業成本法下企業所耗費的資源計入產品的依據與程序如圖 4-4 所示：

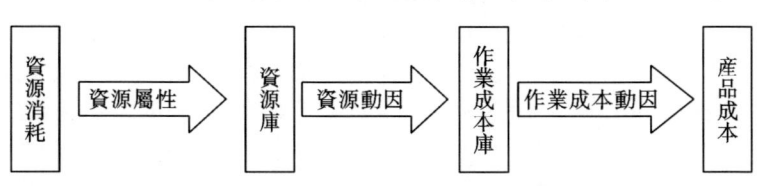

圖 4-4　耗費資源計入產品的依據與程序

根據作業成本法的基本原理，作業成本法應用的一般程序步驟為：
第一步，確認和計量各類資源耗費，將資源耗費歸集到各資源庫。

每類資源都設立資源庫，將一定會計期間所消耗的各類資源成本歸集到各相應的資源庫中。企業的任何一項生產經營活動都必然會發生一定數量的成本，對資源的確認就需要對企業的全部生產經營活動進行梳理，通過分解每一項經營活動來明晰生產過程中各項成本費用的產生原因、用途和計量單位，區分出能夠產生增值的成本消耗和不能夠產生增值的成本消耗，並對相似用途的資源合併為資源庫。

第二步，確認作業，劃分作業中心。

為了對作業進行合理的確認和劃分，可以將企業描述成為一個環環相套、互相支持的作業鏈的集合，對企業的全部的組織架構、生產經營流程和產品服務進行梳理和分析，並從整體進行觀察，運用數學統計的方法對信息進行搜集和分析。

作業中心劃分正確與否，是整個作業成本系統設計成功與否的關鍵。作業的劃分和制定的詳盡程度並沒有統一的標準，這需要衡量企業的規模和管理者的需要等多方面因素而決定，一般認為作業劃分的越細緻，最後能夠得到的成本信息也就更加真實。但是，同時根據作業成本法的計算原理，分解的作業數越多，分析計量的成本也就越高，作業數的增加會使得成本分配歸集的工作量呈幾何級數增長，所以作業劃分過於細緻的話是並不利於企業的成本管理，另外，作業與最終產品之間的關係也會變得異常複雜，從而影響最終的成本信息。為了簡化作業成本計算，通常在確認作業的時候，將作業的數目控制適中既不會由於過於細緻產生過大的分析工作量，也不會由於過於粗糙影響成本分析的準確性，而之後將具有相同或者相似作用和功能的作業組合起來，形成若干個作業中心，用以歸集每一類型作業的成本。

第三步，確定資源動因，建立作業成本庫。

資源動因反應了作業對資源的消耗情況，作業量的多少決定了資源的耗用量，資源的耗用量和最終的產出量沒有直接關係。企業的資源耗費有以下幾種情況：

（1）某項資源耗費如直觀地確定為某一特定產品所消耗，則直接計入該特定產品成本，該資源動因也就是作業動因，如產品的設計圖紙成本。

（2）如某項作業可以從發生領域上劃分為作業消耗，則可以直接計入各作業成本庫，此時資源動因可以認為是作業專屬耗費，如各作業中心按實際支付的工資額來歸集工資費用。

（3）如某項資源耗費從最初的消耗上呈混合耗費形態，則需要選擇合適的量化依據。將資源耗費至各作業，這個量化的依據就是資源動因。例如企業車輛的折舊、保險費通過車輛行駛的里程來分配。根據各項作業所消耗的資源動因是，將各資源庫匯集的價值分配到各作業成本庫。

第四步，確認各作業動因，分配作業成本。

作業動因是作業成本庫和產品或勞務聯繫的仲介。選擇作業動因要考慮作業動因的數據是否易於獲得。為了便於分析成本動因可以按照前述的作業層次來進行分析。作業成本計算中最難的部分是確定和選擇合適的成本動因。原因之一是作業動因並不是很明顯。例如，電話聯繫客戶這一作業動因可能是過期的發票數、電話次數，或其他的度量。進一步說，明顯的動因可能是過期發票數，但根本原因可能是質次的貨物，是客戶延遲付款。另一潛在的陷阱是，動因是明顯且重要的，但這個動因的數據卻不容易取得。數據在任何地方都沒有被記錄，或是沒有可以利用的資源，從現有的數據系統中無法提取這個動因數據，所以可能需要使用別的成本動因。選擇作業動因應盡

量限制動因數量，從 10 個或 20 個成本較大的作業中選擇最合適的作業動因。對於一些低成本作業，花費大量時間和精力來獲取這幾個複雜的動因，其收益與麻煩相比是不值得的。對於這些作業，從作業列表的其他作業中選個「最合適」的動因給它們，或者認為這些作業與客戶或產品沒有關係，並把它們作為不分配的作業成本來對待。

【例 4-1】某企業生產 A、B 兩種產品，有關產量、機器小時、直接成本、間接成本數據如表 4-1 所示，生產經營 A、B 兩種產品的相關作業及其動因的數據如表 4-2、表 4-3 所示：

表 4-1　　　　　　A、B 兩種產品的產量及成本資料

項目	A 產品	B 產品
產量	100 件	8,200 件
單位產品機器小時	3 小時/件	2 小時/件
單位產品人工成本	50 元/件	55 元/件
單位產品材料成本	95 元/件	90 元/件
製作費用總額	395,800 元	

表 4-2　　　　　　製造費用作業資料

作業	作業動因	作業成本	成本動因 A	成本動因 B	合計
機器調試	調試次數	16,000 元	10 次	6 次	16 次
簽訂訂單	訂單份數	62,000 元	15 份	10 份	25 份
機器運行	機器小時	233,800 元	300 小時	16,400 小時	16,700 小時
質量檢查	檢驗次數	84,000 元	30 次	20 次	50 次
合計		395,800 元			

表 4-3　　　　　　A、B 兩種產品作業成本法的製作費用分配

作業	作業動因分配率	作業動因量 A	作業動因量 B	製作費用分配（元）A	製作費用分配（元）B	合計
機器調試	1,000 元/次	10 次	6 次	10,000	6,000	16,000
簽訂訂單	2,480 元/份	15 份	10 份	37,200	24,800	62,000
機器運行	14 元/小時	300 小時	16,400 小時	4,200	229,600	233,800
質量檢查	1,680 元/次	30 次	20 次	50,400	33,600	84,000
合計				101,800	294,000	395,800

上表採用作業成本法對 A、B 兩種產品進行製造費用的分配，其具體計算如下：
機器調試作業動因分配率＝16,000÷(10+6)＝1,000 元/次
分配給 A 產品的機器調試成本＝1,000×10＝10,000 元
分配給 B 產品的機器調試成本＝1,000×6＝6,000 元
簽訂訂單作業動因分配率＝62,000÷(15+10)＝2,480 元/份
分配給 A 產品的簽訂訂單成本＝2,480×15＝37,200 元

分配給 B 產品的簽訂訂單成本 = 2,480×10 = 24,800 元
機器運行作業動因分配率 = 233,800÷(300+16,400) = 14 元/小時
分配給 A 產品的機器運行成本 = 14×300 = 4,200 元
分配給 B 產品的機器運行成本 = 14×16,400 = 229,600 元
質量檢查作業動因分配率 = 84,000÷(30+20) = 1,680 元/次
分配給 A 產品的質量檢查成本 = 1,680×30 = 50,400 元
分配給 B 產品的質量檢查成本 = 1,680×20 = 33,600 元
A 產品最終承擔製造費用 = 10,000+37,200+4,200+50,400 = 101,800 元
B 產品最終承擔製造費用 = 6,000+24,800+229,600+33,600 = 294,000 元
單位 A 產品承擔製造費用 = 101,800÷100 = 1,018 元
單位 B 產品承擔製造費用 = 294,000÷8,200 = 35.85 元
傳統製造費用以機器小時為數量基礎將製造費用在 A、B 兩種產品中分配。
傳統製造費用分配率 = 395,800÷(3×100+2×8,200) = 23.7 元/小時
分配給 A 產品的製造費用 = 23.7×(3×100) = 7,110 元
分配給 B 產品的製造費用 = 23.7×(2×8,200) = 388,680 元
單位 A 產品承擔製造費用 = 7,110÷100 = 71.1 元
單位 B 產品承擔製造費用 = 388,680÷8,200 = 47.4 元
於是作業成本法下：
A 產品的單位成本 = 95+50+1,018 = 1,163 元
B 產品的單位成本 = 90+55+35.85 = 180.89 元 ≈ 181 元
而傳統成本法下：
A 產品的單位成本 = 95+50+71.1 = 216.1 元 ≈ 216 元
B 產品的單位成本 = 90+55+47.4 = 192.5 元 ≈ 193 元

　　從例 4-1 可以看出不同的成本計算方法下小批量生產產品的產品成本相差懸殊，人為地按照單一的數量化分配基礎進行間接製造費用的分配會造成嚴重的產品成本。

　　【例 4-2】某企業生產 L、M、N 三種產品有關的間接成本按照資源屬性分別計入不同的資源成本庫，見表 4-4：

表 4-4　　　　　　　　　　資源庫與資源動因

資源庫名稱	電費	保險費	折舊費	一般管理
耗費資源金額（元）	56,000	4,000	27,000	8,700
資源動因	用電度數	工資額	設備價值	作業成本

　　與 L、M、N 有關的作業見表 4-5：

表 4-5　　　　　　　　　　資源庫與資源動因

作業資源動因	備料	加工	組裝	檢驗	合計
用電度數（度）	5,000	54,000	17,000	4,000	80,000
工資額（元）	3,000	5,000	11,000	1,000	20,000
設備價值（元）	10,000	60,000	15,000	5,000	90,000

根據以上數據可以確定各項資源動因率如下：
電費資源庫的資源動因率＝56,000÷80,000＝0.7 元/度
保險費資源庫的資源動因率＝4,000÷20,000＝0.2 元/度
折舊費資源庫的資源動因率＝27,000÷90,000＝0.3 元/度
再結合各作業消耗的資源動因數量可確定各作業成本庫的成本，見表 4-6：

表 4-6　　　　　　　　　　作業成本庫的成本　　　　　　　　　　單位：元

作業成本	備料	加工	組裝	檢驗	合計
電費	3,500	37,800	11,900	2,800	56,000
保險費	600	1,000	2,200	200	4,000
折舊費	3,000	18,000	4,500	1,500	27,000
合計	7,100	56,800	18,600	4,500	87,000

再將一般管理費用按照各項作業的成本總額分配計入各項作業，見表 4-7：

表 4-7　　　　　　　　　　資源庫與資源動因　　　　　　　　　　單位：元

作業	備料	加工	組裝	檢驗
作業成本	7,100	56,800	18,600	4,500
一般管理動因率		8,700÷87,000＝0.1 元/度		
一般管理分配	710	5,680	1,860	450
作業成本合計	7,810	62,480	20,460	4,950

又已知各項作業的成本動因及各種產品的作業成本動因量如表 4-8：

表 4-8　　　　　各項的作業成本動因及各種產品的成本動因率

成本動因產品	備料	加工	組裝	檢驗
	材料成本（元）	機器小時（小時）	產品數量（件）	抽樣件數（件）
L 產品	55,000	2,800	700	33
M 產品	65,000	3,200	900	36
N 產品	36,200	1,810	446	30
合計	156,200	7,810	2,046	99
成本動因率	0.05 元/度	8 元/小時	10 元/件	50/件

由表 4-8 的成本動因率及各產品的成本動因數量最後計算出各產品應承擔的間接成本，見表 4-9：

表 4-9　　　　　　　　　各產品間接成本分擔　　　　　　　　　單位：元

間接成本產品	備料	加工	組裝	檢驗	合計
	7,810	62,480	20,460	4,950	95,700
L 產品	2,750	22,400	7,000	1,650	33,800
M 產品	3,250	25,600	9,000	1,800	39,650
N 產品	1,810	14,480	4,460	1,500	22,250

第三節　作業成本法的應用

一、作業成本法在企業的實際應用

作業成本法的產生，標誌著成本管理告別了傳統的成本管理模式，向現代成本管理模式邁出了關鍵性的一步。作業成本法在美國興起，也得到了實踐的驗證，迅速在歐美得到了發展。一些知名的跨國公司如通用電器、國際商用機器公司、福特、惠普、寶潔、西門子等已經採用了作業成本法，此外在美國的一些商業銀行、快遞公司等也得到了應用。

作業成本法在20世紀90年代之後，得到了實務界的大力推廣，不僅用於成本核算，還應用於企業管理中的其他領域。許多企業應用作業成本法進行庫存估價、產品定價、製造或採購決策、預算、產品設計、業績評價及客戶盈利性分析。

（一）應用案例

【案例一】某農機廠作業成本法實施案例。

該企業是典型的國有企業，屬多品種小批量生產模式，產品以銷定產，傳統成本法下製造費用超過人工費用的200%，成本控制不力，企業決定實施作業成本法。根據企業的工藝流程，確定了32個作業，以及各作業的作業動因，作業動因主要是人工工時，其他作業動因有運輸距離、準備次數、零件種類數、訂單數、機器小時、客戶數。通過計算，發現了傳統成本法的成本扭曲：最大差異率達到46.5%。根據作業成本法提供的信息，為加強成本控制，針對每個作業制定目標成本，使得目標成本可以細化到班組，增加了成本控制的有效性。通過對成本信息的分析，發現生產協調、檢測、修理和運輸作業不增加顧客價值，這些作業的執行人員歸屬一個分廠管理，但是人員分佈在各個車間，通過作業分析，發現大量的人力資源的冗餘，根據分析，可以裁減一半的人員，並減少相關的資源支出。通過分析，運輸作業由各個車間分別提供，但是都存在能力剩餘，將運輸作業集中管理，可以減少三四臺叉車。另外，正確的成本信息對於銷售的決策也有重要的影響，根據作業成本信息以及市場行情，企業修訂了部分產品的價格。

【案例二】某按鍵生產企業作業成本法實施案例。

1. 企業背景及問題的提出

某公司為生產硅橡膠按鍵的企業，主要給遙控器、普通電話、移動電話、計算器和電腦等電器設備提供按鍵。1985年11月開始由新加坡廠商設廠生產，1999年為美國ITT工業集團控股。該公司年總生產品種約6,000種，月總生產型號300多個，每月總生產數量多達2千萬件，月產值為人民幣1,500萬元，員工約1,700人。企業的生產特點為品種多、數量大、成本不易精確核算。

該公司在成本核算和成本管理方面大致經過兩個階段：

第一階段（1980—1994年）：無控制階段。1994年以前，國內外硅橡膠按鍵生產行業的競爭很少，基本上屬於一個賣方市場，產品的質量和價格完全控制在生產商手裡，廈門三德興公司作為國內主要的硅橡膠按鍵的生產商之一，在生產管理上最主要的工作是盡可能地增加產量，基本上沒有太多地考慮成本核算與成本管理的問題。

第二階段（1994—2000年底）：傳統成本核算階段。從1994年開始，一方面，硅橡膠按鍵行業的競爭者增多，例如臺灣大洋、旭利等企業的加入；另一方面，由於通訊電子設備的價格下降，硅橡膠按鍵產品的價格也不斷下降，1994年硅橡膠按鍵價格跌了近20%。硅橡膠按鍵行業逐漸變為買方市場。成本核算問題突出表現出來，此時公司才開始意識到成本核算問題的重要性。在這個階段，公司主要採用傳統成本法進行核算，即首先將直接人工和直接原材料等打入產品的生產成本裡，再將各項間接資源的耗費歸集到製造費用帳戶，然後再以直接人工作為分配基礎對整個製造過程進行成本分配。

分配率的計算公式為：分配率＝單種產品當月所消耗的直接人工／當月公司消耗的總直接人工。

由此分配率可得到各產品當月被分配到的製造成本，再除以當月生產的產品數量，從中可以得到產品的單位製造成本，將單位製造成本與直接原材料和直接人工相加即得到產品的單位生產總成本。企業簡單地將產品的單位總成本與產品單價進行比較，從中計算出產品的盈虧水平。

1997年下半年的亞洲金融風暴造成整個硅橡膠按鍵市場需求量的大幅度下降，硅橡膠按鍵生產商之間的競爭變得異常激烈，產品價格一跌再跌，產品價格已經處在產品成本的邊緣，稍不注意就會虧本，因此，對定單的選擇也開始成為一項必要的決策。該公司的成本核算及管理變得非常的重要和敏感。此時，硅橡膠按鍵已經從單純的生產過程轉向生產和經營過程，一方面，生產過程複雜化了，公司每月生產的產品型號多達數百個，且經常變化，每月不同，其中消耗物料達上千種，工時或機器臺時在各生產車間很難精確界定，已經無法按照傳統成本法對每個產品分別進行合理、準確的成本核算，也無法為企業生產決策提供準確的成本數據；另一方面，企業中的行政管理、技術研究、後勤保障、採購供應、營銷推廣和公關宣傳等非生產性活動大大增加，為此類活動而發生的成本在總成本中所占的比重不斷提高，而此類成本在傳統成本法下又同樣難以進行合理的分配。如此一來，以直接人工為基礎來分配間接製造費用和非生產成本的傳統成本法變得不適用，公司必須尋找其他更為合理的成本核算和成本管理方法。

2. 作業成本法在企業的實際運用

具體來說，公司實施的作業成本法包括以下三個步驟：

（1）確認主要作業，明確作業中心。

作業是於企業內與產品相關或對產品有影響的活動。企業的作業可能多達數百種，通常只能對企業的重點作業進行分析。根據公司產品的生產特點，從公司作業中劃分出備料、油壓、印刷、加硫和檢查五種主要作業。其中，備料作業的製造成本主要是包裝物，油壓作業的製造成本主要是電力的消耗和機器的占用，印刷作業的成本大多為與印刷相關的成本與費用，加硫作業的製造成本則主要為電力消耗，而檢查作業的成本主要是人工費用。各項製造成本先後被歸集到上述五項作業中。

（2）選擇成本動因，設立成本。

公司備料、油壓、印刷、加硫和檢查五項主要作業的成本動因選擇如下：

備料作業。該作業很多工作標準或時間的設定都是以重量為依據。因此，該作業的製造成本與該作業產出半成品的重量直接相關，也就是說，產品消耗該作業的量與

產品的重量直接相關。所以筆者選擇產品的重量作為該作業的成本動因。

油壓作業。該作業的製造成本主要表現為電力的消耗和機器的占用，這主要與產品在該作業的生產時間有關，即與產品消耗該作業的時間有關。因此，筆者選擇油壓小時作為該作業的成本動因。

印刷作業。從工藝特點來看，該作業主要與印刷的道數有關。因此，筆者選擇印刷道數作為該作業的成本動因。

加硫作業。該作業兩個特點，一方面，該作業的製造成本主要為電力消耗，而這與時間直接相關；另一方面，該作業產品的加工形式為成批加工的形式。因此，筆者選擇批產品的加硫小時做為該作業的成本動因。

檢查作業。該公司的工資以績效時間為基礎，因此選擇檢查小時作為該作業的成本動因。

此外，公司還有包括工程部、品管部以及電腦中心等基礎作業，根據公司產品的特點，產品直接原材料的消耗往往與上述基礎作業所發生的管理費用沒有直接相關性，所以在基礎作業的分配中沒有選擇直接原材料，而是以直接人工為基礎予以分配。

（3）最終產品的成本分配。

根據所選擇的成本動因，對各作業的動因量進行統計，再根據該作業的製造成本求出各作業的動因分配率，將製造成本分配到相應的各產品中去。然後根據各產品消耗的動因量算出各產品的總作業消耗及單位作業消耗。最後將所算出的單位作業消耗與直接原材料和直接人工相加得出各個產品的實際成本狀況。

由於公司總生產品種約 6,000 多種，月總生產型號達 378 種，所以主要列出該公司有代表性產品型號各自在傳統成本法與作業成本法下分配製造成本上的差別。

3. 傳統成本法與作業成本法實地研究結果的比較

根據上述步驟，選擇公司在 2000 年 9 月份的生產數據，對 378 種型號的產品分別進行計算。可以看出：

（1）傳統成本法對成本的核算與作業成本法對成本的核算有相當大的差異。作業成本法是根據成本動因將作業成本分配到產品中去，而傳統成本法則是用數量動因將成本分配到產品裡。按照傳統成本法核算出來的成本停止那些虧本產品型號的生產事實上可能將是一個錯誤的決策。

（2）在傳統成本法下完全無法得到的各作業單位和各產品消耗作業的信息卻可以在作業成本法中得到充分的反應。公司從而可以分析在那些虧本的產品型號中，究竟是哪些作業的使用偏多，進而探討減少使用這些作業的可能。比如對於與傳統成本法相比較成本較高的「20578940」型號產品，可以看出其主要的消耗在油壓和加硫兩項作業上，這樣公司就可以考慮今後如何改善工藝，減少此類產品在這兩項作業上的消耗，從而減少產品成本。

（3）對於在傳統成本法中核算為虧本而在作業成本法下不虧本的產品型號，可以通過作業成本法來瞭解成本分配的信息。比如型號為「3DS06070ACAA」的產品在傳統成本法中分配到的每單位製造成本為 0.014,99 美元，而在作業成本法中每單位製造成本卻僅為 0.000,54 美元。從此型號的各項作業消耗實際上都很小，主要是直接人工消耗相對較大，但按照傳統成本法以直接人工作為分配基礎，就導致該型號產品分攤到過多的並非其所消耗的製造成本，因而出現成本虛增，傳遞了錯誤的成本信號，容

易導致判斷和決策上的失誤。

（4）通過作業成本法的計算，我們還可以瞭解到在公司總的生產過程中，哪一類作業的消耗最多，哪一類作業的成本最高，從而知道從哪個途徑來降低成本，提高生產效率。

油壓作業的單位動因成本最高，其作業的總成本也最大。印刷作業的成本動因量及作業總成本次之。因此，今後應對這兩個作業從不同的角度來考慮如何予以進行改善，比如通過增加保溫，減少每小時電力消耗的方法來降低油壓作業每小時作業的成本；通過合併工序來減少印刷作業的動因量。如此，通過加強成本核算與成本管理把企業的管理水平帶動到作業管理層次上來。

【案例三】

S公司的兩條高產量生產線最近遇到了很強的競爭壓力，迫使管理層將其產品價格降至目標價格以下。經研究發現，是傳統的生產成本法扭曲了產品的價格，那具體問題出在什麼地方？

S公司製造三種複雜的閥門，這些產品分別被稱為I號、II號、III號閥門。I號閥門是3種產品中最簡單的，該公司每年銷售10,000個I號閥門；II號閥門僅僅比I號閥門複雜一點，公司每年銷售20,000個II號閥門；III號閥門是最複雜的、銷量最低的產品，每年僅銷售4,000個。公司採用分批成本法計算每種產品的成本，相關的基礎數據如表4-10：

表4-10　　　　　　　　　　　　產品相關數據資料

	I號閥門	II號閥門	III號閥門
生產：			
產量	10,000	20,000	4,000
批次	1批，每批10,000個	4批，每批5,000個	10批，每批400個
直接材料	50元/個	90元/個	20元/個
直接人工	每個3小時	每個4小時	每個2小時
準備時間	每批10小時	每批10小時	每批10小時
機器時間	每個1小時	每個1.25小時	每個2小時

公司製造費用的預算額為3,894,000元，製造費用根據直接人工小時確定的預定分配率進行分配。直接人工和準備人工成本為每小時20元。①計算傳統成本法下每種產品的單位成本。②如果公司的目標售價為單位成本的125%，每種產品的目標售價為多少？③假如市場上I號閥門的售價為261.25元，II號閥門的售價為328元，III號閥門的售價為250元，對該公司有什麼影響？④問題出在哪裡？

表4-11　　　　　　　　　　　　製造費用分配率　　　　　　　　　　　　單位：元

製造費用預算額	3,894,000
直接人工小時預算額：	
I號閥門	30,000
II號閥門	80,000

表4-11(續)

III號閥門	8,000
合計	118,000
預定費用分配率	33元/小時

表 4-12　　　　　　　　每種產品的單位成本、目標售價　　　　　　　單位：元

	I號閥門	II號閥門	III號閥門
直接材料	50	90	20
直接人工	60	80	40
製造費用	99	132	66
合計	209	302	126
目標售價	261.25	377.50	157.50
市場售價	261.25	328.00	250.00

　　S公司討論了作業成本法，將製造費用（3,894,000元）進一步按作業進行細分，辨認了8個作業成本庫，收集的相關數據如下：

　　機器成本庫：共計1,212,600元，包括與機器有關的各種製造費用，如維護、折舊、計算機支持、潤滑、電力、校準等，該成本與生產產品的機器小時有關。

　　生產準備成本庫：共計3,000元，包括為產品製造進行準備的各種費用，生產準備成本與批次有關。

　　收貨和驗收成本庫：共計200,000元，其中I號閥門、II號閥門、III號閥門消耗的比例分別為25%、45%、30%。

　　材料處理成本庫：總計為600,000元，其中I號閥門、II號閥門、III號閥門消耗的比例分別為7%、30%、63%。

　　質量保證成本庫：共計421,000元，其中I號閥門、II號閥門、III號閥門消耗的比例分別為20%、40%、40%。

　　包裝和發貨成本庫：共計250,000元，其中I號閥門、II號閥門、III號閥門消耗的比例分別為4%、30%、66%。

　　工程成本庫：共計700,000元，包括工程師的薪水、工程用料、工程軟件、工程設備折舊；該成本消耗比例同收貨和驗收成本。

　　機構（生產能力）成本庫：共計507,400元，包括工廠折舊、工廠管理、工廠維護、財產稅、保險費等，該成本與直接人工有關。

　　機器成本庫成本的分配：
　　庫分配率＝機器成本預算總額/機器小時預算總額
　　　　　　＝1,212,600/43,000＝28.2元/機器小時
　　I號閥門分配：28.2/機器小時×1小時/件＝28.2元/個
　　II號閥門分配：28.2/機器小時×1.25小時/件＝35.25元/個
　　III號閥門分配：28.2/機器小時×2小時/件＝56.4元/個
　　生產準備成本庫成本的分配：

庫分配率＝生產準備成本預算總額/批次預算總額
　　　　＝3,000/15＝200 元/批

I 號閥門分配：200/批÷10,000 個/批＝0.02 元/個
II 號閥門分配：200/批÷5,000 個/批＝0.04 元/個
III 號閥門分配：200/批÷400 個/批＝0.50 元/個

收貨和檢驗成本庫成本的分配：
I 閥門分配：200,000×6%÷10,000 個＝1.20 元/個
II 號閥門分配：200,000×24%÷20,000 個＝2.40 元/個
III 號閥門分配：200,000×70%÷4,000 個＝35 元/個

材料處理成本庫成本的分配：
I 號閥門分配：600,000×7%÷10,000 個＝4.20 元/個
II 號閥門分配：600,000×30%÷20,000 個＝9.00 元/個
III 號閥門分配：600,000×63%÷4,000 個＝94.50 元/個

質量保證成本庫成本的分配：
I 號閥門分配：421,000×20%÷10,000 個＝8.42 元/個
II 號閥門分配：421,000×40%÷20,000 個＝8.42 元/個
III 號閥門分配：421,000×40%÷4,000 個＝42.10 元/個

包裝和發貨成本庫成本的分配：
I 號閥門分配：250,000×4%÷10,000 個＝1.00 元/個
II 號閥門分配：250,000×30%÷20,000 個＝3.75 元/個
III 號閥門分配：250,000×4%÷4,000 個＝41.25 元/個

工程成本庫成本的分配：
I 號閥門分配：700,000×25%÷10,000 個＝17.50 元/個
II 號閥門分配：700,000×45%÷20,000 個＝15.75 元/個
III 號閥門分配：700,000×30%÷4,000 個＝52.50 元/個

機構成本庫成本的分配：
庫分配率＝機構成本總額/直接人工小時總額
　　　　＝507,400/118,000＝12.9 元/直接人工小時

I 號閥門分配：12.9/直接人工小時×3 直接人工小時/個＝12.9 元/個
II 號閥門分配：12.9/直接人工小時×4 直接人工小時/個＝17.2 元/個
III 號閥門分配：12.9/直接人工小時×2 直接人工小時/個＝8.6 元/個

根據以上的分配結果，將三種產品單位成本匯總，見表 4-13。

表 4-13　　　　　　作業成本法下 M 公司三種產品的單位成本　　　　　　單位：元

	I 號閥門	II 號閥門	III 號閥門
直接材料	50	90	20
直接人工	60	80	40
製造費用：			
機器	28.20	35.25	56.40
生產準備	0.02	0.04	0.50

表4-13(續)

	I號閥門	II號閥門	III號閥門
收貨和檢驗	1.2	2.40	35.00
材料處理	4.20	9.00	94.50
質量保證	8.42	8.42	42.10
包裝和發貨	1.00	3.75	41.25
工程	17.50	15.75	52.50
機構	12.90	17.20	8.60
製造費用合計	73.44	91.81	330.85

三種產品的單位成本及目標售價見表4-14。

表4-14　　　　　　每種產品的單位成本、目標售價　　　　　　單位：元

	I號閥門	II號閥門	III號閥門
直接材料	50	90	20
直接人工	60	80	40
製造費用	73.44	91.81	330.85
單位成本	183.44	261.81	390.85
目標售價	229.30	327.26	488.56
市場售價	261.25	328.00	250.00

通過以上的計算結果可知，III號閥門的成本遠遠超出其售價，出售該產品會發生虧損。而採用傳統的成本核算方法，出售III號閥門會有90多元的毛利，與事實不符，成本失真比較嚴重。可見，採用作業成本法可以真實反應產品的成本，為企業做出正確決策提供依據。比如本例，如果沒有其他原因，S企業可以停止III號閥門的生產，因為它是虧損產品。

（二）作業成本法在中國的運用前景

作業成本法在國外應用已非常廣泛。相關調查顯示，美國有超過50%企業採用了作業成本法，中國香港也有超過20%的企業採用作業成本法。作業成本法不僅僅適用於製造行業，也適用於所有行業，如金融機構、保險機構、醫療衛生服務等公共部門，以及會計師事務所、財務公司、諮詢類社會仲介機構等。國內在非製造行業的典型應用案例就是計算鐵路運輸成本，隨著中國一些先進的製造企業開始推廣使用作業成本法，鐵路運輸、物流、教育、傳媒、航空、醫療、保險等行業或部門的企業也開始展開試點並取得了一些成功的經驗。作業成本法在企業具體應用過程中，也開始超越單一的精確計算成本的職能，在生產決策、企業定價決策、企業內部轉移價格的制定、供應商的選擇與評價、客戶關係管理等方面發揮著管理的職能，開始了多方位的作業成本管理的實踐探索。

隨著中國企業現代化程度的提高，實施作業成本法的條件日趨成熟，這種先進的成本核算模式一定會有更加廣闊的前景。

二、作業成本法應用的關鍵點

1. 目標必須明確

作業成本法的目的就是能產生更精確的成本信息，所有作業成本法項目在實施過程中應牢記這一特殊目的。該目的能重新設計或改進生產過程，影響產品設計決定，使產品組合更合理，或更好地管理客戶關係。通過預先定義的目的，系統將確定生產線經理或部門，他們的行為方式和決定被認為是改變信息的結果。作業成本法模式應當是較簡單的，它的實施應當充分考慮成本效益關係。

2. 最高管理層統一指揮

作業成本法的實施也不能缺少最高管理層的支持。一個由各職能部門的主管所組成的最高管理層委員會能使這些支持制度化，每月定期開會討論項目過程，提出如何改進模式的建議，一旦該模式固定時將會對決策的制定產生重要影響。除了會計人員之外，該部門還應包括生產、市場（銷售）、工程和系統方面的人員。這樣，成本動因組織的專家們能夠合併於模式的設計和每一組織人員在他們的部門和組織內對項目進行支持。

3. 作業成本模式的設計要完善

一個既複雜又難以維護的作業成本法管理系統，對管理人員來說會難以理解和操作。因此，作業成本模式的設計應像任何其他設計和工程項目一樣，持續適當的權衡會使系統的基本功能以最小的附加成本完成任務。完善的作業成本模式設計能避免過於複雜的系統問題或無法辨認出成本項目（產品和顧客）、作業和資源之間的因果關係。

4. 要贏得全面的支持

雖然作業成本法比原有成本系統產生更精確的成本信息，更能指導生產經營，但並非所有的管理人員都歡迎技術上的革新。個人和部門的抵制是因為害怕作業成本法的實施會暴露出無利潤的產品、無利潤的顧客、無效率的作業和過程、大量無用的生產能力。因此，贏得下屬的廣泛支持將是作業成本法能否順利實施的關鍵。

5. 推廣應用要個性化

經過多年的經濟高速增長後，中國的企業無論從產品的數量、質量，還是技術含量，都得到了很大提高。但就總體而言，中國大部分企業還處於大批量、低技術含量的勞動密集型生產階段。這些企業應用作業成本法的環境遠未成熟，如果一味推廣，必然是「拔苗助長」，欲速則不達。因此，作業成本法還只能在一些多品種、少批量生產的實行多元化經營的管理先進的企業推廣。

三、作業成本法的適用與局限性

與傳統成本計算方法相比，作業成本法的創新主要有兩點：一是在成本分配方法上引入了成本動因概念，將傳統的單一數量分配基準改為財務變量與非財務變量相結合的多元分配基準，增強了成本信息的準確性；二是它強調成本的全程戰略管理，將成本控制事業延伸到市場需求和設計階段，注重優化作業鏈和增加顧客價值，提升企業的管理層次。作業成本法的應用有其特定條件和環境，並非對每個企業都適宜。採用作業成本法時應注意以下幾點：

1. 不是所有企業都適用作業成本法

作業成本法產生的背景是在新科技革命基礎上的高度自動化的適時制採購與製造系統，以及與其密切相關的零庫存、單元製造、全面質量管理等管理觀念與技術。在現代化製造企業中，產品日趨多樣化和小批量生產，直接人工成本大大下降，固定製造費用大比例上升。而傳統的「數量基礎成本計算」使產品成本信息嚴重失真，導致作業成本法的應運而生。因此，作業成本法的運用必須有一定的適用環境，並非適用於各種類型的企業，它的選擇必須考慮企業的技術條件和成本架構。

2. 採用作業成本法時要考慮其實施成本

任何一個成本系統並不是越準確越好，除了考慮其適用範圍，還須考慮其實施的成本和效益。作業成本法需要對大量的作業進行分析、確認、記錄和計量，增加了成本動因的確定、作業成本庫的選擇和作業成本的分配等額外工作，因此其實施的成本是比較高的。從成本效益平衡的角度出發，並非任何企業採用作業成本法所增加的效益都會大於實施成本。另外，工藝複雜的企業中，其作業通常多達幾十種，甚至上百種、上千種，對這些作業意義進行分析是不必要的。如果企業打算實施作業成本法，根據成本效益原則和重要性原則，只能對那些相對於顧客價值和企業價值而言比較重要的作業進行分析，企圖面面俱到只能得不償失。

3. 作業成本法本身存在不完善

作業成本法的計量和分配帶有一定的主觀性。成本動因的選擇並沒有給出嚴謹的判斷方法，需要靠執行者對作業理解的程度和經驗判斷加以確定，這會不可避免地影響成本信息的真實性；作業成本法並沒有解決諸如廠房折舊費、行政性工資費用等與作業活動無關的間接費用分配問題，仍然採用按機器工時分配廠房折舊，按人工工時分配行政性工資，這實際上仍未避免生產量對產品成本的影響，仍未完全解決傳統成本計算方法存在的問題。作業成本法所提供的歷史性的、具有內部導向性的信息價值的利用還沒有被揭示出來，該方法能否起到改善企業盈利水平的作用還未得到驗證。並且，這種方法實施細節繁瑣，計算結果又不見得與傳統方法有太大差別，因此，其新穎性、有用性受到人們的質疑。

作業成本法的產生與發展適應高新技術製造環境下正確計算產品成本的要求，它為改革間接費用的分配等問題提供了新的思路和方法。隨著中國企業的國際化經營，拓寬了企業價值鏈的空間範圍，也要求現代成本管理擴展空間範圍，為企業價值鏈優化提供有用信息，作業成本法正適應了這種世界經濟發展的需要。另外，作業成本法將成本分為增值作業和非增值作業，有利於我們樹立顧客第一的經營思想。適時生產方式需要作業成本計算系統為其提供有效的相對準確的成本信息。多年來，中國成本會計學家始終在探索中國成本管理的模式，並取得了豐富的研究成果，有著深厚的理論累積。另外，通過近20年的教育和培養，中國會計人員的素質也在不斷地提高，加之多年來先進管理思想的導入，企業會計人員能很快理解並運用作業成本法，為作業成本管理的推廣打下了基礎。

隨著科學技術的飛速發展，中國企業的生產組織和生產技術條件正在發生著深刻變化，這就為企業採用適時制生產方式和彈性製造系統，實施全面質量管理提供了物質條件，從而也為作業成本的推行提供了現實基礎。

本章思考題

1. 什麼是作業成本法？運用作業成本法有什麼意義？
2. 什麼是成本動因？有哪些特徵？
3. 應用作業成本法計算產品成本要經過哪些步驟？
4. 解釋作業成本法的局限性。

本章練習題

1. 某企業生產甲、乙兩種產品，有關資料如表 4-1、表 4-2 所示：

表 4-1　　　　　　　　　　產量及直接成本等資料表

項目	甲產品	乙產品
產量（件）	20,000	50,000
定購次數（次）	4	8
機器製造工時（小時）	40,000	150,000
直接材料成本（元）	2,200,000	2,500,000
直接人工成本（元）	300,000	750,000

表 4-2　　　　　　　　　製造費用明細及成本動因表　　　　　　　　單位：元

項目	製造費用	成本動因
材料驗收成本	36,000	定購次數
產品驗收成本	42,000	定購次數
燃料與水電成本	43,700	機器製造工時
開工成本	21,000	定購次數
職工福利成本	25,200	直接人工成本
設備折舊	32,300	機器製造工時
廠房折舊	20,300	產量
材料儲存成本	14,100	直接材料成本
車間管理人員工資	9,800	產量
合計	245,200	

要求：

(1) 分別按傳統成本計算法與作業成本法求出甲、乙兩種產品所應負擔的製造費用；

(2) 分別按傳統成本計算法與作業成本法計算甲、乙兩種產品的總成本和單位成本；

(3) 比較兩種方法計算結果的差異，並說明其原因。

2. 某公司生產產品 X 使用一種主要零部件 A 的價格上漲到每件 10.6 元，這種零件每年需要 10,000 件。由於公司有多餘的生產能力且無其他用途，只需再租用一臺設備即可製造這種零件，設備的年租金為 40,000 元。管理人員對零件自制或外購進行了決策分析。

(1) 根據傳統成本計算法提供的信息，這種零件的預計製造成本如表 4-3 所示：

表 4-3　　　　　　　　　　　零件的預計製造成本　　　　　　　　　　　單位：元

	單位零件成本	成本總額
直接材料	0.6	
直接人工	2.4	
變動製造費用	2.6	
共耗固定成本		30,000

(2) 經過作業成本計算，管理人員發現有一部分共耗固定成本可以歸屬到這種零件，其預計製造成本如表 4-4 所示：

表 4-4　　　　　　　　　　　　預計製造成本

	成本動因	單位作業成本	作業量
裝配	機器小時（小時）	28.22	800
材料採購	定單數量（張）	10.00	600
物料處理	材料移動（次數）	60.00	120
起動準備	準備次數（次數）	0.20	200
質量控制	檢驗小時（小時）	21.05	100
產品包裝	包裝次數（次）	25.00	20

要求：分別採用傳統成本計算法和作業成本計算法對零件進行自制和外購的分析並做決策。

本章參考文獻

1. 李定安. 成本會計研究 [M]. 北京：經濟科學出版社，2002.
2. 萬壽義. 成本管理研究 [M]. 大連：東北財經大學出版社，2007.
3. 王立彥. 成本管理會計 [M]. 北京：經濟科學出版社，2005.
4. 胡國強. 成本管理會計 [M]. 3 版. 成都：西南財經大學出版社，2012.
5. 於富生. 成本會計學 [M]. 北京：中國人民大學出版社，2006.

第五章
產品成本核算的其他方法

【學習目標】
　　(1) 掌握分類法的含義、特點及分類法的成本計算，瞭解分類法的適用範圍；
　　(2) 瞭解變動成本法的含義，掌握變動成本法與完全成本法的區別；
　　(3) 瞭解定額法的含義、特點及適用範圍，瞭解定額成本、脫離定額差異、材料成本差異、定額變動差異的含義，掌握定額法的成本計算程序。

【關鍵術語】
　　分類標準　變動成本　定額成本　脫離定額差異　材料成本差異　定額變動差異

　　實際工作中，由於企業情況複雜，管理基礎和管理水平及要求不一，因此，有的企業還採用前述基本方法以外的一些其他成本計算方法。如在產品品種、規格繁多，但加工工藝基本相同的企業，為簡化成本計算而採用的分類法；出於管理的需要，還需要計算產品的變動成本而採用的變動成本法。為了加強成本管理，進行成本控制而採用的一種成本計算與成本管理相結合的定額法。在此本章將重點介紹產品成本核算的三種方法：分類法、變動成本法與定額法。

第一節　分類法

一、分類法的特點、計算程序和適用範圍

(一) 分類法的特點

　　分類法是將企業生產的產品分為若干類別，以各產品類別作為成本計算對象，歸集生產費用，先計算各類別產品成本，然後再按一定的方法在類內各種產品之間進行分配，以計算出各種產品成本的一種成本計算方法。

　　分類法的特點可概括為如下三個方面：

　　(1) 成本計算對象。這是以每一類產品作為成本計算對象，按照產品的類別設立產品成本明細帳歸集生產費用，並結合企業的生產工藝過程和生產組織方式的特點，選擇一定的方法計算出每類完工產品的總成本，然後再按照一定的方法在類內產品之間分配費用，從而計算出類內各種產品的成本。

　　(2) 成本計算期。分類法不是一種獨立的成本計算方法，它可以和品種法、分批

法、分步法等結合起來應用。當分類法與品種法和分步法結合應用時，產品成本計算期與生產週期不一致，與會計核算的報告期一致；當分類法與分批法結合應用時，產品成本計算期與產品生產週期相一致，與會計核算的報告期不一致。

（3）生產費用在完工產品和期末在產品之間的分配。當其與品種法結合時，即把某類產品視為某一品種的產品；當其與分批法結合時，即把某類產品視為某一批產品；當其與分步法結合時，即把某類產品視為某一生產步驟的產品等。所以某類產品生產費用在完工產品與在產品之間的分配，要視其採用的基本方法而定。

（二）分類法成本計算的程序

1. 劃分產品類別，計算類別產品成本

根據產品的結構、所用原材料和工藝過程的不同，將產品劃分為幾類，按照產品的類別設立產品成本明細帳，歸集生產費用，計算出各類別產品成本。

2. 計算類內各產品成本

同類產品內各種產品之間可選擇合理的分配標準，如定額消耗量、定額費用、售價，以及產品的體積、長度和重量等，將生產費用在類內產品之間分配。分類法的成本計算程序如圖 5-1 所示：

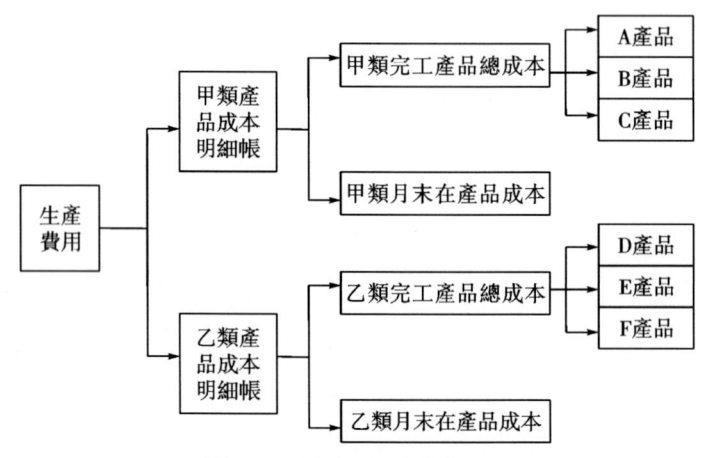

圖 5-1　分類法的成本計算程序

（三）分類法的適用範圍

凡是產品的品種繁多，而且可以按照前述要求劃分為若干類別的企業或車間，均可採用分類法計算成本。分類法與產品生產的類型沒有直接聯繫，因而可以在各種類型的生產中應用。例如：

（1）適用於用同樣原材料、經過同樣工藝過程生產出來的不同規格的產品。

（2）適用於用同一種原材料進行加工而同時生產出幾種主要產品——聯產品的成本計算。聯產品耗用的原材料和生產工藝過程相同，只能歸為一類計算成本。

（3）適用於由於內部結構、所耗原材料質量或工藝技術等客觀因素發生變化而造成不同等級的產品。這些產品應是同一品種不同規格的產品，可以歸為一類計算成本。但人為原因造成的等級品不能採用分類法計算成本。

（4）適用於除主要產品之外的零星產品生產成本的計算。

（5）適用於副產品的生產成本計算。將主副產品歸為一類計算成本，然後將副產

品成本按一定方法計價從總成本中扣除，餘額即為主產品成本。

二、分類法應用

在分類法下，合理劃分產品類別，選擇適當的類內成本分配標準，是影響分類法成本計算的關鍵。

一般應將產品的結構、生產工藝技術和所耗原材料基本相同或相近的產品歸為一類。類距定得過大，會影響成本計算正確性；類距定得過小，會使成本計算工作複雜。而在選擇類內產品費用分配標準時，應盡量選擇與產品成本的高低關係較大的分配標準。

類內產品費用的分配方法常用的有系數分配法、實物量分配法、銷售價值分配法和可實現淨值分配法等，企業可根據實際情況選用。

（一）系數法

系數分配法是將分配標準折算成相對固定的系數，按照系數在類內各種產品之間分配費用，計算產品成本。其基本程序如下：

1. 確定系數

確定系數時，一般是在同類產品中選擇一種產量較大、生產較穩定或規格適中的產品為標準產品。將單位標準產品的系數定為1，再將類內其他各產品的分配標準數量與標準產品的分配標準數量相比，其比率即為類內其他各產品系數。

2. 將各種產品的實際產量按系數折算為標準產品產量

某產品標準產量（總系數）＝該產品實際產量×該產品系數

3. 計算費用分配率

$$某類產品某項費用分配率 = \frac{該類完工產品該項費用總額}{該類內各種產品標準產量之和}$$

4. 計算類內各種產品成本

某種產品應負擔的某項費用＝該種產品標準產量（總系數）×該類產品該項費用分配率

【例5-1】立新公司產品品種規格繁多，成本計算採用分類法。現按產品結構和工藝過程將A、B、C三種產品歸於一類——甲類產品計算成本。該類產品2009年10月的有關產品生產資料如下：

1. 產品產量：本月生產A產品4,000件，B產品1,500件，C產品2,400件；月末在產品，A產品160件，B產品240件。

2. 本月甲類產品的生產費用為：直接材料費21,030元，直接人工費7,428元，製造費用8,240元。月初在產品成本為：直接材料費720元，直接人工費240元，製造費用280元。

3. 各種產品成本的分配方法是：原材料費用按事先確定的耗料系數比例分配；其他費用按工時系數比例分配。耗料系數根據產品的材料消耗定額計算確定，工時系數根據產品的工時定額計算確定。材料消耗定額為：A產品1.2千克，B產品1.8千克，C產品0.24千克，以A產品為標準產品。工時定額為：A產品0.8小時，B產品1.6小時，C產品0.4小時。各種產品均是一次投料，月末在產品完工程度為50%。

根據上述資料，甲類產品成本計算如下：

（1）編製系數計算表（見表5-1），確定A、B、C三種產品的用料系數和工時係數。

表5-1　　　　　　　　　　　　　系數計算表

產品名稱	原材料消耗定額(千克)	耗料系數	工時消耗定額(小時)	工時系數
A	1.2	1	0.8	1
B	1.8	1.5	1.6	2
C	0.24	0.2	0.4	0.5

（2）編製標準產品產量計算表（見表5-2），計算完工產品和月末在產品的標準產品產量（即總系數）。

表5-2　　　　　　　　　　　標準產品產量計算表　　　　　　　　　單位：件

項目	產成品產量	原材料			加工費		
^	^	耗料系數	產成品折合標準產量	在產品實際數量	在產品折合標準產量	工時系數	產成品折合標準產量	在產品折合約當產量	在產品折合標準產量
A產品	4,000	1	4,000	160	160	1	4,000	80	80
B產品	1,500	1.5	2,250	240	360	2	3,000	120	240
C產品	2,400	0.2	480			0.5	1,200		
合計			6,730		520		8,200		320
標準產品產量（總系數）			7,250				8,520		

（3）編製類別成本計算單（見表5-3），計算類別完工產品成本和月末在產品成本。

表5-3　　　　　　　　　　　類別產品成本計算單

產品類別：甲類　　　　　　　　　　　　　　　　　　　　　　　單位：元

摘要	直接材料	直接人工	製造費用	合計
月初在產品成本	720	240	280	1,240
本月發生費用	21,030	7,428	8,240	36,698
費用合計	21,750	7,668	8,520	37,938
產成品標準產品產量	6,730	8,200	8,200	
在產品標準產品產量	520	320	320	
標準產品產量合計	7,250	8,520	8,520	
費用分配率	3	0.9	1	
完工產品成本	20,190	7,380	8,200	35,770
月末在產品成本	1,560	288	320	2,168

（4）編製產品成本計算表（見表5-4），計算A、B、C完工產品成本。

表 5-4　　　　　　　　　　　類內各種產成品成本計算表

項目	產量（千克）	原材料標準產品產量（耗材總系數）（件）	直接材料（千克）	工時標準產品產量（工時總系數）（件）	直接人工（元）	製造費用（元）	合計
費用分配率			3		0.9	1	
A 產品	4,000	4,000	12,000	4,000	3,600	4,000	19,600
B 產品	1,500	2,250	6,750	3,000	2,700	3,000	12,450
C 產品	2,400	480	1,440	1,200	1,080	1,200	3,720
合計		6,730	20,190	8,200	7,380	8,200	35,770

表 5-4 中各種費用分配率的計算如下：
直接材料費用分配率 = 20,190÷6,730 = 3
直接人工費用分配率 = 7,380÷8,200 = 0.9
製造費用分配率 = 8,200÷8,200 = 1

（二）實物量分配法

實物量分配法是以產品在分離點處相應產出份額為基礎來分配聯合成本的方法，其實物量可採用產品總產量的重量或容積等。

【例 5-2】2014 年 10 月，某牛奶廠從各個畜牧場購入原奶 11,000 千克，買價 20,000 元，加工生成奶油 2,000 千克和脫脂牛奶 8,000 千克；加工成本 8,000 元，其中人工成本 3,000 元，間接費用 5,000 元；奶油售價為 20 元/千克，脫脂牛奶 45 元/千克。

要求：用實物量分配法計算奶油和脫脂牛奶成本。

根據上述資料，奶油和脫脂牛奶成本計算如表 5-5 所示：

表 5-5　　　　　　　　　　成本計算表

項目	產量（千克）	比重	直接材料（元）	直接人工（元）	製造費用（元）	產品成本合計（元）
奶油	2,000	20%	4,000	600	1,000	5,600
脫脂牛奶	8,000	80%	16,000	2,400	4,000	22,400
合計	10,000	100%	20,000	3,000	5,000	28,000

（三）銷售價值分配法

銷售價值分配法是按各聯產品的銷售價值的比例分配聯合成本的方法。這種方法一般適用於分離後不再加工的聯產品。

【例 5-3】仍以【例 5-2】的資料為例。

要求：用銷售價值分配法計算奶油和脫脂牛奶成本。

根據上述資料，奶油和脫脂牛奶成本計算如表 5-6 所示：

表 5-6　　　　　　　　　　成本計算表

項目	奶油	脫脂牛奶	合計
產量（千克）	2,000	8,000	10,000

表5-6(續)

項目	奶油	脫脂牛奶	合計
單價（元/千克）	20	45	
銷售額（元）	40,000	360,000	400,000
比重（%）	10	90	
直接材料	2,000	18,000	20,000
直接人工	300	2,700	3,000
製造費用	500	4,500	5,000
產品成本合計	2,800	25,200	28,000

（四）可實現淨值分配法

可實現淨值分配法就是按各聯產品的可實現淨值比例分配聯合成本的方法。可實現淨值是指產品的最終銷售價值減去其可分成本的餘額。

【例5-4】以例5-2的資料為例，假設：①奶油進一步加工可加工成1,600千克黃油，售價40元/千克，人工費用5,000元，間接費用9,000元；②脫脂牛奶進一步加工可加工成7,500千克濃縮奶，售價64元/千克，人工費用10,000元，間接費用20,000元。

要求：用銷售價值分配法計算奶油和脫脂牛奶成本。

根據上述資料，奶油和脫脂牛奶成本計算如表5-7所示：

表5-7　　　　　　　　　　成本計算表

項目		奶油	脫脂牛奶	合計
產量(千克)		1,600	7,500	10,000
單價(元/千克)		40	64	
銷售額(元)		64,000	480,000	544,000
進一步加工成本	直接人工(元)	5,000	10,000	
	間接費用(元)	9,000	20,000	
淨實現價值(元)		50,000	450,000	500,000
淨實現價值比重(%)		10	90	
聯合成本	直接材料(元)	2,000	18,000	20,000
	直接人工(元)	300	2,700	3,000
	製造費用(元)	500	4,500	5,000
聯合成本分配合計(元)		2,800	25,200	28,000
產品最終成本		直接材料(元)	直接人工(元)	製造費用(元)	合計(元)
黃油	聯合成本	2,000	300	500	2,800
	深加工成本		5,000	9,000	14,000
	合計	2,000	5,300	9,500	16,800
濃縮奶	聯合成本	18,000	2,700	4,500	25,200
	深加工成本		10,000	20,000	30,000
	合計	18,000	12,700	24,500	55,200

第二節　變動成本法

一、變動成本法
1. 變動成本法概念

變動成本法是指在計算產品成本時，只將生產過程中所消耗的直接材料、直接人工和變動製造費用作為產品成本的內容，而將固定製造費用及非生產成本作為期間成本的一種成本計算方法。該成本計算方法是為了適應企業內部經營管理的需要而產生和發展的。

與變動成本法相對應的是傳統成本計算方法，稱為完全成本法。兩者在成本計算上最主要的區別是產品成本的構成內容不同。對於完全成本法，固定製造費用歸屬於產品，是成本的組成部分；而對於變動成本法，固定製造費用不歸屬於產品，而是作為期間成本，全部計入當期損益。

關於變動成本法的起源，國外學者的觀點並不一致。有的學者認為變動成本法出現於19世紀30年代，有的學者認為出現於20世紀初。不過，比較普遍的看法是，1936年美籍英國會計學家哈里斯（Donathan N. Harris）發表的專門文章，使這一方法得以最終確立並受到廣泛關注。到了20世紀50年代，隨著科技的迅猛發展和市場競爭的日趨嚴峻，企業的預測、決策和控制顯得愈加重要，為此，會計必須為企業管理當局提供更加深入和適用的信息，於是變動成本法有了更加廣闊的用武之地，被廣泛應用於歐美企業的內部管理。

2. 變動成本法的特徵

成本按經濟用途分類分為製造成本和非製造成本，它是財務會計按完全成本法進行成本核算的基礎。其中製造成本也稱生產成本，是指在產品製造過程中發生的成本，具體包括直接人工、直接材料和製造費用三類。製造成本的特點是成本項目可以直接或間接歸屬於某一特定產品；非製造成本，也稱期間成本或期間費用，是指不能計入產品的生產成本，而是直接計入當期損益的費用，具體包括銷售費用、財務費用和管理費用。其特點是成本支出可以使企業整體受益，但是難以確定該項支出與特定產品之間的關係。

通常將成本分為固定成本和變動成本是按成本性態進行的分類。成本性態也稱成本習性，是指成本總額與業務量之間的相互依存關係。而業務量是企業在一定生產期內投入或完成的經營工作量的總稱。通常在最簡單的條件下，業務量是指產量或銷售量。固定成本是指在一定條件下，其總額不隨業務量發生任何數額變化的那部分成本，如固定資產直線法計提的折舊費、銷售產品的廣告費等。其特徵是固定成本總額的不變性和單位固定成本的反比例變動性；變動成本是指在一定條件下，其總額隨業務量成正比例變化的那部分成本，如生產產品消耗掉的原材料等。其特徵是變動成本總額的正比例變動性和單位變動成本的不變性。

產品在採用變動成本法下，其主要特徵是企業必須以成本性態分析為前提，將製造費用區分為變動性製造費用和固定性製造費用，然後才能將生產成本劃分為變動性生產成本和固定性生產成本，最後計算變動成本法下的損益。

3. 變動成本法的理論依據

理論依據一是產品成本只應該包括變動的生產成本。在管理會計中，產品成本是指那些在生產過程中發生的，隨產品實體流動而流動，隨產量的變動而變動，只有當產品實現銷售時才能與相關收入實現配比、得以補償的成本。隨產品實體流動而流動的「成本流動」是指構成產品成本的價值要素，最終要在廣義產品的各種實體形態（包括本期銷貨、期末產成品和在產品存貨）上得以體現，表現為本期銷貨成本與期末存貨成本。由於產品成本只有在產品實現銷售時才能轉化為與相關收入相配比的費用。因此，本期發生的產品成本得以補償的歸屬有兩種可能：一是以銷售成本的形式計入當期的損益表，成為與當期收入相配比的費用；二是以當期完工但尚未售出的產成品和當期在產品等存貨成本的形式計入期末資產負債表遞延下期，與在以後期間實現銷售收入相配比。從定性的角度來看，產品是產品成本的物質承擔者，若不存在產品的物質承擔者，就不應當有產品成本存在。從定量的角度來看，產品成本必然與產品產量密切相關，在生產工藝沒有發生實質性變化、成本水平不變的情況下，所發生的產品成本總額應當隨所完成的產品產量成正比例變動。顯然，這比完全成本法僅從生產過程與產品之間的因果關係出發，將全部生產成本作為產品成本，將全部非生產成本作為期間成本的做法更加合理。

理論依據二是固定生產成本應當作為期間成本處理。在管理會計中，期間成本是指那些不隨產品實體的流動而流動，而隨企業生產經營持續期間長短而增減，其效益隨期間的推移而消逝，不能遞延到下期，只能在發生的當期計入損益表，為當期收入補償的成本。這類成本的歸屬期只有一個，即在發生的當期直接轉作本期費用，因而與產品實體流動的情況無關，不能計入期末存貨。按照變動成本法的解釋，並非在生產領域內發生的所有成本都是產品成本，如生產成本中的固定性製造費用，在相當範圍內，它的發生與各期的實際產量的多少無關，它只是定期創造了可供企業利用的生產能量，因而與期間的關係更為密切。在這一點上，它與銷售費用、管理費用和財務費用非生產成本只是定期地創造了維持企業經營的必要條件，一樣具有時效性。因此，固定性製造費用（即固定生產成本）應當與非生產成本同樣作為期間成本處理。

二、變動成本法與完全成本法的比較與分析

變動成本法是與傳統成本計算法相對應的一種成本計算法。變動成本法產生以後，傳統的成本計算方法被稱為完全成本法。這兩種方法存在以下幾個方面的區別。

(一) 應用的前提條件不同

完全成本法首先要求把全部成本按其經濟用途分類，以此為前提條件將全部生產成本作為產品成本的構成內容，將非生產成本作為期間成本。其中，生產成本包括直接材料、直接人工和製造費用，非生產成本包括銷售和管理費用等期間費用。

變動成本法是在成本性態分析的基礎上，對產品成本按其與產量變動間的線性關係劃分為變動成本與固定成本並進行粗略估計。其中，變動成本包括直接材料、直接人工、變動性製造費用和變動性銷售及管理費用，固定成本包括固定性製造費用和固定性銷售及管理費用。

(二) 產品成本、期間成本的構成內容不同

完全成本法下，產品成本是指全部製造成本，其內容主要包括直接材料、直接人

工、製造費用,故在完全成本法下,期間費用則僅指全部非生產成本。

在變動成本法下,產品成本全部由變動生產成本構成,其內容主要包括直接材料、直接人工和變動性製造費用,而將固定性製造費用作為期間費用處理。這是因為固定性製造費用只是為企業提供了一定的生產經營條件,以便保持生產能力,並使企業處於準備狀態而發生的成本,它同產品的實際產量沒有直接聯繫,既不會由於產量的提高而增加,也不會因產量的下降而減少,其實質是聯繫會計期間所發生的費用。因此固定性製造費用不應遞延到下一個會計期間,而應在其發生的當期計入當期損益。故在變動成本法下,期間費用由全部固定成本和全部變動非生產成本之和構成。這兩種方法在產品成本與期間成本的構成內容上的區別見表5-8所示:

表 5-8　　　　　　　　　產品成本及期間費用的構成內容區別

成本劃分	完全成本法	變動成本法
產品成本	直接材料	直接材料
	直接人工	直接人工
	製造費用	變動製造費用
期間成本	管理費用	固定製造費用
		管理費用
	銷售費用	銷售費用
	財務費用	財務費用

(三) 存貨成本、銷貨成本的水平不同

完全成本法下不僅包括變動性製造費用,還有固定性製造費用。當期末存貨存在時,本期發生的固定性製造費用需要在本期已經銷售的產成品成本和期末存貨成本之間分配,從而導致被銷貨吸收的那部分固定性製造費用作為銷貨成本計入本期損益表,被期末存貨吸收的另一部分固定性製造費用則隨著期末存貨成本遞延到下期。

銷貨成本 = 期初存貨成本 + 本期發生的產品成本 - 期末存貨成本

變動成本法下無論是庫存產成品、在產品還是已銷產品,其成本中只包括變動性製造費用,固定性製造費用作為期間成本直接計入當期損益表,因而沒有轉化為銷貨成本或存貨成本的可能。

銷貨成本 = 單位變動生產成本 × 本期銷售量

所以,變動成本法下期末存貨的成本必然小於完全成本法下的期末存貨的成本。

(四) 銷貨成本的計算公式不同

通常情況下銷貨成本的計算公式為本期銷貨成本 = 期初存貨成本 + 本期發生的產品生產成本 - 期末存貨成本。

完全成本法下,如果期初存貨等於零,則單位期末存貨成本、本期單位產品成本和本期單位銷貨成本這三個指標等於單位生產成本指標,可以用以下公式直接計算銷貨成本:本期銷貨成本 = 單位生產成本 × 本期銷售量。但在前後期成本水平不變的情況下,除非產量也不變,否則應當按照各期的產量來分攤所負擔的固定性製造費用。

變動成本法下,銷貨成本全部是由變動生產成本構成,當期初存貨量為零時,單位期末存貨成本、本期單位產品成本和本期單位銷貨成本這三個指標相等,或者前後期成本水平不變(即單位變動生產成本不變,固定生產成本不變)的條件下,這時單

位期初存貨成本、單位期末存貨成本、本期單位產品成本和本期單位銷貨成本可以用統一的單位變動生產成本來表示，可以用下面的公式直接計算：

本期銷貨成本＝單位變動生產成本×本期銷售量。

(五) 損益確定程序不同

1. 完全成本法的損益確定程序

完全成本法的損益確定程序是傳統式損益確定程序，它可分為兩步：第一步是用營業收入補償本期實現銷售產品的營業成本，從而確定營業毛利，即營業收入－營業成本＝營業毛利，其中：營業成本＝本期銷貨成本＝期初存貨成本＋本期發生的產品生產成本－期末存貨成本。

第二步是用營業毛利補償期間成本以確定當期營業利潤，即營業毛利－期間成本＝營業利潤，其中：期間成本＝銷售費用＋管理費用＋財務費用。它側重於為外部信息使用者提供企業經營成果的信息，其重點在於確定最終收益。

2. 變動成本法的損益確定程序

變動成本法的損益確定程序為貢獻式損益確定程序。它分為兩步：第一步是用營業收入補償本期實現銷售產品的變動成本，從而確定邊際貢獻，即營業收入－變動成本總額＝邊際貢獻，其中：變動成本＝變動生產成本＋變動非生產變動成本＝單位變動生產成本×本期銷售量＋單位變動非生產成本×本期銷售量。第二步是用邊際貢獻補償固定成本以確定當期營業利潤，即邊際貢獻－固定成本總額＝營業利潤，其中：固定成本總額＝固定生產成本＋固定非生產成本＝固定性製造費用＋固定性銷售費用＋固定性財務費用＋固定性管理費用。它側重於為企業內部提供決策所需信息，其重點在於確定邊際貢獻。

(六) 所提供信息的用途不同

這是變動成本法和完全成本法之間最本質的區別。變動成本法主要滿足內部管理的需要，利潤與銷售量之間有一定規律性聯繫；完全成本法主要滿足對外提供報表的需要，利潤與銷售量之間的聯繫缺乏規律性。

【例5-5】某企業有關資料如下：

1. 20××年4、5、6月三個月的收入及成本數據（假定單價與單位成本未變）：單位產品銷售價格100元，單位產品變動製造成本38元，月固定製造成本總額80,000元，單位銷售產品變動經營管理費用5元，月固定經營管理費用120,000元。

2. 產銷情況見表5-9：

表5-9　　　　　　　　　　　　產銷情況表　　　　　　　　　　單位：件

月份	4	5	6
期初庫存產成品	50	50	20
當月產成品產量	8,000	8,300	8,500
當月銷售量	8,000	8,330	8,490
期末庫存產成品	50	20	30

3. 單位產品成本見表5-10。

表 5-10　　　　　　　　　　單位產品成本表　　　　　　　　　　單位：元

月份	4	5	6
變動成本法			
變動製造成本	38	38	38
完全成本法			
其中：變動製造成本	38	38	38
固定製造成本	10	9.64	9.41
合計	48	47.64	47.41

根據以上資料，分別採用上述兩種成本計算法確定各月利潤，見表 5-11、表 5-12：

表 5-11　　　　　　　　　　完全成本法　　　　　　　　　　單位：元

項目		4 月	5 月	6 月
銷售收入		800,000	833,000.00	849,000.00
銷售成本		384,000	396,841.20	402,510.90
銷售毛利		416,000	436,158.80	446,489.10
非生產成本	變動非生產成本	40,000	41,650.00	42,450.00
	固定非生產成本	120,000	120,000.00	120,000.00
營業淨利		256,000	274,508.80	284,039.10

表 5-12　　　　　　　　　　變動成本法　　　　　　　　　　單位：元

項目	4 月	5 月	6 月
銷售收入	800,000	833,000	849,000
銷售成本	304,000	316,540	322,620
生產邊際貢獻	496,000	516,460	526,380
變動非生產成本	40,000	41,650	42,450
邊際貢獻	456,000	474,810	483,930
固定成本：			
固定生產成本	80,000	80,000	80,000
固定非生產成本	120,000	120,000	120,000
營業淨利	256,000	274,810	283,930

兩種成本法所確定的各月營業淨利，可進一步通過表 5-13 比較。

表 5-13　　　　　　　　兩種成本法各月營業淨利比較

月份	生產量（件）	銷售量（件）	按完全成本法計算的營業淨利（元）	按變動成本法計算的營業淨利（元）
4	8,000	= 8,000	256,000	= 256,000
5	8,300	< 8,330	274,508.80	< 274,810
6	8,500	> 8,490	284,039.10	> 283,930

從表 5-11、表 5-12、表 5-13 的計算比較可以看出，在各期單位變動成本、固定製造費用相同的情況下：當生產量等於銷售量時，兩種成本法所確定營業淨利潤相等（表中 4 月份的情況）；當生產量小於銷售量時，採用完全成本法所確定營業淨利潤小於採用變動成本法所確定營業淨利潤（表中 5 月份的情況）；當生產量大於銷售量時，採用完全成本法所確定營業淨利潤大於採用變動成本法所確定營業淨利潤（表中 6 月份的情況）。這是因為，在變動成本法下，計入當期損益表的是當期發生的全部固定性製造費用。而採用完全成本法時，產成品成本中包括固定製造費用，當存在有期初、期末庫存產成品存貨時，這些存貨會釋放或吸收固定製造費用，即計入當期損益表的固定性製造費用數額，不僅受到當期發生的全部固定性製造費用水平的影響，而且還要受到期初、期末存貨水平的影響。

在其他條件不變的情況下，只要某期完全成本法下期末存貨吸收的固定製造費用與期初存貨釋放的固定製造費用的水平相同，就意味著兩種成本法計入當期損益表的固定製造費用的數額相同，兩種成本法的當期營業淨利潤必然相等；如果某期完全成本法下期末存貨吸收的固定製造費用與期初存貨釋放的固定製造費用的水平不同，就意味著兩種成本法計入當期損益表的固定製造費用的數額不同，一定會使兩種成本法的當期營業淨利潤不相等。用公式表示如下：

完全成本法計入當期損益表的固定製造費用＝期初存貨釋放的固定製造費用＋本期發生的固定製造費用－期末存貨吸收的固定製造費用

變動成本法計入當期損益表的固定製造費用＝本期發生的固定製造費用

兩種成本法入當期損益表固定製造費用的差額＝完全成本法下期初存貨釋放的固定製造費用－完全成本法下期末存貨吸收的固定製造費用

兩種成本法入當期營業淨利潤的差額＝完全成本法下期初存貨釋放的固定製造費用－完全成本法下期末存貨吸收的固定製造費用

三、變動成本法的優缺點

(一) 變動成本法的優點

(1) 變動成本法能夠揭示利潤和業務量之間的正常關係，有利於促使企業重視銷售工作，防止盲目生產；

(2) 變動成本法可以提供有用的成本信息，便於科學的成本分析和成本控制；

(3) 變動成本法提供的成本、收益資料，便於企業進行短期經營決策；

(4) 變動成本法更符合「配比原則」（固定性製造費用因為與產銷量無關，應全部由當期收入中扣除）；

(5) 變動成本法便於進行各部門的業績評價；

(6) 採用變動成本法簡化了成本核算工作。

(二) 變動成本法的缺點

(1) 變動成本法所計算出來的單位產品成本，不符合傳統的成本觀念及對外報告的要求；

(2) 變動成本法不能適應長期決策的需要；

(3) 固定成本與變動成本本身在劃分上存在假定性，影響變動成本法提供資料的準確程度；

（4）採用變動成本法會對所得稅產生一定的影響。

四、變動成本法與完全成本法的結合

由上述介紹已知，變動成本法是側重於「對內」服務的一種成本計算方法，而完全成本法是側重於「對外」服務的一種成本計算方法，兩種成本計算方法各有其優缺點。如何將兩種方法結合起來，滿足企業管理的不同需要呢？在實際工作中常採用以下三種方法處理這兩種成本計算方法之間的關係。

第一種觀點是採用「雙軌制」。即在完全成本法核算資料之外，另外設置一套變動成本法的核算系統，提供兩套平行的成本核算資料，對外報告按完全成本法進行，對內管理採用變動成本法，分別滿足不同的需要。

第二種觀點是採用「單軌制」。即以變動成本法完全取代完全成本法，最大限度地發揮變動成本法的優點。

第三種觀點是採用「結合制」。即將變動成本法與完全成本法結合使用，日常核算建立在變動成本法的基礎上，以滿足企業內部經營管理的需要；期末對需要按完全成本法反應的有關項目進行調整，以滿足對外報告的需要。

第三節　定額法

一、定額法的特點和適用範圍

（一）定額法的含義與特點

產品成本計算的定額法，是以產品的定額成本為基礎，加減脫離定額差異、材料成本差異和定額變動差異，進而計算產品實際成本的一種方法。這種方法是為了加強成本管理，進行成本控制而採用的一種成本計算與成本管理相結合的方法。

在前面所講述的成本計算方法中，無論是品種法、分批法還是分步法，成本計算都是在實際發生額的基礎上進行的，成本計算工作完成後才能分析原因，找出問題進行事後分析控制。針對上述缺陷，定額法為了及時反應和監督生產費用的發生和脫離定額差異，在計算方法上獨具特徵。具體表現如下：

（1）事前制定產品的各項定額標準。由於定額法是以產品的定額成本為基礎來計算產品的實際成本，因此，構成產品定額成本的各項內容都應事先制定好，包括產品的消耗定額、費用定額和定額成本。

（2）在生產費用發生的當時，將其劃分為符合定額的部分和脫離定額的差異部分，分別核算，及時反應實際生產費用脫離定額的程度。

（3）月末在定額成本的基礎上加減各種成本差異，計算產品的實際成本。其計算公式如下：

產品實際成本＝產品定額成本±脫離定額差異±材料成本差異±定額變動差異

（二）定額法的適用範圍

定額法與企業生產類型沒有直接聯繫。凡是定額管理制度比較健全，定額管理工作基礎較好，產品生產已定型，各項消耗定額比較準確、穩定的企業，均可採用定額法。

二、定額法的成本計算程序

在定額成本制度下，產品實際成本的計算可遵照以下程序進行：

(1) 按產品編製月初產品定額成本表，若定額有修訂，應在該表中註明。

(2) 按成本計算對象設置成本明細帳，按成本項目設「期初在產品成本」「本月產品費用」「生產費用累計」「完工產品成本」和「月末在產品成本」等專欄，各欄又分為「定額成本」「脫離定額差異」「定額變動差異」「材料成本差異」各小欄。

(3) 編製費用分配明細表，各項費用應按定額成本和脫離定額差異進行匯總和分配。

(4) 登記各產品成本明細帳。產品明細帳中的期初在產品成本各欄目可根據上月成本明細帳中的期末在產品各欄目填列。若月初定額有降低，可在「月初在產品定額成本變動」欄中的「定額成本調整」欄用「-」號表示，同時，在「定額變動差異」欄用「+」符號表示；若定額成本有提高，則在「定額成本調整」欄用「+」號表示，同時，在「定額變動差異」欄用「-」號表示。

(5) 分配計算完工產品和月末在產品成本。產成品的定額成本應根據事先編製好的產品定額成本表中產品月初成本定額乘以產成品數量求得，然後，根據「生產費用累計」中的定額成本合計減去產成品的定額成本，就是月末在產品的定額成本。

(6) 如果有不可修復廢品，應按成本項目計算其定額成本，並按定額成本分配計算定額差異或定額變動差異以及材料成本差異，但若不可修復廢品不多時，也可不承擔這些差異。廢品成本計算出來後，連同可修復廢品的修復費用記入「廢品損失」成本項目的「本月產品費用」中的「脫離定額差異」小欄內，並全部由產成品負擔。

(7) 產成品的實際成本由產成品的定額成本加減脫離定額差異和定額變動差異等求得，並可進行成本的事後分析。

(8) 最後，成本核算人員應將成本核算、分析結果及改進建議上報單位負責人，由單位負責人對成本控制做出最後的決策和評價。

三、定額成本的制定

產品的定額成本包括直接材料定額成本、直接人工定額成本、製造費用定額成本，其計算公式分別為：

直接材料定額成本＝直接材料定額耗用量×材料計劃單價
　　　　　　　　＝本月投產量×單位產品材料消耗定額×材料計劃單價
直接人工定額成本＝產品定額工時×計劃小時工資率
　　　　　　　　＝產品約當產量×單位產品工時定額×計劃小時工資率
製造費用定額成本＝產品定額工時×計劃小時費用率
　　　　　　　　＝產品約當產量×單位產品工時定額×計劃小時費用率

定額成本的制訂一般是通過編製「產品定額成本計算表」的方式進行的。該表可先按零件編製，然後匯總編製部件。若產品零部件較多，也可以不編製零部件定額成本表而直接編製產品定額成本表。

【例5-6】立新公司生產的甲產品由A、B兩個部件組成，其中部件A包括兩個零件L6201、L6202，定額成本制定程序如表5-14、表5-15、表5-16所示。

表 5-14　　　　　　　　　　　零 件 定 額 卡
零件編號：L6201　　　　　　　零件名稱：××

材料編號	材料名稱	計量單位	材料消耗定額
C8201	××	千克	6
工　序	工時定額		累計工時定額
1	2		2
2	3		5
3	1.5		6.5
4	3.5		10

表 5-15　　　　　　　　　　部件定額成本計算表
部件編號：B9201　　　　　　　部件名稱：A

所用零件編號或名稱	所用零件數量(件)	部件材料費用定額							部件工時定額(元)
		C8201			C8202			金額合計(元)	
		消耗定額(元)	計劃單價(元)	金額(元)	消耗定額(元)	計劃單價(元)	金額(元)		
L6201	1	6	4.2	25.2				25.2	10
L6202	2				13.8	3.5	48.3	48.3	16
裝配									4
合計				25.2			48.3	73.5	30

定額成本項目					定額成本合計(元)
直接材料	直接人工（元）		製造費用（元）		
	每小時定額(小時)	金額	每小時定額(小時)	金額	
73.5	2.3	69	5.2	156	298.5

表 5-16　　　　　　　　　　產品定額成本計算表
產品編碼：×××　　　　　　　產品名稱：甲

所用部件編號名稱	所用部件數量(件)	材料費用定額		工時定額	
		計劃單價(元)	產品(件)	單位工時定額(小時)	產品(件)
B9201	2	298.5	597	30	60
B9202	3	202	606	20	60
裝配				6	
合計			1,203	126	

產品定額成本項目					定額成本合計(元)
直接材料	直接人工（元）		製造費用（元）		
	每小時定額(小時)	金額	每小時定額(小時)	金額	
1,203	2.3	289.8	5.2	655.2	2,148

四、脫離定額差異的計算

脫離定額差異是指在生產過程中，各項生產費用的實際支出脫離現行定額或預算

的數額，包括直接材料脫離定額差異的計算、直接人工脫離定額差異的計算、製造費用脫離定額差異的計算，現分述如下。

1. 直接材料脫離定額差異的計算

直接材料脫離定額差異是指生產過程中產品實際耗用材料數量與其定額耗用量之間的差異，其計算公式為：

直接材料脫離定額差異＝∑［(材料實際耗用量－材料定額耗用量)×材料計劃單價］

在實際工作中，計算直接材料脫離定額差異的方法，一般有限額法、切割法和盤存法。

（1）限額法。在定額法中，原材料的領用一般實行限額領料制度，符合定額規定的領料應根據領料單等定額憑證發放，若由於增加產量而追加領料，必須辦理追加限額的手續。由於其他原因發生的超額用料屬於材料脫離定額的差異，應當用專設的超額材料領料單（用不同顏色的領料單或加蓋專用戳記予以區別）等差異憑證，經過一定的審批後方可領料。採用代用材料或利用廢料時，應在限額領料單中註明，並從原定限額中扣除。生產任務結束後，應當根據車間餘料填製退料單，辦理退料手續。限額領料單中的餘額及退料單中的數額，都屬於材料脫離定額的節約差異，超額材料領料單中的數額，屬於材料脫離定額的超支差異。以上做法可見圖 5-2：

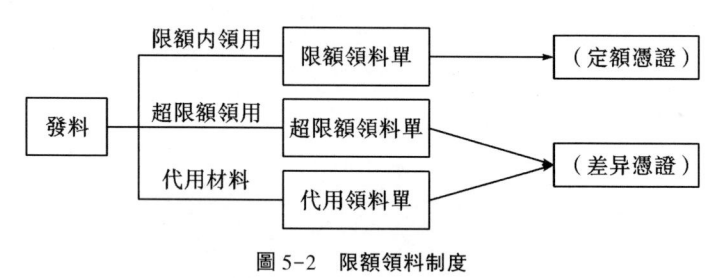

圖 5-2　限額領料制度

【例 5-7】假定某企業限額領料單規定的產品數量為 2,000 件，每件產品的原材料消耗定額為 5 千克，則領料限額為 10,000 千克，本月實際領料 9,500 千克。

①若本月投產產品數量符合限額領料單規定的產品數量，即 2,000 件，且期初期末均無餘料，則少領 500 千克的領料差異就是用料脫離定額的節約差異。

②若本期投產產品的數量為 2,000 件，但車間期初餘料為 100 千克，期末餘料為 110 千克，則原材料實際消耗量為：9,500+100-110＝9,490（千克）

原材料脫離定額差異為：9,490-10,000＝-510（千克）（節約）

③若本月投產產品數量為 1,800 件，車間期初餘料為 100 千克，期末餘料為 110 千克。則：

原材料脫離定額差異為：(9,500+100-110)－1,800×5＝490（千克）（超支）

（2）切割法。在定額法中，若材料需要切割以後才能領用，如板材等，則通過材料切割核算單來計算材料脫離定額差異。材料切割核算應按切割材料的批別設立，單中應註明切割材料的種類、數量、消耗定額以及應切割的毛坯數量，切割完成後，再填實際切割的毛坯數量和材料的實際消耗量，根據切割的毛坯數量和消耗定額，就可計算出材料的定額耗用量，與實際數量相比，可計算出脫離定額的差異。

（3）盤存法。主要是通過定期盤存的方法來核算材料脫離定額的差異，具體程序

如下：

①根據完工產品數量和在產品盤存數量算出投產產品數量，乘以原材料消耗定額，計算原材料定額消耗量。②根據限額領料單和超額領料單等領、退料憑證和車間餘料的盤存數量，計算原材料實際消耗量。③將原材料的實際消耗量與定額消耗量相比較，計算原材料脫離定額差異。

【例 5-8】假定某企業生產乙產品耗用 B 材料，材料系生產開始時一次投入。期初在產品為 100 件，本期完工產品為 1,000 件，期末在產品為 200 件。乙產品的原材料消耗定額為 5 千克，原材料的計劃單價為 8 元。限額領料單中載明的本期已實際領料數量為 5,000 千克。車間期初餘料為 50 千克，期末餘料為 30 千克。

材料脫離定額差異計算如下：

材料定額消耗量＝（1,000+200-100）×5＝5,500（千克）

材料實際消耗量＝5,000+50-30＝5,020（千克）

材料脫離定額差異＝（5,020-5,500）×8＝-3,840（元）（節約）

需要指出的是，不論採用哪一種方法，核算材料定額消耗量和脫離定額差異，都應分批或定期地將這些核算資料按照成本計算對象匯總，編製材料定額費用和脫離定額差異匯總表，其格式如表 5-17 所示。

表 5-17　　　　　　原材料定額費用和脫離定額差異匯總表

產品名稱：　　　　　　　　　　　年　月　日　　　　　　　　　　單位：元

原材料類別	材料編號	計量單位	計劃單價	定額費用 數量（件）	定額費用 金額	計劃價格費用 數量（件）	計劃價格費用 金額	脫離定額差異 數量（件）	脫離定額差異 金額	差異原因
原材料										
主要材料										
輔助材料										
合計										

2. 直接人工脫離定額差異的計算

人工費用脫離定額差異的計算因採用的工資制度不同而有所區別。

在計件工資制度下，直接人工費用屬於直接計入費用，按計件單價支付的生產工人工資及福利費就是定額工資，沒有脫離定額差異。因此，在計件工資制下，脫離定額的差異往往只指因工作條件變化而在計件單價之外支付的工資、津貼、補貼等。符合定額的生產工人工資，應該反應在產量記錄中，脫離定額的差異通常反應在專設的補付單等差異憑證中。

在計時工資形式下，生產工人工資屬於間接計入費用，其脫離定額的差異不能在平時按照產品直接計算，只有在月末實際生產工人工資總額確定以後，才能按照下列公式計算：

計劃小時工資率＝計劃產量的定額直接工人費用÷計劃產量的定額生產工時

實際小時工資率＝實際直接人工費用總額÷實際生產工時總額

某產品定額直接人工費用＝該產品定額生產工時×計劃小時工資率

某產品實際直接人工費用＝該產品實際生產工時×實際小時工資率

某產品直接人工脫離定額的差異＝該產品實際直接人工費用－該產品定額直接人工費用

不論採用哪種工資形式，都應根據上述核算資料，按照成本計算對象匯編定額直接人工費用定額和脫離定額差異匯總表。

【例5-9】某廠生產甲、乙、丙三種產品，本月三種產品實際生產工時為3,850小時，其中甲產品1,650小時、乙產品900小時、丙產品1,300小時；三種產品定額生產工時為3,980小時，其中甲產品1,700小時、乙產品1,000小時、丙產品1,280小時；本月計劃直接人工費用合計為15,920元，實際產品直接人工費用合計為16,170元；本月計劃小時工資率為4元（15,920÷3,980），實際工資率為4.2元（16,170÷3,850）。根據以上資料編製直接人工費用定額和脫離定額差異匯總表（表5-18）。

表5-18　　　　　　　　直接人工費用定額和脫離定額差異匯總表

20××年×月　　　　　　　　　　　　　　　　　單位：元

產品名稱	人工費用定額			實際人工費用			脫離定額差異
	定額工時（小時）	計劃小時工資	定額工資	實際工時（小時）	實際小時工資	實際工資	
甲產品	1,700		6,800	1,650		6,930	130
乙產品	1,000		4,000	900		3,780	－220
丙產品	1,280		5,120	1,300		5,460	340
合計	3,980	4	15,920	3,850	4.2	16,170	250

3. 製造費用脫離定額差異的計算

製造費用差異的日常核算，通常是指脫離製造費用計劃的差異核算。各種產品所應負擔的定額製造費用和脫離定額的差異，只有在月末時才能比照上述計時工資的計算公式確定。

【例5-10】某廠生產甲、乙、丙三種產品，本月各種產品實際生產工時和定額生產工時見【例5-9】資料。本月計劃製造費用總額為7,960元，實際製造費用總額為8,085元，本月製造費用計劃分配率為每小時2元（7,960÷3,980），實際分配率為2.1元（8,085÷3,850）。根據以上資料編製製造費用定額和脫離定額差異匯總表（表5-19）。

表5-19　　　　　　　　製造費用定額和脫離定額差異匯總表

20××年×月　　　　　　　　　　　　　　　　　單位：元

產品名稱	製造費用定額			實際人工費用			脫離定額差異
	定額工時（小時）	計劃小時費用率	定額製造費用	實際工時（小時）	實際小時費用率	實際製造費用	
甲產品	1,700		3,400	1,650		3,465	65
乙產品	1,000		2,000	900		1,890	－110
丙產品	1,280		2,560	1,300		2,730	170
合計	3,980	2	7,960	3,850	2.1	8,085	125

五、定額變動差異的計算

由於生產技術的進步和勞動生產率的提高，原來制定的消耗定額或費用定額一定時期後需要修訂，修訂後的新定額與修訂前的舊定額之間的差異，就是定額變動差異。

定額的修訂一般在月初進行。因而，根據一致性原則，必須將月初在產品舊定額成本按新定額進行調整，計算月初在產品由於定額本身變動而產生的定額變動差異。可以按照定額變動系數進行計算，其公式如下：

定額變動系數＝按新定額計算的單位產品成本÷按舊定額計算的單位產品成本

月初在產品定額變動差異＝按舊定額計算的月初在產品成本×（1−定額變動系數）

【例5-11】某廠生產的甲產品從本月1日開始實行新的材料消耗定額，單位產品新的直接材料消耗定額為40元，舊的直接材料消耗定額為50元，該產品月初在產品按舊定額計算的直接材料定額成本為18,000元。其月初在產品定額變動差異計算如下：

定額變動系數＝40÷50＝0.8

月初在產品定額變動差異＝18,000×（1−0.8）＝3,600（元）

需要說明的是，計算定額變動只是為了統一計量基礎，並不改變產品成本總額。因此，在定額降低時，應同金額減少定額成本和增加定額變動；在定額提高時，應同金額增加定額成本和減少定額變動。

六、材料成本差異的計算

定額法下，材料的日常核算一般按計劃成本進行，材料脫離定額差異只是以計劃單價反應的消耗量上的差異（量差），未包括價格因素。因此，月末計算產品的實際材料費用時，需計算所耗材料應分攤的成本差異，即所耗材料的價格差異（價差）。公式如下：

某產品應分配的材料成本差異 ＝（該產品材料定額成本 ±材料脫離定額差異）×材料成本差異率

【例5-12】乙產品本月所耗直接材料定額成本為50,000元，材料脫離定額的差異為節約2,000元，本月材料成本差異率為超支2%。該產品本月應負擔的材料成本差異可計算如下：

（50,000−2,000)×2%＝960（元）

七、完工產品與在產品成本的計算

定額法下，分配成本差異時，應按脫離定額差異、材料成本差異和月初在產品定額變動差異分別進行。差異金額不大，或者差異金額雖大但各月在產品數量變動不大的，可以歸由完工產品成本負擔；差異金額較大而且各月在產品數量變動也較大的，應在完工產品與月末在產品之間按定額成本比例分配。

分配各種成本差異以後，根據完工產品的定額成本，加減應負擔的各種成本差異，即可計算完工產品的實際成本；根據月末在產品的定額成本，加減應負擔的各種成本差異，即可計算月末在產品的實際成本。

產品實際成本的計算公式為：

完工產品實際成本＝完工產品定額成本±脫離定額差異±定額變動差異±材料成本差異

八、定額法綜合應用

【例5-13】鷺江有限責任公司的乙產品是由一個封閉式的車間生產的，該產品的各項消耗定額比較準確、穩定，成本計算採用定額法。20××年7月份，乙產品投產400件，月初在產品50件，本月完工420件，月末在產品30件，原材料在生產開始時一次投入。該企業為了簡化核算工作，規定產品的定額變動差異和材料成本差異全部由完工產品成本負擔，脫離定額差異按定額成本比例，在完工產品與在產品之間進行分配，其他資料如表5-20、表5-21所示：

表5-20　　　　　　　　　　乙產品單位定額成本計算表
產品名稱：乙產品　　　　　　　　20××年7月　　　　　　　　　　　單位：元

產品成本項目	定額耗用量	計劃單價	定額成本
直接材料	90千克	5	450
直接人工	10小時	6	60
製造費用	10小時	4	40
合計			550

表5-21　　　　　　　　　　　月初在產品成本
產品名稱：乙產品　　　　　　　　20××年7月　　　　　　　　　　　單位：元

產品成本項目	定額成本	脫離定額差異
直接材料	25,000	+2,000
直接人工	3,000	+100
製造費用	2,000	+80
合計	30,000	+2,180

該公司本月實際發生的費用及定額變動資料如下：

本月實際發生的直接材料200,000元，直接人工26,000元，製造費用16,500元；材料成本差異率為-1%。該企業從本月起將材料定額消耗量由原來的每件100千克，修訂為90千克，其餘各項定額不變。

1. 根據上述資料計算乙產品定額成本及各種差異。
(1) 本月投入400件乙產品的定額成本
直接材料定額成本＝400×450＝180,000（元）
直接人工定額成本＝400×60＝24,000（元）
製造費用定額成本＝400×40＝16,000（元）
(2) 本月完工420件乙產品的定額成本
直接材料定額成本＝420×450＝189,000（元）
直接人工定額成本＝420×60＝25,200（元）
製造費用定額成本＝420×40＝16,800（元）
(3) 計算脫離定額差異
直接材料定額差異＝200,000－180,000＝20,000（元）
直接人工定額差異＝26,000－24,000＝2,000（元）

製造費用定額差異＝16,500-16,000＝500（元）

（4）計算材料成本差異

（180,000+20,000）×（-1%）＝-2,000（元）

（5）計算月初在產品的定額變動差異

（100-90）×5×50＝2,500（元）

2. 編製乙產品成本計算單（見表5-22）。

表5-22　　　　　　　　　　　產品成本計算單

產品：乙產品　　　　　　　20××年7月　　　　　產量：420件　　　單位：元

項　目	直接材料	直接人工	製造費用	合計
一、月初在產品成本				
定額成本	25,000	3,000	2,000	30,000
脫離定額差異	+2,000	+100	+80	+2,180
二、月初在產品定額調整				
定額成本調整	-2,500			-2,500
定額變動差異	+2,500			+2,500
三、本月發生生產費用				
定額成本	180,000	24,000	16,000	220,000
脫離定額差異	+20,000	+2,000	+500	+22,500
材料成本差異	-2,000			-2,000
四、生產費用合計				
定額成本	202,500	27,000	18,000	247,500
脫離定額差異	+22,000	+2,100	+580	+24,680
材料成本差異	-2,000			-2,000
定額變動差異	+2,500			+2,500
五、差異分配率	10.864,2%	7.777,8%	3.222,2%	—
六、完工產品成本				
定額成本	189,000	25,200	16,800	231,000
脫離定額差異	+20,533	+1,960	+541.33	+23,034.33
材料成本差異	-2,000			-2,000
定額變動差異	+2,500			+2,500
實際成本	210,033	27,160	17,341.33	254,534.33
七、在產品成本				
定額成本	13,500	1,800	1,200	16,500
脫離定額差異	+1,467	+140	+38.67	+1,645.67

本章思考題

1. 什麼是分類法？有什麼特點？
2. 簡述分類法的適用範圍。

3. 什麼是變動成本法？變動成本法與完全成本法有什麼區別？
4. 簡述變動成本法的優缺點。
5. 什麼是定額成本法？有什麼特點？其適用範圍如何？

本章練習題

1. 分類法產品成本的計算

某企業大量生產甲、乙、丙三種產品。這三種產品使用的原材料和工藝過程相似，因而歸為一類（A類），採用分類法計算成本。類內各種產品之間分配費用的標準為：原材料費用按各種產品的原材料費用系數分配，原材料費用系數按原材料費用定額確定（以乙產品為標準產品）；其他費用按定額工時比例分配。甲、乙、丙三種產品的原材料費用定額為：甲產品270元、乙產品300元、丙產品450元；工時消耗定額分別為：甲產品10小時、乙產品12小時、丙產品15小時；本月的產量為：甲產品1,000件、乙產品1,200件、丙產品500件。本月A類產品成本明細表如表5-1所示：

表5-1　　　　　　　　本月A類產品成本明細　　　　　　　　單位：元

項目	原材料	直接人工	製造費用	成本合計
月初在產品成本	40,000	3,000	5,000	48,000
本月費用	900,600	111,650	175,450	1,187,700
生產費用合計	940,600	114,650	180,450	1,235,700
產成品成本	900,600	111,650	175,450	1,187,700
月末在產品成本	40,000	3,000	5,000	48,000

要求：（1）編製原材料費用系數分配表；
（2）採用分類法分配計算甲、乙、丙三種產品的成本，編製產品成本計算表。

2. 變動成本法的成本計算

某廠生產甲產品，產品單價為10元/件，單位產品變動生產成本為4元，固定性製造費用總額為24,000元，銷售及管理費用為6,000元，全部是固定性的。存貨按先進先出法計價，最近三年的產銷量如表5-2所示：

表5-2　　　　　　　　最近三年產銷量　　　　　　　　單位：件

資料	第一年	第二年	第三年
期初存貨量	0	0	2,000
本期生產量	6,000	8,000	4,000
本期銷貨量	6,000	6,000	6,000
期末存貨量	0	2,000	0

要求：（1）分別按變動成本法和完全成本法計算單位產品成本；
（2）分別按變動成本法和完全成本法計算第一年的營業利潤。

3. 匯德公司甲產品採用定額法計算成本。本月份有關甲產品原材料費用資料如下：
（1）月初在產品定額費用為2,000元，月初在產品脫離定額的差異為節約50元，

月初在產品定額費用調整為降低20元。定額變動差異全部由完工產品負擔。

（2）本月定額費用為24,000元，本月脫離定額的差異為節約500元。

（3）本月原材料成本差異為節約2%，材料成本差異全部由完工產成品成本負擔。

（4）本月完工產品的定額費用為23,000元。

要求：（1）計算月末在產品的原材料定額費用；

（2）計算完工產品和月末在產品的原材料實際費用（定額差異，按定額成本比例在完工產品和月末在產品之間分配）。

本章參考文獻

1. 劉豆山，王義華. 成本會計［M］. 武漢：華中科技大學出版社，2012.
2. 胡國強. 成本管理會計［M］. 成都：西南財經大學出版社，2012.
3. 張世體，孫和明. 成本會計［M］. 北京：中國商業出版社，2013.
4. 鄭衛茂. 成本會計實務［M］. 3版. 北京：電子工業出版社，2013.
5. 崔國萍. 成本管理會計［M］. 北京：機械工業出版社，2014.
6. 財政部會計司. 企業產品成本核算制度（試行）講解［M］. 北京：中國財政經濟出版社，2014.
7. 江希和，向有才. 成本會計教程［M］. 2版. 北京：高等教育出版社，2014.
8. 中國註冊會計師協會. 財務成本管理［M］. 北京：中國財政經濟出版社，2015.
9. 汪蕾. 成本管理會計［M］. 天津：南開大學出版社，2015.

第六章
成本報表與成本分析

【學習目標】

(1) 瞭解成本報表的種類、編製要求、作用；

(2) 掌握成本報表的概念，以及產品生產成本表、主要產品單位成本表、製造費用明細表、期間費用明細表的編製；

(3) 掌握產品生產成本表、主要產品單位成本表的分析。

【關鍵術語】

成本報表　產品生產成本表　主要產品單位成本表　製造費用明細表

第一節　成本報表概述

一、成本報表的含義

成本報表是根據日常成本核算資料及其他有關資料編製的，反應企業一定時期內產品成本水平和費用支出情況，據以分析企業成本計劃執行情況和結果的報告文件，正確、及時地編製成本報表是成本會計的一項重要內容。

成本報表與財務報表同屬於會計報表體系。財務報表主要包括資產負債表、利潤表、現金流量表、所有者權益變動表及附註，構成提供企業財務狀況、經營成果和現金流量等信息的對外報告體系；成本報表則主要為企業內部管理服務，屬於內部報表，是商業機密。因此，成本報表在編報的時間、格式與內容上，相對於財務報表而言有一定的靈活性。一般地說，產品生產成本表等主要成本報表定期按一定格式編報，而其他成本報表則由企業根據生產類型和管理上的具體要求來確定編報時間、格式與內容。

二、成本報表的作用

正確、及時地編製成本報表，對加強成本管理和節約費用具有重要作用：

(1) 企業和相關部門利用成本報表，可以檢查企業（部門）成本預算的執行情況，考核企業（部門）成本工作績效，對企業（部門）成本工作進行評價。

(2) 通過成本報表分析，可以揭示影響產品成本指標和費用項目變動的因素和原因，從生產技術、生產組織和經營管理等各方面挖掘節約費用支出和降低產品成本的

潛力，提高企業的經濟效益。

（3）成本報表提供的成本資料，不僅可以滿足企業、車間和部門加強日常成本、費用管理的需要，而且是企業進行成本、利潤的預測、決策，編製產品成本計劃和各項費用計劃，制定產品價格的重要依據。

三、成本報表的編製要求

為了使企業管理人員正確的運用成本報表提供的數據進行分析，並根據分析的結果作出正確的決策，編製成本報表時，必須遵循以下的要求：數字真實、計算準確、內容完整、報送及時。

（1）數字真實。它是編製成本報表的基本要求，就是指報表的數據必須如實地反應企業成本工作的實際情況，不得以估計數字、計劃數字、定額數字代替實際數字，更不允許弄虛作假，篡改數字。因此，企業在編製成本報表前，所有經濟業務都要登記入帳，要調整不應列入成本的費用，做到先結帳，後編表；應認真清查財產物資，做到帳實相符；應核對各帳簿的記錄，做到帳帳相符。報表編製完畢，應檢查各個報表中相關指標的數字是否一致，做到表表相符。只有報表的數字真實可靠，如實反應企業費用、成本的水平和構成，才有利於企業管理當局正確進行成本分析和成本決策。

（2）計算準確。它是指成本報表中的各項指標數據，必須按照企業在設置成本報表時規定的計算方法計算；報表中的各種相關數據，如本期報表與上期報表之間，同一時期不同報表之間，同一報表不同項目之間具有勾稽關係的數據，應當核對相符。

（3）內容完整。它是指企業成本報表的種類應當完整，能全面反應企業各種費用成本的水平以及構成情況；同一報表的各個項目內容應當完整，必須填報齊全；應填列的報告指標和文字說明必須全面；表內項目和表外補充資料，不論根據帳簿資料直接填列，還是分析計算填列，都應當完整無缺，不得隨意取捨。只有內容完整的報表，才能滿足企業經營管理者對成本信息的需求。

（4）報送及時。它是指企業必須及時編製和報送成本報表，以充分發揮成本報表在指導生產經營活動中的作用。為了體現成本報表編製和報送的及時性，企業的成本報表，有的可以定期編報，有的可以不定期編報。例如，反應費用支出和成本形成主要指標的報表，既可以按月編製，也可以按旬、按周，以至按日、按班編製，並及時提供給有關部門負責人和成本管理責任者，以及時採取措施，控制支出、節約費用、降低成本。

總之，企業只有精心設計好成本報表的種類和格式、指標內容和填製方法，合理規定好成本報表的編製時間和報送範圍，及時提供內部管理必需的、真實的、準確的、完整的具有實用性和針對性的成本信息，才能充分發揮成本報表的作用。

四、成本報表的種類

成本報表的種類和格式不是由國家統一會計制度規定的，成本報表具有靈活性和多樣性的特點。但就生產性企業來說，一般可以按以下標準分類：

（1）按報表反應的經濟內容分類

成本報表按其反應的經濟內容，一般可以分為反應企業費用水平及其構成情況的報表和反應企業產品成本水平及其構成情況的報表兩類。

①反應企業生產經營過程中費用水平及其構成情況的報表,主要有製造費用明細表、管理費用明細表、銷售費用明細表和財務費用明細表等。

②反應企業產品成本水平及其構成情況的報表,主要有產品生產和銷售成本表、全部產品生產成本表、主要產品單位成本表等。

(2) 按報表編製的時間分類

成本報表按其編製的時間,可以分為年度報表、半年度報表、季度報表、月報以及旬報、周報、日報和班報。

為了及時向企業有關管理部門提供成本信息,以滿足生產經營管理特別是成本控制和成本考核的需要,成本報表除了年度報表、半年度報表、季度報表和月報外,應更注重採用旬報、周報以至日報和班報等形式。

本教材只講述全部產品生產成本表、主要產品單位成本表和製造費用明細表的編製。有關期間費用的報表,即產品銷售費用、管理費用和財務費用的明細表,以及其他成本報表等的編製,可以參照上述報表的編製,本章不再贅述。

第二節　成本報表的編製

一、全部產品生產成本表的編製

全部產品生產成本表是反應企業在報告期內生產的全部產品(包括可比產品和不可比產品)的總成本以及各種主要產品的單位成本和總成本的報表。

根據全部產品成本表所提供的資料,可以考核全部產品和主要產品成本計劃的執行結果,分析各種可比產品成本降低任務的完成情況。

1. 全部產品生產成本表的結構

企業一定會計期間全部產品的生產成本總額,可以按照產品品種和類別反應,也可以按照產品成本項目反應。

2. 全部產品生產成本表(按產品品種類別)的編製

將全部產品劃分為可比產品和不可比產品兩大類,並分別列出它們的單位成本、本月總成本、本年累計總成本。

所謂可比產品是指去年或者以前年度正式生產過,具有較完備成本資料的產品;不可比產品是指去年或以前年度未正式生產過的產品,因而沒有成本資料。對於去年試製成功,今年正式投產的產品,也應作為不可比產品。

本報表中列出了可比產品的單位成本、本月總成本和本年累計總成本,又分別列出了上年實際平均數、本年計劃數、本月實際數和本年累計實際平均數,這樣做便於分析可比產品成本降低任務的完成情況。

本報表中列出了不可比產品的單位成本、本月總成本和本年總成本,以及全部產品的總成本,還同時列出本年計劃數、本月實際數和本年累計實際平均數。這樣做便於考核不可比產品以及全部產品成本計劃的執行情況。

(1)「產品名稱」項目,應填列主要的「可比產品」和「不可比產品」的名稱,主要產品的品種要按規定填寫。

(2)「實際產量」項目,反應本月和從年初起至本月末止各種主要產品的實際產

量。應根據「成本計算單」或「產成品明細帳」的記錄計算填列。

(3)「單位成本」項目。

①「上年實際平均」，反應各種主要可比產品的上年實際平均單位成本，應分別根據上年度本報表所列各種可比產品的全年實際平均單位成本填列。

②「本年計劃」，反應各種主要商品產品的本年計劃單位成本，應根據年度成本計劃的有關數字填列。

③「本月實際」，反應本月生產的各種商品產品的實際單位成本，應根據有關產品成本計算單中的資料，按下列公式計算填列：

$$某產品本月實際單位成本 = \frac{某產品本月實際總成本}{某產品本月實際產量}$$

④「本年累計實際平均」，反應從年初起至本月末止企業生產的各種商品產品的實際單位成本，應根據成本計算單的有關數字，按下列公式計算填列：

$$某產品本年累計實際平均單位成本 = \frac{某產品本年累計實際總成本}{某產品本年累計實際產量}$$

(4)「本月總成本」項目。

①「按上年實際平均單位成本計算」，是用本月實際產量乘以上年實際平均單位成本計算填列。

②「按本年計劃單位成本計算」，是用本月實際產量乘以本年計劃單位成本計算填列。

③「本月實際」，是根據本月產品成本計算單的資料填列。

(5)「本年累計總成本」項目。

①「按上年實際平均單位成本計算」，是用本年累計實際產量乘以上年實際平均單位成本計算填列。

②「按本年計劃單位成本計算」，是用本年累計實際產量乘以本年計劃單位成本計算填列。

③「本年實際」，是根據本年成本計算單的資料填列。

【例6-1】宏達公司根據20××年12月份的相關資料，編製了報表，如表6-1所示：

表6-1　　　　　　產品生產成本表（按產品品種類別編製）

編製單位：宏達公司　　　　　20××年12月　　　　　　單位：元

產品	計量單位	實際產量 本月	實際產量 本年累計	單位成本 上年實際平均	單位成本 本年計劃	單位成本 本月實際	單位成本 本年累計實際平均	本月總成本 按上年實際平均單位成本計算	本月總成本 按本年計劃單位成本計算	本月總成本 本月實際	本年累計總成本 按上年實際平均單位成本計算	本年累計總成本 按本年計劃單位成本計算	本年累計總成本 本年實際
主要產品								91,000	88,520	89,125	100,000	972,500	969,250
甲產品	件	55	625	1,200	1,164	1,175	1,158	6,600	64,020	64,625	750,000	727,500	723,750
乙產品	件	25	250	1,000	980	980	982	25,000	24,500	24,500	250,000	245,000	245,500
非主要產品								27,750	26,625		277,500	265,500	
丙產品	件	25	250		1,110	1,065	1,060	27,750	26,625		277,500	265,500	
合計								116,270	115,750		1,250,000	1,234,250	

3. 產品生產成本表（按成本項目）的編製

按成本項目編製的產品生產成本表，一般分為「生產費用總額」「產品生產成本」「在產品和自制半成品成本」等部分。生產費用總額按照費用的用途分為直接材料、直接人工和製造費用等成本項目。在產品和自制半成品成本按期初數、期末數分別反應；在經常有自制半成品對外銷售的企業，在產品成本和自制半成品成本可以分別反應。產品生產成本總額應等於本期生產費用總額，加上在產品和自制半成品期初餘額，減去在產品和自制半成品期末餘額。為了便於分析，按成本項目編製的產品生產成本表各項目應反應上年實際、本月實際和本年累計實際等指標。

【例6-2】仍以上例的資料為例，編製按成本項目反應的成本報表，見表6-2：

表 6-2　　　　　　　　　　產品生產成本表（按成本項目編製）

編製單位：宏達公司　　　　　　　20××年 12 月　　　　　　　　　　單位：元

項　目	行次	上年實際	本月實際	本年累計實際
生產費用				
1. 直接材料	1	415,550	44,000	475,475
其中：原材料	2	345,000	36,000	390,000
燃料及動力	3			
2. 直接人工	4	330,300	36,500	395,200
3. 製造費用	5	319,650	34,000	364,325
4. 其他直接費用	6			
生產費用合計	7	1,065,500	114,500	1,235,000
加：在產品、自制半產品期初餘額	8	62,500	60,000	58,000
減：在產品、自制半產品期末餘額	9	58,000	58,750	58,750
產品生產成本合計	10	1,070,000	115,750	1,234,250

二、主要產品單位成本表的編製

1. 主要產品單位成本表的結構

主要產品單位成本表是反應企業在報告期內生產的各種主要產品單位成本的構成情況和各項主要技術經濟指標執行情況的報表。它是對商品產品成本表的有關單位成本作進一步補充說明的報表。

利用主要產品單位成本表所提供的資料，可以考核各種主要產品單位成本計劃的執行結果，分析各成本項目和消耗定額的變化及其原因，並便於在生產同種產品的企業之間進行成本對比，以利於找出差距、挖掘潛力、降低產品成本。

主要產品單位成本表的結構可分為上半部和下半部。

上半部是反應單位產品的成本項目，並分別列出歷史先進水平、上年實際平均、本年計劃、本月實際和本年累計實際平均的單位成本。下半部是反應單位產品的主要技術經濟指標，這些指標也分別列出了歷史先進水平、上年實際平均、本年計劃、本月實際和本年累計實際平均的單位用量。

主要產品單位成本表的格式和內容見表6-3。

表 6-3　　　　　　　　　　　　　主要產品單位成本表

編製單位：××工廠　　　　　　　20××年 12 月　　　　　　　　　　　單位：元

產品名稱	A 產品	本月計劃產量	2,000
規格		本月實際產量	2,100
計量單位	臺	本年累計計劃產量	25,000
銷售單價	168 元	本年累計實際產量	26,000

成本項目	行次	歷史先進水平 201×年	上年實際平均	本年計劃	本月實際	本年累計實際平均
		1	3	3	4	5
直接材料	1	61.23	72.91	70	64.80	67.09
直接工資	2	40.57	41.48	40	42.00	45.89
製造費用	3	8.2	10.61	10	10.20	12.02
合計	4	110	125	120	117	125
主要技術經濟指標	5	用量	用量	用量	用量	用量
1 普通鋼材	6	65	73	70	69.6	68.8
2 工時	7	10	12	12	12.5	13

2. 主要產品單位成本表的編製

主要產品單位成本表應按每種主要產品分別編製。

（1）「本月計劃產量」和「本年累計計劃產量」項目，應根據本月和本年產品產量計劃資料填列。

（2）「本月實際產量」和「本年累計實際產量」項目，應根據統計提供的產品產量資料或產品入庫單填列。

（3）「成本項目」項目，應按規定進行填列。

（4）「主要技術經濟指標」項目，是反應主要產品每一單位產量所消耗的主要原材料、燃料、工時等的數量。

（5）「歷史先進水平」，是指本企業歷史上該種產品成本最低年度的實際平均單位成本和實際單位用量，應根據歷史成本資料填列。

（6）「上年實際平均」，是指上年實際平均單位成本和單位用量，應根據上年度本表的本年累計實際平均單位成本和單位用量的資料填列。

（7）「本年計劃」，是指本年計劃單位成本和單位用量，應根據年度成本計劃中的資料填列。

（8）「本月實際」，是指本月實際單位成本和單位用量，應根據本月完工的該種產品成本資料填列。

（9）「本年累計實際平均」，是指本年年初至本月末止該種產品的實際平均單位成本和單位用量，應根據年初至本月末止的已完工產品成本計算單等有關資料，採用加權平均法計算後填列，其計算公式如下：

$$某產品的實際平均單位成本 = \frac{該產品累計計劃總成本}{該產品累計產量}$$

$$某產品的實際平均單位用量 = \frac{該產品累計總用量}{該產品累計產量}$$

本報表對不可比產品，則不填列「歷史先進水平」和「上年實際平均」的單位成本和單位用量。

由於本表是商品產品成本表的補充，所以，該表中按成本項目反應的「上年實際平均」「本年計劃」「本月實際」「本年累計實際平均」的單位成本合計，應與商品產品成本表中的各個單位成本的數字分別相等。

三、製造費用明細表的編製

製造費用明細表是反應企業在報告期內發生的各項製造費用的報表。

利用製造費用明細表所提供的資料，可以分析製造費用的構成和各項費用增減變動情況，考核製造費用預算的執行結果，以便進一步採取措施，節約開支，降低費用，從而降低產品的製造成本。

1. 製造費用明細表的結構

製造費用明細表的結構是按規定的製造費用項目，分別反應「本年計劃數」「上年同期實際數」和「本年累計實際數」。這樣做，便於用本年實際數分別同本年計劃數和上年同期實際數進行比較，以便加強對製造費用的管理。其結構見表6-4：

表 6-4　　　　　　　　　　　　　　製造費用明細表

編製單位：　　　　　　　　　　20××年 12 月　　　　　　　　　　　單位：元

項目	行次	本年計劃數	上年同期實際數	本年累計實際數
職工薪酬	1	110,000	90,000	115,000
折舊費	2	90,000	85,000	83,400
租賃費	3	12,000	11,600	13,200
培訓費	4	45,000	45,000	41,100
機物料消耗	5	16,000	17,500	15,500
低值易耗品	6	23,000	23,100	22,800
取暖費	7	52,000	52,800	51,500
水電費	8	50,000	50,500	48,300
辦公費	9	30,000	31,400	33,000
差旅費	10	40,000	38,000	37,900
保險費	11	50,000	62,000	50,300
設計制圖費	12	18,000	18,200	18,100
檢驗試驗費	13	30,000	32,000	31,700
勞動保護費	14	45,000	43,000	42,200
其他	15	20,000	20,800	21,000
合計	—	631,000	620,900	625,000

2. 製造費用明細表的編製

（1）「本年計劃數」各項數字，根據製造費用的年度計劃數填列。

（2）「上年同期實際數」各項數字，根據上年同期本表的「本年累計實際數」填列。如果表內所列項目和上年度的費用項目在名稱或內容上不一致，應對上年度的各項數字按照表內規定的項目進行調整。

（3）「本年累計實際數」各項數字，填列自年初起至編報月月末止的累計實際數，應根據「製造費用明細帳」的記錄計算填列。

第三節　成本報表的分析

一、成本分析的含義

成本分析是利用企業的成本核算資料及其他相關資料，對成本水平及其構成的變動情況進行分析與評價的過程。它是成本會計的重要組成部分，是成本管理工作的重要環節，其目的是要揭示影響成本升降的因素及其變動原因，尋求降低成本的途徑和方法。

廣義的成本分析可以在成本形成前後進行事前、事中、事後分析。而狹義的成本分析主要是指事後成本分析。事後成本分析是以成本核算提供的數據為主，結合有關的計劃、定額、統計、技術和其他調查資料，按照一定的原則，應用一定的方法，對影響成本和成本效益升降的各種因素進行科學的分析，查明成本和成本效益變動的原因，制定降低成本的措施，以便充分挖掘企業內部降低成本和提高成本效益的潛力。

二、成本分析的意義

成本分析是成本會計的重要組成部分，它是以成本核算提供的數據為主，結合有關計劃、定額、統計和技術資料，應用一定的方法對影響成本升降的各種因素進行科學的分析，查明成本變動的原因，以便進一步認識和掌握成本變動的規律，充分挖掘企業內部降低成本的潛力。

對於企業來說，進行成本分析主要有以下幾方面的意義：

（1）查明成本計劃和費用預算的完成情況。通過成本分析，可以查明企業費用預算和成本計劃的完成情況，找出影響計劃（預算）完成的原因，分析影響成本計劃和費用預算完成的各種因素的影響程度和影響方向（有利因素或不利因素），評價企業成本計劃的先進性和可行性，總結成本管理工作中的經驗教訓，發現成本管理工作中的問題。

（2）落實成本管理的責任制。通過成本分析，可以明確企業內部各個部門和單位以及責任人在成本管理方面的責任，有利於考核和評估成本管理工作的業績，落實成本管理責任制。

（3）挖掘內部增產節約潛力。通過成本分析，可以挖掘企業內部增加生產、節約費用、降低成本的潛力，促使企業改進生產經營管理和成本管理，提高經濟效益。

三、成本分析的內容

產品成本分析的內容，通常包括以下三個方面：

第一，產品生產成本表分析。它包括全部產品生產成本計劃執行情況和可比產品成本降低任務計劃執行情況的分析與評價。

第二，主要產品單位成本表分析。重點分析企業經常生產的，在企業產品總成本中占較大比重且能代表企業生產全貌的主要產品。分析的內容，主要是各個成本項目

執行計劃的情況，並確定單位成本的升降原因。

第三，車間、班組成本分析。重點分析各班組的成本任務完成情況，作為評價班組工作成績的標準。

四、成本分析的方法

(一) 比較分析法

比較分析法是通過成本指標的實際數與基數的對比來揭示實際數與基數之間的差異，借以瞭解成本管理的成績和問題的一種分析方法。

對比的基數由於分析的目的不同各有所不同，一般有計劃數、定額數、前期實際數、以往年度同期實際數以及本企業的歷史先進水平和國內外同行業的先進水平等。

將成本指標的實際數與計劃數或定額數對比，可以揭示計劃或定額的執行情況。但在分析時還應檢查計劃或定額本身是否既先進又切實可行。因為實際數與計劃數或定額之間差異的產生，除了成本管理水平的原因以外，還可能由於計劃或定額太保守或不切實際。將成本指標的本期實際數與前期實際數或以往年度同期實際數對比，可以考察企業成本指標的發展變化情況。將成本指標的本期實際數與本企業的歷史先進水平對比，將本企業實際數與國內外同行業的先進水平對比，可以發現與先進水平之間的差距，從而學習先進、趕上和超過先進。

對比分析法只適用於同質指標的對比，例如產品實際成本與產品計劃成本對比，實際原材料費用與定額原材料費用對比，本期實際製造費用與前期實際製造費用對比，等等。在採用這種分析方法時，應該注意對比指標的可比性。進行對比的各項指標，在經濟內容、計算方法、計算期和影響指標形成的客觀條件等方面，應有可比的共同基礎。如果相比的指標之間有不可比因素，應先按可比的口徑進行調整，然後再進行對比。

(二) 比率分析法

比率分析法是指通過計算和對比經濟指標的比率，進行數量分析的一種方法。採用這一方法，先要將對比的數值變成相對數，求出比率，然後再進行對比分析。具體形式有：

(1) 相關指標比率分析：將兩個性質不同但又相關的指標對比求出比率，然後再以實際數與計劃（或前期實際）數進行對比分析，以便從經濟活動的客觀聯繫中更深入地認識企業的生產經營狀況。例如，將成本指標與反應生產、銷售等生產經營成果的產值、銷售收入、利潤指標對比求出的產值成本率、銷售成本率和成本利潤率指標，就可據以分析和比較生產耗費的經濟效益。

(2) 構成比率分析。所謂構成比率，是指某項經濟指標的各個組成部分與總體的比重。例如，將構成產品成本的各個成本項目同產品成本總額相比，計算其占總成本的比重，確定成本的構成比率；然後將不同時期的成本構成比率相比較，通過觀察產品成本構成的變動，掌握經濟活動情況及其對產品成本的影響。

(3) 動態比率分析：將不同時期同類指標的數值對比求出比率，進行動態比較，據以分析該項指標的增減速度和變動趨勢，從中發現企業在生產經營方面的成績或不足。

(三) 因素分析法

因素分析法也稱連環替代法，是用來計算幾個相互聯繫的因素，對綜合經濟指標

變動影響程度的一種分析方法。

這種分析方法的計算程序可以歸納為如下四個步驟：

步驟一：分解指標體系，確定分析對象。即根據影響某項經濟指標完成情況的因素，按其依存關係將經濟指標的基數（計劃數或上期數）和實際數分解為兩個指標體系，並將該指標的實際數與基數進行比較，求出實際脫離基數的差異，即為分析對象。

步驟二：連環順序替代，計算替代結果。即以基數指標體系為計算基礎，用實際指標體系中每項因素的實際數順序地替代其基數。每次替代後，實際數就被保留下來，有幾個因素就替換幾次，每次替換後計算出由於該因素變動所得新的結果。

步驟三：比較替代結果，確定影響程度。即將每次替換所計算的結果，與這一因素被替換前的結果進行比較，兩者的差額，就是這一因素變化對經濟指標差異的影響程度。

步驟四：加總影響數值，驗算分析結果。即將各個因素的影響數值相加，其代數和應與經濟指標的實際數與基數的總差異數（即分析對象）相符，據此檢驗分析結果是否正確。

設某一經濟指標 M 是由相互聯繫的 A、B、C 三因素組成，計劃指標和實際指標的公式為：

計劃指標　　　　$M_0 = A_0 \times B_0 \times C_0$　　　（1）
第一次替代　　　$M_1 = A_1 \times B_0 \times C_0$　　　（2）
第二次替代　　　$M_2 = A_1 \times B_1 \times C_0$　　　（3）
第三次替代　　　$M_3 = A_1 \times B_1 \times C_1$　　　（4）
（即實際指標）

據此測定的結果：

（2）－（1）＝ $M_1 - M_0$……是由於 $A_0 \to A_1$ 變動的影響
（3）－（2）＝ $M_2 - M_1$……是由於 $B_0 \to B_1$ 變動的影響
（4）－（3）＝ $M_3 - M_2$……是由於 $C_0 \to C_1$ 變動的影響

【例 6-3】某企業 S 產品有關資料如表 6-5 所示。

運用連環替代法，可以計算各因素變動對材料費用總額的影響程度如下：

表 6-5　　　　　　　　　　　　　S 產品相關資料

項　　目	單　　位	計劃數	實際數
產 品 產 量	件	20	21
單位產品材料消耗量	千克	18	17
材 料 單 價	元	10	12
材料費用總額	元	3,600	4,284

根據表 6-5 資料，材料費用總額實際數較計劃增加 684 元，這是分析對象。

計劃指標：　　20×18×10＝3,600（元）　　　（1）
第一次替代：　21×18×10＝3,780（元）　　　（2）
第二次替代：　21×17×10＝3,570（元）　　　（3）
第三次替代：　21×17×12＝4,284（元）　　　（4）

(2)-(1) = 3,780 - 3,600 = +180（元）　　產量增加的影響
　　(3)-(2) = 3,570 - 3,780 = -210（元）　　材料節約的影響
　　(4)-(3) = 4,284 - 3,570 = +714（元）　　價格提高的影響
　　180+714-210 = +684（元）　　全部因素的影響
　　應用連環替代法，必須注意以下幾個問題：
　　(1) 因素分解的關聯性。即確定構成經濟指標的因素，必須是客觀上存在著因果關係，要能夠反應形成該項指標差異的內在構成原因，否則就失去了其存在的價值。如影響某種產品某種材料的總消耗數額，只能是該產品的產量、單位產品材料耗用數量和材料單價，而不能確定為工人人數、每個工人平均用料量和材料單價。否則，就是毫無意義的分析。
　　(2) 因素替代的順序性。替代因素時，必須按照因素的依存關係，排列成一定的順序並依次替代，不可隨意加以顛倒，否則就會得出不同的計算結果。因此，在分析工作中必須從可能的替代順序中確定正確的替代順序。正確排列因素替代順序的原則是：按分析對象的性質，從諸因素相互依存關係出發，並使分析結果有助於分清責任。實際工作中，往往將這一原則具體化為：先替代數量指標，後替代質量指標；先替代實物量指標，後替代貨幣量指標；先替代主要指標，後替代次要指標。
　　(3) 順序替代的連環性。連環替代在計算每一個因素變動的影響時，都是在前一次的基礎上進行，並採用連環比較的方法確定因素變化影響結果。因為只有保持計算程度上的連環性，才能使各個因素影響數之和等於所分析指標變動的差異，以全面說明分析指標變動的原因。同時，各因素影響數之和等於分析指標變動的總差異，也是對分析計算的正確性進行檢查驗證的依據。
　　(4) 計算結果的假定性。由於連環替代法計算的各因素變動影響數，因替代計算順序的不同而有差別，因而計算結果不免帶有假定性，即它不可能使每個因素計算的結果，都達到絕對準確，它只能說是在某種假定前提下的影響結果，離開了這種假定前提條件，也就不會是這種影響結果。問題在於分析中應力求使這種假定合乎邏輯，是具有實際經濟意義的假定。這樣，計算結果的假定性，才不至於妨礙分析的有效性。
　　認識上述連環替代法的性質，不僅是正確運用連環替代法的需要，也是根據分析計算結果，對企業經濟活動作出正確評價的需要。
　　(四) 差額計算法
　　差額計算法是連環替代法的一種簡化形式，它是利用各個因素的實際數與基數之間的差額，直接計算各個因素對綜合指標差異的影響數值的一種技術方法。這一方法的特點在於運用數學提取公因數的原理，來簡化連環替代法的計算程序。其他應遵循的原則、應注意的問題都與連環替代法相同，兩種方法計算的結果也完全一樣。
　　差額計算法的基本程序如下：
　　其一，確定各因素的實際數與基數的差額；
　　其二，以各因素的差額乘以計算公式中該因素前面的各因素的實際數，以及列在該因素後面的其餘因素的基數，就可求得各因素的影響值；
　　其三，各個因素的影響值相加，其代數和應同該項經濟指標的實際數與基數之差相符。
　　差額分析法的基本原理，仍用前例表示如下：

因素影響：
（1） $A_0 \to A_1$ 變動的影響： $\triangle A = (A_1 - A_0) \times B_0 \times C_0$
（2） $B_0 \to B_1$ 變動的影響： $\triangle B = A_1 \times (B_1 - B_0) \times C_0$
（3） $C_0 \to C_1$ 變動的影響： $\triangle = A_1 \times B_1 \times (C_1 - C_0)$

【例 6-4】仍採用前文的資料，代入表 6-5 數據，分析計算如下：
分析對象為材料費用實際數與計劃數的差異：4,284-3,600 = +684（元）
因素分析：
（1） 由於產量增加，對材料費用的影響：（21-20）×18×10 = +180（元）
（2） 由於材料消耗節約，對材料費用的影響：21×（17-18）×10 = -210（元）
（3） 由於價格提高，對材料費用的影響：21×17×（12-10） = +714（元）
（4） 全部因素對材料費用的影響：180+714-210 = +684（元）

從以上實例可以看出，差額計算法比連環替代法具有簡便、直接的優點，所以在實際工作中應用比較廣泛。

五、成本分析

（一）成本報表的分析

1. 全部產品成本計劃完成情況分析

全部產品成本計劃是按產品類別和成本項目分別編製的，按全部產品成本計劃完成情況的分析，也應當按照產品類別和成本項目分別進行。通過分析，查明全部產品和各種產品成本計劃的完成情況；查明全部產品總成本中，各個成本項目的成本計劃完成情況，同時還應找出成本超支或降低幅度較大的產品和成本項目，為進一步分析指明方向。

（1） 按產品類別進行的成本計劃完成情況分析

全部產品按產品類別進行的成本計劃完成情況的分析，依據是分析期產品生產成本表和按產品類別編製的全部產品成本計劃表。下面舉例說明分析方法。

【例 6-5】宏達公司本年產品實際生產成本的資料見表 6-1，本年產品成本計劃資料見表 6-6：

表 6-6　　　　　　　　　　　　產品成本計劃表

編製單位：宏達公司　　　　　　　20××年　　　　　　　　　單位：元

產品名稱	計量單位	計劃產量	單位成本		計劃產量的總成本		成本降低任務	
			上年實際	本年計劃	按上年實際單位成本計算	本年計劃	成本降低額	成本降低率
主要產品					900,000	875,520	24,480	2.72%
甲產品	件	540	1,200	1,164	648,000	628,560	19,440	3%
乙產品	件	252	1,000	980	252,000	246,960	5,040	2%
非主要產品								
丙產品	件	240		1,110		266,400		
合計						1,141,920		

根據本年成本報表（表 6-1）和成本計劃（表 6-6）的有關資料，編製「全部產品成本計劃完成情況分析表（按產品類別分析）」如表 6-7 所示。

表 6-7　　　　全部產品成本計劃完成情況分析表（按產品類別分析）

編製單位：宏達公司　　　　　　　　20××年　　　　　　　　　　單位：元

產品名稱	計量單位	實際產量	單位成本 上年實際	單位成本 本年計劃	單位成本 本年實際	實際產量的總成本 按上年實際單位成本計算	實際產量的總成本 按本年計劃單位成本計算	實際產量的總成本 本年實際	與計劃成本比 成本降低額	與計劃成本比 成本降低率（％）
主要產品						1,000,000	972,500	969,250	3,250	0.334,2
甲產品	件	625	1,200	1,164	1,158	750,000	727,500	723,750	3,750	0.515,5
乙產品	件	250	1,000	980	982	250,000	245,000	245,500	-500	-0.204,1
非主要產品										
丙產品	件	250		1,110	1,060		277,500	265,000	12,500	4.504,5
合計							1,250,000	1,234,250	15,750	1.26

在全部產品成本計劃完成情況分析表中（表 6-7），總成本都是按實際產量來計算的。因為只有同一實物量的總成本，才可以比較。在公司全部產品中，有的以前年度沒有正式生產過，沒有上年成本資料，因此，公司全部產品成本計劃完成情況的分析，是與計劃比較，計算出全部產品的成本降低額和降低率，查明成本計劃的完成情況。在本例中，該公司本年全部產品總成本完成了計劃。實際成本與計劃成本比較，成本降低額為 15,750 元，成本降低率為 1.26％。在全部產品中，非主要產品成本計劃完成較好，實際成本較計劃降低了 4.504,5％。成本降低額為 12,500 元；而主要產品雖然完成了成本計劃，但僅降低了 0.334,2％，成本降低額為 3,250 元；在主要產品中，乙產品成本比計劃還超支 500 元，超支 0.204,1％，應進一步查明原因。

（2）全部產品按成本項目分析

全部產品總成本按成本項目進行的分析，其依據是企業編製的按成本項目反應的產品生產成本表和產品成本計劃表。下面舉例說明分析方法。

【例 6-6】宏達公司根據本年成本計劃和成本報表（見表 6-6）的有關資料，編製按成本項目反應的全部產品總成本計劃完成情況分析表（見表 6-8）。

表 6-8　　　　全部產品成本計劃完成情況分析表（按成本項目分析）

編製單位：宏達公司　　　　　　　　20××年　　　　　　　　　　單位：元

成本項目	實際產量的總成本 按本年計劃單位成本計算	實際產量的總成本 本年實際	與計劃比 成本降低額	與計劃比 成本降低率	降低率的構成
直接材料	500,000	485,825	14,125	2.825％	1.13％
直接人工	362,500	363,625	-1,125	-3.103％	-0.09％
製造費用	387,500	384,750	2,750	0.709,7％	0.22％
合計	1,250,000	1,234,250	15,750	1.26％	1.26％

從表 6-8 中可以看到，該公司按成本項目反應的全部產品成本計劃完成情況，與計劃比較的成本降低額為 15,750 元，成本降低率為 1.26％，與該公司按產品類別反應的全部產品成本計劃完成情況的分析計算結果相同（見表 6-7 合計數行）。進一步分析可以發現，構成產品總成本的三個成本項目，直接材料項目和製造費用項目完成了計

劃，與計劃比較的降低率分別為 2.825% 和 0.709,7%；但直接人工項目超支 1,125 元，超支 3.103%，對於直接人工項目超支的原因，應當進一步分析。

2. 主要產品成本計劃完成情況的分析

企業主要產品是指分析期正常生產、大量生產的產品，主要產品的產量、消耗、成本、收入、利潤等都在企業全部產品中占很大比重，是產品成本分析的重點。企業主要產品一般在上年生產過，通常有上年成本資料可以比較，因此，也稱為可比產品。在企業產品成本計劃中，除了規定主要產品的計劃單位成本和計劃總成本以外，還規定了與上年比較的成本降低任務，即可比產品計劃成本降低額和降低率。因此，主要產品成本計劃完成情況的分析，重點是主要產品成本降低任務完成情況的分析。分析主要產品成本降低任務的完成情況，根據因素分析法的原理，首先要確定分析對象；其次要確定影響成本降低任務完成的主要因素；最後要計算出各個因素變動對成本降低任務完成情況的影響程度。

（1）確定分析對象

企業主要產品成本降低任務完成情況的分析，其分析對象是主要產品實際成本降低額與計劃成本降低額的差額，以及主要產品實際成本降低率與計劃成本降低率的差異。下面舉例說明。

【例 6-7】宏達公司生產的甲產品和乙產品是主要產品，根據表 6-6 提供的資料，該公司主要產品計劃產量按上年實際平均單位成本計算的總成本為 900,000 元，計劃總成本 875,520 元，計劃成本降低額為 24,480 元（900,000－875,520），計劃成本降低率為 2.72%（24,480÷900,000）。可見，主要產品的計劃成本降低額和降低率，都是與上年比較計算的。因此，為了便於考核，主要產品實際成本降低額和降低率也應與上年比較計算。

根據表 6-7 提供的資料，該公司主要產品實際產量按上年平均單位成本計算的總成本為 1,000,000 元，實際總成本為 969,250 元，與上年比較，主要產品實際成本降低額為 30,750 元（1,000,000－969,250），實際成本降低率為 3.075%（30,750÷1,000,000）。計算結果表明，企業主要產品實際成本降低額超計劃 6,270 元（30,750－24,480），實際成本降低率超計劃 0.355%（3.075%－2.72%），企業較好地完成了主要產品成本降低目標。

（2）確定影響成本降低任務完成的因素

影響主要產品成本降低任務完成的因素，從一種產品來看，影響成本降低率的，主要是產品單位成本一個因素；影響成本降低額的主要是產品單位成本和產品產量兩個因素。從多種產品綜合來看，由於各種產品的計劃成本降低率不同，當各種產品產量在總產品中的比重發生變化時，會影響成本降低任務的完成程度。各種產品在總產品中的比重，稱為產品品種結構。因此，影響產品成本降低率完成的因素，從多種產品綜合分析來看，有產品單位成本和產品品種結構兩個因素；影響產品成本降低額完成的因素，從多種產品綜合分析來看，有產品單位成本、產品品種結構和產品產量三個因素。

（3）計算各個因素變動對成本降低任務完成的影響程度

常規方法：

影響可比產品成本降低計劃完成情況的因素概括地講有三個：

①產品產量

可比產品成本計劃降低任務是按計劃產量計算的，而實際降低額和降低率是按實際產量計算的，在產品品種結構和單位成本不變時，產量的增減就會使降低額發生同比例增減而降低率不會發生變化。這就是說，在其他因素不變條件下，產品產量的變化只影響降低額，不影響降低率。

產量變動對成本降低額的影響＝[∑(實際產量×上年單位成本)－∑(計劃產量×上年單位成本)]×計劃降低率

∑（實際產量×上年單位成本）＝1,000,000　（表6-7）
∑（計劃產量×上年單位成本）＝900,000　（表6-6）
計劃降低率＝2.72%　（表6-6）
降低額＝(1,000,000－900,000)×2.72%＝2,720（元）

②產品品種結構

產品品種結構是指各種產品產量占總產量的比重。產品品種結構變動之所以影響降低額和降低率，是因為各種產品成本降低率不同的緣故，如果成本降低率高的產品在全部可比產品中所占的比重提高，據以計算的平均成本降低率就高，成本降低額就大，反之，降低率和降低額就小。因此，改變產品結構，多生產降低率高的產品，是提高成本降低額和降低率的一個重要途徑。但是，改變產品結構不能是任意的，必須建立在完成各種產品產量計劃的基礎之上。

產品品種結構變動對降低額的影響＝[∑(實際產量×上年單位成本)－∑(實際產量×計劃單位成本)]－[∑(實際產量×上年單位成本)×計劃降低率]

產品品種結構變動對降低率的影響＝影響的降低額÷[∑(實際產量×上年單位成本)]

∑(實際產量×上年單位成本)＝1,000,000　（表6-7）
∑(計劃產量×上年單位成本)＝900,000　（表6-6）
計劃降低率＝2.72%　（表6-6）
∑(實際產量×計劃單位成本)＝972,500　（表6-7）
降低額的影響＝(1,000,000－972,500)－(1,000,000×2.72%)＝300(元)
降低率的影響＝300÷1,000,000×100%＝0.03%

③單位成本

可比產品成本降低計劃和實際完成情況，都是以上年單位成本為基礎計算的。這樣，各種產品單位成本實際比計劃多降低或升高，必然引起成本降低額和降低率實際比計劃相應的降低或升高。

單位成本變動對降低額的影響＝∑(實際產量×計劃單位成本)－∑(實際產量×實際單位成本)

單位成本變動對降低率的影響＝影響的降低額÷[∑(實際產量×上年單位成本)]

∑(實際產量×上年單位成本)＝1,000,000　（表6-7）
∑(實際產量×實際單位成本)＝969,250　（表6-7）
∑(實際產量×計劃單位成本)＝972,500　（表6-7）
降低額的影響＝972,500－969,250＝3,250（元）
降低率的影響＝3,250÷1,000,000×100%＝0.325%

實際超計劃降低額＝30,750-24,480＝2,720+300+3,250＝6,270（元）
實際超計劃降低率＝3.075%-2.72%＝0.03%+0.325%＝0.355%

在以上三個因素中，成本降低是主要因素。企業在完成品種計劃的提下，根據社會需要努力增加產量，降低單位成本，才是完成可比產品成本降低任務的正確途徑。

簡化的方法：

可以用餘額法，前提條件是實際超計劃降低額和實際超計劃降低率計算正確，因為產量不影響降低率，先計算單位成本影響的降低率和降低額，再用總的降低率減去單位成本影響的降低率推出產品結構影響的降低率和降低額，最後用總的降低額減去單位成本和產品結構影響的降低額即得產量影響的降低額。

資料見表6-6和表6-7。

計劃降低額＝900,000-875,520＝24,480（元）
計劃降低率＝24,480÷900,000×100%＝2.72%
實際降低額＝1,000,000-969,250＝30,750（元）
實際降低率＝30,750÷1,000,000×100%＝3.075%
實際超計劃降低額＝30,750-24,480＝6,270（元）
實際超計劃降低率＝3.075%-2.72%＝0.355%

①單位成本

降低額的影響＝Σ(實際產量×計劃單位成本)-Σ(實際產量×實際單位成本)
降低率的影響＝影響的降低額÷[Σ(實際產量×上年單位成本)]
Σ(實際產量×上年單位成本)＝1,000,000　（表6-7）
Σ(實際產量×實際單位成本)＝969,250　（表6-7）
Σ(實際產量×計劃單位成本)＝972,500　（表6-7）
降低額的影響＝972,500-969,250＝3,250（元）
降低率的影響＝3,250÷1,000,000×100%＝0.325%

②產品品種結構

降低率的影響＝降低率的總差異-單位成本影響的降低率
　　　　　　＝0.355%-0.325%＝0.03%
降低額的影響＝Σ（實際產量×上年單位成本）×產品品種結構降低率的影響
　　　　　　＝1,000,000×0.03%＝300（元）

③產品產量

降低額的影響＝降低額的總差異-單位成本的影響額-產品品種結構的影響額
　　　　　　＝6,270-3,250-300＝2,720（元）

在計算確定各個因素變動的影響程度以後，要對企業主要產品成本降低任務的完成情況做出簡要評價。本例宏達公司主要產品成本降低任務的完成情況可以分析評價如下：宏達公司本年主要產品成本降低額和降低率都完成了計劃，成本降低額比計劃增加6,270元，成本降低率比計劃增加0.355個百分點。該廠成本降低任務的超額完成，是產品單位成本、產品產量和產品品種結構三個因素共同影響的結果。在三個因素中，主要是產品單位成本和產品產量較好地完成計劃的結果。由於產品單位成本的降低，使成本降低額增加3,250元，降低率增加0.325個百分點；由於產品產量的增加，使成本降低額增加2,720元，說明企業成本管理工作取得了一定成績。但是在企

業兩種主要產品中，僅甲產品的單位成本和產品產量完成了計劃；乙產品單位成本較計劃超支2元、產量比計劃減少2件，沒有完成成本降低目標和產品產量計劃，對乙產品成本超支的原因應進一步分析。

3.產品單位成本計劃完成情況的分析

在全部產品總成本計劃完成情況的分析和主要產品成本降低任務完成情況的分析中，影響計劃完成的主要因素都是單位成本。因此，應進一步分析產品單位成本計劃的完成情況，查明產品單位成本升降的原因，尋求降低產品成本的途徑。產品單位成本計劃完成情況的分析，重點分析兩類產品：一是單位成本升降幅度較大的產品；二是在企業全部產品中所占比重較大的產品。在這兩類產品中，又應重點分析升降幅度較大的和所占比重較大的成本項目。

產品單位成本計劃完成情況的分析，依據的是有關成本報表資料和成本計劃資料，分析的方法是先運用比較分析法，查明產品單位成本計劃的完成情況，即進行一般分析；再運用因素分析法，查明各個成本項目成本升降的具體原因，即進行因素分析。

（1）產品單位成本計劃完成情況的一般分析

【例6-8】根據宏達公司主要產品單位成本表（表6-9）提供的資料和其他有關資料，運用比較分析法的原理，編製產品單位成本計劃完成情況分析表（表6-10）。

表6-9　　　　　　　　　　主要產品單位成本表
編製單位：宏達公司　　　　　20××年12月　　　　　　　　　　　單位：元
產品名稱：甲產品　　本月實際產量：55件，本年累計產量：625件　　單位售價：1,350元

成本項目	歷史先進水平	上年實際平均	本年計劃	本月實際	本年累計實際平均
單位產品成本	1,080	1,200	1,164	1,175	1,158
其中：直接材料	420	470	439	450	445
直接人工	320	370	375	375	372
其他直接費用					
廢品損失					
製造費用	340	360	350	350	341

表6-10　　　　　　　　產品單位成本計劃完成情況分析表
編製單位：宏達公司　　　　　20××年12月　　　　　　　　　　　單位：元

成本項目	單位成本			與上年實際比		與本年計劃比	
	上年實際	本年計劃	本年實際	降低額	降低率(%)	降低額	降低率(%)
甲產品	1,200	1,164	1,158	42	3.5	6	0.515
直接材料	470	439	445	25	5.319	-6	-1.367
直接人工	370	375	372	-2	-0.541	3	0.8
製造費用	360	350	341	19	5.278	9	2.571
乙產品	1,000	980	982	18	1.8	-2	-0.204
直接材料	400	385	371.4	28.6	7.15	13.6	3.532
直接人工	250	255	258	-8	-3.2	-3	-1.176
製造費用	350	340	352.6	-2.6	-0.743	-12.6	-3.706

根據表6-10的計算結果，可以對該公司主要產品單位成本計劃的完成情況進行簡要評價：與上年實際比較，宏達公司甲、乙兩種主要產品的單位成本都有所降低，降低額分別為42元和18元，降低率分別為3.5%和1.80%；但與上年實際比較，兩種產品的直接人工費用都有所增加，影響了產品單位成本的降低幅度。與本年計劃比較，甲產品單位成本降低6元，降低率為0.515%；乙產品單位成本超支2元，超支0.204%。甲產品單位成本超額完成計劃，主要是直接人工和製造費用完成計劃較好，成本降低額分別為3元和9元；但直接材料項目較計劃超支6元，超支1.367%，應當進一步分析原因。乙產品雖然直接材料項目超額完成計劃，比計劃降低13.6元，降低3.532%；但直接人工和製造費用分別超支3元和12.6元，超支1.176%和3.706%，使乙產品沒有完成單位成本計劃，對於乙產品直接人工和製造費用超計劃的原因，應重點分析。

（2）產品單位成本計劃完成情況的因素分析

①直接材料項目的分析

降低材料成本是降低產品成本的重要途徑，特別是直接材料費用占產品成本比重較大的產品，直接材料項目更應作為產品單位成本分析的重點。影響產品單位成本中直接材料費用變動的因素，主要是單位產品材料消耗量（用量）和單位材料價格兩個因素。分析這兩個因素變動對材料成本的影響程度，根據連環替代法的原理，可以按下列公式計算：

用量變動對材料成本的影響＝（單位產品材料本年實際用量－單位產品材料本年計劃用量）×材料本年計劃價格

價格變動對材料成本的影響＝單位產品材料本年實際用量×（材料本年實際價格－材料本年計劃價格）

上述公式中，本年材料計劃用量和計劃價格是比較的標準。如果與上年實際比較，則上年實際用量和上年材料價格是比較的標準，在計算材料用量和價格對材料成本的影響數額時，可將上述公式中的本年計劃改為上年實際。分析產品單位成本中直接材料費用變動的原因，應當根據直接材料的具體組成內容以及各種材料消耗量和價格的資料，按照上述兩個公式分別計算材料耗用量和價格變動對成本的影響，查明直接材料費用超支或節約的原因。

【例6-9】根據表6-10提供的資料，宏達公司本年生產的甲產品與計劃比較，直接材料費用超支6元，超支1.367%。甲產品消耗A、B、C、D四種材料，根據各種材料耗用量和價格資料，編製直接材料費用分析表（表6-11）。

表6-11　　　　　　　　　　　　直接材料成本分析表

編製單位：宏達公司　　　　　　　　　20××年　　　　　　　　　　　　單位：元

材料名稱	計量單位	材料消耗量		材料價格		材料成本		成本差異		差異額分析	
		計劃	實際	計劃	實際	計劃	實際	差異額	差異率	用量影響	價格影響
A材料	千克	40	42	5	4.9	200	205.8	5.8	2.9%	10	-4.2
B材料	千克	33	35	3	3	99	105	6	6.06%	6	0
C材料	千克	20	18	4	4.2	80	75.6	-4.4	-5.5%	-8	3.6
D材料	千克	10	10	6	5.86	60	58.6	-1.4	-2.33%	0	-1.4
合計						439	445	6	1.367%	8	-2

表 6-11 的分析計算結果表明，宏達公司甲產品單位成本中，直接材料費用實際比計劃超支 6 元，超支 1.367%，主要是 A、B 兩種材料成本超支引起的。A、B 兩種材料的實際成本比計劃成本分別超支 5.8 元和 6 元，合計為 11.8 元。超支的主要原因是單位產品的材料消耗量沒有完成計劃。兩種材料的消耗量增加使直接材料費用增加達 16 元（A 材料 10 元、B 材料 6 元）應當進一步查明原因。C、D 兩種材料，實際成本比計劃成本降低了 5.8 元（4.4+1.4），但由於 C 材料價格超計劃，使 C 材料成本增加 3.6 元，應當進一步分析價格上升的原因。C 材料耗用量減少，使產品單位成本降低了 8 元，也應分析原因，以便總結經驗，進一步挖掘企業內部降低成本的潛力。

②直接人工項目的分析

產品單位成本中的直接人工費用，受工人勞動生產率和工人平均工資兩個因素影響。這兩個因素，也可以用單位產品生產工時消耗和小時平均工資（小時工資率）來表示。根據連環替代法的原理，分析單位產品工時消耗和小時工資率變動對成本的影響，計算公式如下：

單位產品消耗工時變動對成本的影響＝（單位產品本年實際工時－單位產品本年計劃工時）×本年計劃小時工資率

小時工資率變動對成本的影響＝單位產品本年實際工時×（本年實際小時工資率－本年計劃小時工資率）

上述公式是以本年計劃作為比較標準的，如果以上年實際作為比較標準，可將上述公式中的本年計劃改為上年實際。

【例 6-10】根據表 6-10 提供的資料，宏達公司本年生產的乙產品單位產品成本中的直接人工費用實際比計劃超支 3 元，超支 1.176%。為了分析成本超支的原因，收集整理有關乙產品產量、工時、工資等資料（表 6-12）。

表 6-12　　　　　　　　產品產量、工時、工資資料表

編製單位：宏達公司　　　　　　　20××年　　　　　　　　　產品：乙產品

項　　目	本年計劃	本年實際	差異
產品產量（件）	252	250	-2
產品生產總工時（小時）	22,176	21,500	-676
產品生產工人工資及福利費（元）	64,260	64,500	+240
單位產品直接人工成本（元）	255	258	+3
單位產品工時消耗（小時）	88	86	-2
小時工資率（元/小時）	2.898	3	+0.102

根據表 6-12 提供的資料，分析宏達公司乙產品單位成本中直接人工費用超計劃的原因，分析計算過程如下：

分析對象（乙產品單位成本中直接人工費用實際脫離計劃的差異額）：
258-255＝3（元）

由於乙產品單位產品工時消耗降低的影響：
(86-88)×2.898＝-5.8（元）

由於小時工資率提高的影響：
86×(3-2.898)＝+8.8（元）

兩個因素共同影響數額＝－5.8+8.8＝3（元）

上述計算結果表明，宏達公司乙產品單位成本中直接人工費用實際比計劃超支3元，主要是小時工資率超計劃所造的。由於小時工資率實際比計劃提高0.102元，使乙產品單位成本增加8.8元；而乙產品單位產品工時消耗實際比計劃減少2小時，使產品單位成本降低5.8元。這說明宏達公司工人勞動生產率（表現在單位產品工時消耗上）比計劃有所提高，但由於工人平均工資（表現為小時工資率）的增長幅度超過了工人勞動生產率（表現為單位產品工時消耗）的增長幅度，使單位成本中的直接人工費用仍超支3元。

③製造費用項目的分析

製造費用是生產單位為生產產品和提供勞務所發生的各項間接費用，通常應當按照一定標準分配到該生產單位所生產的各種產品成本之中。根據製造費用計入產品成本的方式，分析各因素變動對單位產品成本中製造費用的影響時，可以分析產品產量和製造費用總額兩個因素，也可以分析單位產品工時消耗和小時費用率兩個因素。按照連環替代法的原理，分析單位產品工時消耗和小時費用率兩個因素變動對單位產品成本中製造費用的影響，計算公式如下：

單位產品消耗工時變動對成本的影響＝（單位產品本年實際工時－單位產品本年計劃工時）×本年計劃小時費用率

小時費用率變動對成本的影響＝單位產品本年實際工時×（本年實際小時費用率－本年計劃小時費用率）

上述公式是以本年計劃作為比較標準的，比較標準為上年實際時，可將公式中的本年計劃改為上年實際。

【例6-11】根據表6-10提供的資料，宏達公司本年生產的乙產品，單位成本中的製造費用實際比計劃超支12.6元，超支3.706%。表6-12提供的乙產品單位產品工時消耗本年實際為86小時，本年計劃為88小時；根據製造費用總額資料，乙產品小時製造費用分配率本年實際為4.1元，本年計劃為3.864元。分析乙產品單位成本中製造費用超12.6元的原因，計算過程如下：

分析對象（乙產品單位成本中製造費用實際脫離計劃的差異）：

352.6－340＝12.6（元）

由於單位產品工時消耗降低對成本的影響：

（86－88）×3.864＝－7.7（元）

由於小時製造費用分配率提高對成本的影響：

86×（4.1－3.864）＝20.3（元）

兩個因素共同影響數額＝－7.7+20.3＝12.6（元）

上述計算結果表明，宏達公司乙產品單位成本中製造費用實際比計劃超支12.6元，主要是小時製造費用分配率超計劃所造成的。由於小時製造費用分配率實際比計劃超支0.236元（4.1－3.864），使乙產品單位成本超支20.3元。這說明該公司在控制製造費用總額和增加產品產量方面還大有潛力可挖。對企業製造費用總額增加和乙產品未完成產量計劃的原因，還應進一步分析。

4. 製造費用預算執行情況的分析

在單位成本的製造費用項目的分析中，要瞭解製造費用節約或超支的原因，應當

進一步分析製造費用總額及其構成項目。依據製造費用預算、製造費用明細表和其他有關資料對製造費用預算執行情況進行分析時,應當注意以下幾點:

(1) 運用比較分析法進行分析。將本年(或月、季)實際製造費用總額分別與上年實際製造費用總額和本年製造費用預算進行比較,查明兩個年度製造費用總額的變化情況,查明製造費用預算執行情況。

(2) 分別對固定費用和變動費用進行分析。根據費用與產品產量的關係,將製造費用劃分為固定費用和變動費用。在一定產量(業務量)範圍內,固定費用總額應是相對固定的;變動費用總額則隨產品產量(業務量)的變化而變化。在運用比較分析法進行分析時,固定費用項目可以直接對比;變動費用項目可以先按產品產量(業務量)的變化情況,對本年預算數進行調整,再將本年實際數與調整後的預算數進行對比。

(3) 分析重點費用項目。對製造費用各明細項目逐項分析,分析的重點是實際脫離預算較大(或與上年比較差異額較大)的費用項目,以及在製造費用總額中數額較大,所占比重較大的費用項目。

(4) 分析費用項目的構成比例。在重點分析費用項目的數額變動的同時,應當進一步分析製造費用各明細項目構成比例(比重)的變化情況,檢查費用構成變化的合理性。

(二) 車間班組成本分析

1. 車間成本分析

對車間成本計劃的執行情況及其結果的分析,稱為車間成本分析。企業的產品是由車間生產的,車間是生產費用發生的主要地點,其成本水平的高低,對成本計劃執行的結果影響很大。企業車間成本分析主要包括如下幾個方面的內容:

(1) 考核各車間成本計劃的執行結果。企業在編製成本計劃時,除了按產品類別編製外,為了考核各個車間的成本情況,實行廠內的經濟核算,還要分車間別編製各個車間的成本計劃。其分析對象也是將實際成本與計劃成本進行對比。在進行比較分析時,應剔除一些車間不能控制的不可比的因素(如材料的價格、廠內的勞務結算價格等),從而分析出車間主觀因素對成本計劃執行結果的影響。

(2) 分析影響車間成本計劃的因素及其原因。在計算出各車間成本計劃執行結果的基礎上,還應分析影響車間成本計劃的因素及其原因。車間在進行分析時,當然可以採用前面介紹的全廠成本分析中的一些方法進行分析,但由於車間是產品生產的基層單位,所以,在分析時,可比全廠成本分析更詳細、具體,指標分解及因素可以更細緻一些。

(3) 分清各車間的經濟責任。在分析出實際成本與計劃成本的差額後,應分清各車間的經濟責任,以便採取相應的獎懲措施。車間成本差異產生的原因很多,有的是車間本身工作的結果,如材料消耗量等。當然也有其他車間和部門的因素,如材料價格、其他車間轉入的半成品和勞務的價格等。這時,應將由各車間、部門負擔的差異額進行相互的結轉,從而確定出應由各車間負擔的差異額。

(4) 提出改進的措施。在車間成本分析時提出的問題及產生差異的原因,應採取相應的措施加以改進,取得的成績應進一步鞏固,使車間成本能進一步降低。

2. 班組成本分析

班組成本分析是對生產班組的生產經營活動進行記錄，從而算出成本升降的數額並分析其產生的原因及過程。班組成本分析可由班組兼職的工人負責。班組成本分析的內容應根據班組的特點和經濟核算的特點進行，主要對班組能控制的生產消耗因素進行分析，有的班組還可對其所生產的產品成本進行分析。

本章思考題

1. 什麼是成本報表？為什麼編製成本報表沒有統一格式的要求？
2. 在全部產品成本表中，按品種反應的報表與按成本項目反應的報表，哪些數據存在勾稽關係？
3. 車間成本分析的內容是什麼？

本章練習題

1. 某企業20××年8月份甲產品單位成本中的直接人工費用如表6-1所示：

表6-1　　　　　　　　甲產品單位成本中的直接人工表

項目	工時定額（小時）	每小時工資率	直接人工費用（元）
計劃	20	56	1,120
實際	22	55	1,210

要求：

（1）計算單位產品直接人工費用脫離計劃的差異額；

（2）計算分析工時定額和工資率變動對直接人工費用的影響。

2. 某企業生產甲產品，材料項目的有關資料如表6-2所示：

表6-2　　　　　　　　材料項目有關資料

材料名稱	單位耗用量（千克） 計劃	單位耗用量（千克） 實際	材料單價（元） 計劃	材料單價（元） 實際	材料成本（元） 計劃	材料成本（元） 實際	差異
A材料	100	95	10	8	1,000	760	-240
B材料	200	210	20	22	4,000	4,620	620
C材料	500	490	8	7	4,000	3,430	-570
合計	-	-	-	-	9,000	8,810	-190

要求：根據上述資料，計算材料耗用量和材料價格變動對材料費用的影響。

3. 華寶通用機械製造廠2014年生產甲、乙、丙三種產品，其中甲產品和乙產品為可比產品，丙產品為不可比產品。可比產品成本全年計劃降低率為8%。甲產品銷售單價為600元，乙產品銷售單價為500元。

（1）該廠各種產品單位成本以及製造費用過去的和本年計劃的有關資料分別見表6-3、表6-4。

表 6-3　　　　　　　　　　　各種產品單位成本有關資料　　　　　　　　單位：元

成本項目	歷史先進水平 甲產品	歷史先進水平 乙產品	上年實際平均 甲產品	上年實際平均 乙產品	本年計劃 甲產品	本年計劃 乙產品	本年計劃 丙產品
直接材料	310	250	320	280	330	260	340
直接人工	55	50	60	60	65	70	80
製造費用	65	40	70	50	65	50	60
產品生產成本	430	340	450	390	460	380	480

表 6-4　　　　　　　　　　　6月份製造費用有關資料　　　　　　　　　單位：元

費用項目	本月計劃	上年同期實際
工資	890	858
辦公費	1,200	1,120
折舊費	4,300	3,900
修理費	1,300	1,240
交通費	1,600	1,560
租賃費	400	450
保險費	800	730
水電費	500	440
勞動保護費	400	360
機物料消耗	200	180
其他	150	126
合計	11,740	10,964

（2）該廠1~5月份各種產品累計的產量、總成本、平均單位成本以及累計的製造費用資料分別見表6-5、表6-6：

表 6-5　　　　　　　　　1~5月份各種產品累計的
產量、總成本、平均單位成本資料　　　　　　　　　　　　　　　　　單位：元

成本項目	甲產品累計產量150臺 累計總成本	甲產品累計產量150臺 平均單位成本	乙產品累計產量120臺 累計總成本	乙產品累計產量120臺 平均單位成本	丙產品累計產量50臺 累計總成本	丙產品累計產量50臺 平均單位成本
直接材料	48,150	321	31,680	264	15,500	310
直接人工	8,250	55	7,440	62	6,000	120
製造費用	7,800	52	5,280	44	3,500	70
產品生產成本	64,200	428	44,400	370	25,000	500

表 6-6　　　　　　　　　1~5 月份製造費用累計實際資料　　　　　　　單位：元

費用項目	金額
工資	4,988
辦公費	6,240
折舊費	22,060
交通費	6,460
運輸費	8,000
租賃費	3,500
保險費	4,420
水電費	2,510
勞動保護費	2,350
機物料消耗	1,140
其他	660
合計	62,328

（3）該廠 6 月份各種產品產量、總成本、單位成本以及製造費用的資料分別見表 6-7、表 6-8：

表 6-7　　　　　　　　6 月份產品產量、總成本、單位成本　　　　　　　單位：元

成本項目	甲產品實際產量30臺 總成本	單位成本	乙產品實際產量25臺 總成本	單位成本	丙產品實際產量10臺 總成本	單位成本
直接材料	9,240	308	6,350	254	3,150	315
直接人工	1,680	56	1,425	57	1,250	125
製造費用	1,740	58	1,125	45	750	75
產品生產成本	12,660	422	8,900	356	5,150	515

表 6-8　　　　　　　　　　　6 月份製造費用資料　　　　　　　　　　單位：元

費用項目	金額
工資	960
辦公費	1,210
折舊費	4,320
交通費	1,350
運輸費	1,520
租賃費	630
保險費	810
水電費	490
勞動保護費	440
機物料消耗	220
其他	160
合計	12,110

要求：根據以上資料編製產品生產成本表、主要產品單位成本表、製造費用明細表。

本章參考文獻

1. 萬壽義. 成本管理研究 [M]. 大連：東北財經大學出版社，2007.
2. 胡國強. 成本管理會計 [M]. 3版. 成都：西南財經大學出版社，2012.

第七章
成本預測與決策

【學習目標】
(1) 瞭解成本預測與決策的定義、原則和程序；
(2) 掌握與運用成本預測與決策中各種定性、定量預測的具體方法；
(3) 理解目標成本、定額成本、計劃成本三者之間的關係；
(4) 瞭解成本預測與成本決策之間的關係。

【關鍵術語】
成本預測　成本決策　成本性態　變動成本　固定成本　貢獻毛益　盈虧臨界點
總額分析　差量損益分析　相關成本分析　成本無差別點

第一節　成本預測

一、成本預測概述

(一) 成本預測的概念

預測是人們根據事物已知信息，預計和推測事物未來發展趨勢和可能結果的一種行為。成本預測是經濟預測的一種，是根據歷史成本資料和有關經濟信息，在認真分析當前各種技術經濟條件、外界環境變化及可能採取的管理措施基礎上，對未來成本水平及其發展趨勢所作的定量描述和邏輯推斷。成本預測既是成本管理工作的起點，也是成本事前控制成敗的關鍵。合理有效的成本決策方案和先進可行的成本計劃都必須建立在科學嚴密的成本預測基礎之上。通過對不同決策方案中成本水平的測算和比較，可以從提高經濟效益的角度，為企業選擇最優成本決策和制訂先進可行的成本計劃提供依據。

(二) 成本預測的作用

(1) 做好企業成本預測，可為企業成本決策提供足夠多的可供選擇的各種方案，從而保證企業成本決策的正確性。

(2) 做好企業成本預測，可以為編製企業成本計劃提供正確的依據，從而保證企業成本計劃的正確性。

(3) 做好企業成本預測，可以為企業成本控制和分析、考評提供正確的依據，從而保證企業成本控制的合理性和企業成本分析、考評的正確性。

(三) 成本預測的原則

成本預測要遵循以下基本原則：

(1) 充分性原則。由於成本預測具有一定的假設，為了保證預測的結果與實際發生的情況相吻合，提高預測的準確性，在進行成本預測時，必須充分考慮企業生產經營過程中各方面因素及可能遇見的多種情況，分析評價各因素的內在聯繫和對成本的影響。通過對它們的變動趨勢及性質作合理的分析和取捨，建立實用的成本預測模型，並結合成本管理人員長期累積的實踐經驗，得出預測結果。

(2) 相關性原則。預測結果的準確性在很大程度上取決於所選擇的因素與成本之間的相關性。在進行成本預測時，有時所選的因素與成本有明顯的因果關係，相關性較強；有時成本又受眾多因素的影響，並無明顯的相關因素。前者較適合採用因素分析等方法預測，後者一般採用趨勢分析法預測。

(3) 時間性原則。預測是對某一特定時點做出的，不同的時間範圍有不同的預測內容，適用於不同的方法，其取得的結果也不一樣。如月度、季度、年度、三年、五年預測。預測期越短，定量預測的精確度就越高；預測期越長，精確度就越差，不確定因素越多。因此，短期成本預測可以比較具體，採用的預測模型可簡單些，考慮的因素可以相應少些；長期的成本預測一般不可能十分具體，要採用較為複雜的預測模型和多種預測方法，考慮的因素也多些。

(4) 客觀性原則。成本預測結果的正確與否，最關鍵的要取決於所依據的統計資料是否完整、準確。在進行成本預測之前必須廣泛搜集客觀、準確的成本資料信息，並給予認真的審查和必要的處理，盡可能排除統計資料中那些偶然因素對成本的影響，保證資料具有連續性、全面性和一般性，以真正反應成本變動的一般規律。

(5) 可變性原則。客觀條件是不斷變化的，在未做出決策之前，預測結果應隨著客觀條件的變化做適當的修正。

(6) 效益性原則。進行成本預測需要花費一定的人力、物力，但是為了獲取較高的經濟效益，只要可能取得的相關效益比預測本身所花的代價（費用）大，預測就有必要進行。但是如果預測本身所花代價大於可能取得的相關效益，預測就無必要了。

(四) 成本預測的內容

成本預測的內容涉及宏觀經濟和微觀經濟兩個方面。

宏觀經濟的成本預測，是為整個國民經濟決策和計劃服務的。它主要研究某部門(行業)、某類產品社會平均成本水平及其變動趨勢，為國家制定價格政策，掌握社會生產各部門經濟效益情況，進行國民經濟產業結構調整以及重大投資項目的可行性研究提供依據。

微觀經濟由成本預測，即企業成本預測，是為企業經營決策和計劃管理服務的。在企業經營管理中，凡是與資金耗費有關的生產經營活動，都存在成本預測問題。

本書只限於討論企業成本預測，概括起來，包括下述兩方面內容：

1. 生產經營規劃中的長期成本預測

現代企業經營規模的快速增長和強勁發展，主要取決於高新技術和新產品的成功開發。用於企業規模擴充和新技術，新產品研究開發方面的投資，具有週期長、數額大、風險高的特點，稍有不慎，就可能產生巨大損失，但過於保守，也會喪失發展時機而遭至市場淘汰。因而，在一個較為長遠的發展規劃中，正確把握本專業領域的技

術和產品生命週期，預測在生命週期的不同發展階段上，由於採取各種戰略性生產經營規劃所導致的企業成本水平變化，對於企業發展是至關重要的。

2. 生產過程中的短期成本預測

科學合理地制訂一定時期（年，季，月）的企業成本計劃，為有效地控制成本水平變動提供依據，必須對企業成本水平的發展趨勢作出預測。一定時期的企業市場銷售收入預測和成本預測，是企業利潤預測和編製財務預算的基礎。

生產經營規劃中的長期成本預測往往是與成本決策同時進行，相互補充的；而生產過程中的短期成本預測以企業成本計劃的制定和實施階段的成本預測為主要內容，是企業的一項經常性的管理工作。

（五）成本預測的一般程序

（1）因素分析。開展成本預測，首先必須掌握預測對象的特徵和要求。生產經營規劃中的長期成本預測，需要分析投資項目的性質，各可行方案的基本情況，影響投資項目的外部經濟條件以及投資項目完成投產後的生產經營能力等；生產過程中的短期成本預測，需要分析企業的生產工藝特點和生產組織形式，瞭解在生產經營活動中，生產要素投入與產出的關係以及資金耗費運動的規律，確定對企業成本產生重大影響作用的企業內部技術經濟因素及其在未來時期可能發生變動的性質和程度。

（2）資料收集。按照因素分析的結果，收集並整理用於成本預測的各種成本信息，研究所收集的成本信息所反應的成本變動規律，大致判定所應採用的成本預測方法和所應建立的成本預測模型的類型。

（3）建立模型。在確定所應建立的成本預測模型後，應以所收集的資料為基礎，通過計算，估計成本預測模型中的參數並作檢垂。盡可能使所建立的預測模型符合成本發展趨勢。

（4）計算成本預測值。將所選定自變量在預測期的變動數值代入或本預測模型之中，通過推算，得到成本預測值。

（5）定性預測與預測值修正。在成本預測中，要重視定性預測方法的運用，在廣泛調查研究的基礎上，運用定性方法判斷成本發展趨勢和可能結果，並對照成本定量預測值，作出必要的修正。

（六）成本預測的資料依據

成本預測值的可靠性，在很大程度上取決於所依據資料的真實性和代表性。在企業成本預測中所需收集的資料，主要包括：

（1）投資項目的投資總額、投資回收期及各年的現金淨流量；
（2）投資項目的主要功能或生產能力；
（3）投資項目的外部經濟條件；
（4）投資項目的技術程度和一般耗費水平；
（5）企業外部供銷條件的變化；
（6）同類產品成本國內外先進水平；
（7）企業歷年各類產品產量；
（8）企業歷史產品總成本及單位成本水平；
（9）各類產品材料、燃料、動力及生產工時消耗定額；
（10）生產工人定員及歷年生產工人工資支付數額；

(11) 管理費用預算及歷年執行情況；
(12) 各類產品的廢品損失率；
(13) 預測期企業內部可能採取的技術改造、產品更新方案以及成本管理措施對產品產量、質量、消耗、管理費用等方面產生的影響情況。

二、成本預測的方法

成本預測既需要掌握一定的技術，也需要成本管理人員具備豐富的實踐經驗和敏銳的觀察判斷能力。要求成本管理人員在掌握企業生產經營活動的基礎之上熟練運用科學的預測技術。一般來講，成本預測的方法包括定性預測和定量預測兩大類。

(一) 定性預測法

成本的定性預測是成本管理人員根據專業知識和實踐經驗，對產品成本的發展趨勢、性質以及可能達到的水平所做的分析和推斷。由於定性預測主要依靠管理人員的素質和判斷能力，因而，這種方法必須建立在對企業成本耗費歷史資料、現狀及影響因素深刻瞭解的基礎之上。常用的定性預測方法有調查研究判斷法和主觀概率法、類推法。

1. 調查研究判斷法

這是通過對事物歷史與現狀的調查瞭解，查閱有關資料和諮詢專業人員，結合經驗教訓，對今後事物發展方向和程度做出推斷的方法。這種方法在經濟預測中得到較為廣泛的應用。美國蘭德公司提出的所謂「德爾菲法」就是一種調查研究判斷法。該法採用函詢調查的方式，向有關領域的專家提出所要預測的問題，請他們各自獨立做出書面答復，然後將收集的意見進行綜合、整理和歸類，並匿名反饋給各個專家，再次徵求意見。如此經過多次反覆之後，往往會對所需預測的問題取得較為一致的意見，從而得出預測結果。

調查研究判斷法具有以下優點：第一，經驗是感性和理性的綜合，它來自實踐，具有一定的科學性。第二，簡便易行。調查研究判斷法只需根據人們所掌握的知識、經驗和綜合判斷分析能力進行預測。只要人們的知識、經驗、綜合判斷分析能力達到一定程度，對企業經濟活動的未來狀況做出正確的判斷，就得心應手了。尤其是在需要當機立斷的時候，這種方法更顯示出它的優越性。

不過調查研究判斷法也存在著很大的局限性，這主要表現在：第一，用於定量預測，其結果欠精確。第二，容易受心理、情緒變化的影響，產生主觀片面性。

2. 主觀概率法

主觀概率法是通過調查個人對事件信念程度的基礎上，用數字說明人們對事件可能發生程度的主觀估計。這種方法是對專家經驗的一種量化定性分析方法。由於掌握相同情況的不同人很可能對同一事件提出不同的意見，所以，用主觀概率法能夠匯總並定量考慮不同專家的不同意見，從而得出一種量化的結果。

3. 類推法

類推法的理論依據是事物的類推性原理，即客觀事物之間存在著某種類似的結構和發展模式，人們可以根據已知事物的某種類似的結構和發展模式來類推某個未知事物的結構和發展模式。企業經濟活動亦如此。我們可以根據企業經濟活動內部各組成部分之間的相似性，由一個事物的結構和發展趨勢類推另一個事物的結構和發展趨勢，

這種定性方法稱為類推法。

類推法的要點是：只要兩種事件中存在某些基本相似性，就要盡力探求其他相似性。這樣，要先確定前一種的先導模型曲線，再預測遲發生事件的模型曲線，以探求兩個曲線間的收斂或擴散關係。然後，再根據先導模型的歷史數據，預測遲發生事件的未來發展狀況。如根據某種材料成本隨生產規模擴大而降低，去預測另一種在性能、單耗等方面相似材料的成本降低情況。

(二) 定量預測法

定量預測方法是利用歷史成本統計資料以及成本與影響因素之間的數量關係，通過一定的數學模型來推測、計算未來成本的可能結果。成本的定量預測法需以一定的數學模型為基礎。所謂數學模型，是指在某些假定條件下，將影響經濟活動變化的、相互制約、相互依存的幾個主要因素，按一定的數量關係結合起來，借以描述某種經濟活動變化規律的一組數學關係式。

1. 因果關係成本預測模型

成本是一個綜合性價值指標，它與許多技術經濟指標有著密切的內在聯繫。例如，採用先進技術、革新產品設計、改進生產工藝、合理調節生產組織、提高勞動生產率、降低材料和能源消耗、減少廢品損失、有效利用生產設備、節省管理費用等，都有可能帶來成本的下降。因此，進行成本預測需全面考慮生產經營過程中的多方面因素，從中選擇幾個有代表性的主要影響因素，按照生產耗費規律建立相應的因果關係成本預測模型。因果關係成本預測模型是建立成本 Y 與影響因素 x 之間的某種函數關係 $Y=F(x)$，式中 x 表示影響因素的集合。利用收集的統計資料，對函數 $Y=F(x)$ 中的參數進行估計和統計檢驗，從而得到與統計資料發展趨勢大體相符的成本預測模型。在經濟預測工作中廣泛採用的迴歸分析法，就是一種從事物變化的因果關係出發進行預測的數學模型。其中，因所採用的自變量或預測的對象不同，又分為一元線性迴歸模型、二元線性迴歸模型、多元線性迴歸模型及非線性迴歸模型等。本書只對一元線性迴歸模型進行闡述。

一元線性迴歸預測 $y=a+bx$。

利用一元線性迴歸分析法時，首先要確定自變量 x 與因變量 y 之間是否線性相關及其相關程度，判別的方法主要有「散布圖法」與「相關係數法」。所謂散布圖法，就是將有關的數據繪製成散布圖，然後依據散布圖的分佈情況判斷 x 與 y 之間是否存在線性關係。所謂相關係數法，就是通過計算相關係數 r 判別 x 與 y 之間的關係。相關係數可按下列公式進行計算：

$$r = \frac{\sum x_i, y_i - n\bar{x}\bar{y}}{\sqrt{[\sum x_i^2 - n(\bar{x})^2][\sum y_i^2 - n(\bar{y})^2]}}$$

判斷相關係數相關性標準如表 7-1 所示。

表 7-1　　　　　　　　　相關係數相關性判斷表

相關係數的數值	$|r|>0.7$	$0.3<|r|<0.7$	$|r|<0.3$	$|r|=0$
因變量與自變量的關係	強相關	顯著相關	弱相關	不相關

在確認因變量與自變量之間存在線性關係之後，便可建立迴歸直線方程。式中，y 為因變量，x 為自變量，a、b 為迴歸係數。

根據最小二乘法原理，可得到求 a、b 的公式：

$$a = \frac{\sum x_i^2 \sum y_i - \sum x_i \sum x_i y_i}{n \sum x_i^2 - (\sum x_i)^2}$$

$$b = \frac{\sum y_i - na}{\sum x_i} \quad 或 \quad b = \frac{n \sum x_i y_i - \sum x_i y_i}{n \sum x_i^2 - (\sum x_i)^2}$$

【例7-1】某企業歷年A產品產銷量和成本變化情況如表6-2所示。20××年預計A產品銷售量為1,500萬件，試計算20××年A產品的總成本。

表7-2　　　　　　　　　　產銷量與總成本變化情況表

年度	產銷量(X_i)(萬件)	總成本(Y_i)(萬元)
2004	1,200	1,000
2005	1,100	950
2006	1,000	900
2007	1,200	1,000
2008	1,300	1,050
2009	1,400	1,100

根據上表整理出表7-3：

表7-3　　　　　　　　　總成本預測表（按總額預測）

年度	產銷量 X_i(萬件)	總成本 Y_i(萬元)	$X_i Y_i$	X_i^2
2004	1,200	1,000	1,200,000	1,440,000
2005	1,100	950	1,045,000	1,210,000
2006	1,000	900	900,000	1,000,000
2007	1,200	1,000	1,200,000	1,440,000
2008	1,300	1,050	1,365,000	1,690,000
2009	1,400	1,100	1,540,000	1,960,000
合計 $n=6$	$\sum X_i = 7,200$	$\sum Y_i = 6,000$	$\sum X_i Y_i = 7,250,000$	$\sum X_i^2 = 8,740,000$

將表7-3的數據代入公式，求得 $b=0.5$，$a=400$（萬元）

則，$y=400+0.5x$

把20××年預計銷售量1,500萬件代入上式，得出20××年A產品總成本為：

$400+0.5×1,500=1,150$（萬元）

2. 時間關係成本預測模型

時間關係成本預測模型是以時間為自變量，依據一系列統計資料建立的成本發展趨勢預測模型。它假定在一定條件限制下，未來時期的成本情況將大致按這種趨勢延續發展，從而得出預測結果。時間關係成本預測模型的一般形式是建立成本 Y 與時間 t 變量之間的某種函數關係 $Y=F(t)$，或直接利用收集的成本時間序列資料，借以描述成本依時間發展而變化的趨勢，並通過趨勢的外推預測成本。

3. 結構關係成本預測模型

結構關係成本預測模型即建立影響成本諸因素之間的某種比例關係，通過因素之間相互依存的結構比例變化，預測成本的數值。常用的結構關係模型為投入產出分析模型和經濟計量模型。

（1）投入產出分析模型

投入產出分析用於成本預測工作，是從資金耗費運動過程的整體出發，分析各個生產經營環節上資金的流入耗費與輸出成果之間的數量關係，及其處於平衡狀態的條件，從而達到預測各個環節上資金耗費狀況的目的。

（2）經濟計量模型

經濟計量模型是根據因素間客觀的經濟聯繫，利用各種經濟因素之間的數量依存關係來建立基本數學模型，然後通過這個模型來分析各因素的變化規律，預測未來的經濟變動。經濟計量模型的實質是進行因素測算，所以也稱為因素測算法。最常用的經濟計量模型是盈虧臨界分析模型。

4. 本、量、利預測方法

成本—業務量—利潤三因素之間存在密切的內在依存關係，本、量、利預測是在對三者內在聯繫進行分析的基礎上所做的有關目標利潤、目標銷售量（額）及盈虧臨界點等指標所做的預測分析。它是以成本性態分析為基礎，預測和確定企業的盈虧臨界點，進而分析有關因素變動對企業盈虧的影響。它可以為企業改善經營管理和正確地進行經營決策提供有用的資料。

成本性態，也稱成本習性或成本特性，是指成本總額的變動與產量之間的依存關係，即產量變動與其相應的成本變動之間的內在聯繫。按照成本與產量的依存關係，可將成本分為固定成本、變動成本和半變動成本三類。固定成本是指在一定產量範圍內與產量增減變化沒有直接聯繫的成本，如廠房、機器設備的折舊等。變動成本是指在關聯範圍內，其成本總額隨著產量的增減成比例增減。但是從產品的單位成本看，它卻不受產量變動的影響。半變動成本是指總成本雖然受產量變動的影響，但是其變動的幅度並不同產量的變化保持嚴格的比例。這類成本由於同時包括固定成本與變動成本兩種因素，因而實際上是一種混合成本。

（1）貢獻毛益和貢獻毛益率

①貢獻毛益

貢獻毛益是指產品的銷售收入扣除變動成本後的餘額。它首先應該用於補償固定成本，補償固定成本之後還有餘額，才能為企業提供利潤。如果貢獻毛益不足以彌補固定成本，則企業將發生虧損。貢獻毛益有兩種表現形式：一是單位貢獻毛益，也就是每種產品的銷售單價減去各該產品的單位變動成本。二是貢獻毛益總額，也就是各種產品的銷售收入總額減各種產品的變動成本總額。貢獻毛益是反應各種產品盈利能力的一個重要指標，是管理人員進行決策分析的一項重要信息。現舉例說明如下：

【例7-2】假設某公司在某月只出售一單位產品，該產品單價為10元，單位產品變動成本6元，固定成本總額2,000元，該月銷量為1,000件，則該公司的單位貢獻毛益和貢獻毛益總額計算如下：

單位貢獻毛益＝10-6＝4（元）

貢獻毛益總額＝1,000×（10-6）＝4,000（元）

淨收益＝4,000-2,000＝2,000（元）

②貢獻毛益率

貢獻毛益率是指以單位貢獻毛益除以銷售單價或者以貢獻毛益總額除以銷售收入總額。其計算公式如下：

$$貢獻毛益率＝\frac{單位貢獻毛益}{銷售單價}×100\%$$

$$或貢獻毛益率＝\frac{貢獻毛益總額}{銷售收入總額}×100\%$$

仍以例7-2資料為例，計算貢獻毛益率如下：

$$貢獻毛益率＝\frac{4}{10}×100\%＝40\%或＝4,000/10,000×100\%＝40\%$$

上述計算結果可見該公司的貢獻毛益率為40％，它說明了如果固定成本保持不變，銷售收入每增加1元，貢獻毛益將增加0.4元（1×40％），淨收益也增加0.4元。

（2）盈虧臨界點的預測

盈虧臨界點，也稱損益平衡點或保本點，它是指在一定銷售量下，企業的銷售收入和銷售成本相等，不盈也不虧。盈虧臨界點的預測是以盈虧臨界點為基礎，對成本、銷售量、利潤三者之間所進行的盈虧平衡預測分析。當實際銷售量低於盈虧臨界點的銷售量時，將發生虧損；反之，當實際銷售量高於盈虧臨界點銷售量時，則會獲得利潤。可見，盈虧臨界點是一個很重要的數量指標，因為保本是獲得利潤的基礎。任何一個企業要預測利潤，首先要預測盈虧臨界點，只有實際銷售量超過臨界點，企業才可能產生利潤，從而把目標利潤確定下來。

由於利潤的計算公式可表述為：利潤＝銷量×（單價-單位變動成本）-固定成本

而盈虧臨界點是企業利潤等於零時的銷售量，即：

盈虧臨界（保本）銷售量＝固定成本÷（單價-單位變動成本）

盈虧臨界點的計算可以採用以下兩種形式：

①按實物單位計算

盈虧臨界點銷售量＝固定成本÷（單價-單位變動成本）
　　　　　　　＝固定成本÷單位產品貢獻毛益

如前所說，式中的貢獻毛益是企業利潤的源泉，它首先要用來補償固定成本，補償固定成本之後還有餘額，才能為企業貢獻最終的利潤，否則，就會發生虧損。

②按金額計算

因為：盈虧臨界點銷售量＝固定成本÷單位產品貢獻毛益

盈虧臨界點銷售量×單價＝固定成本÷單位產品貢獻毛益×單價

所以：盈虧臨界點銷售額＝固定成本÷貢獻毛益率
　　　　　　　　　＝固定成本÷（1-變動成本率）

【例7-3】假設甲產品單位售價為10元，單位產品的變動成本為6元，固定成本總額2,000元，則：

盈虧臨界點銷售量＝2,000÷（10-6）＝500（件）

盈虧臨界點銷售額＝2,000÷（10-6）÷10＝2,000÷40％＝5,000（元）

上述計算表明該企業的銷售量要達到500件，或者銷售收入要達到5,000元才能不

盈不虧。

以上盈虧臨界點分析是以企業只銷售一種產品為前提。當企業生產、經營多種產品時，由於每種產品的實物計量單位和貢獻毛益不同，因此，企業的盈虧臨界點就不能以實物數量表示，而只能以銷售額來表示。其計算步驟如下：

首先，計算各種產品銷售額占全部產品總銷售額的比重。其計算公式可表述如下：

各種產品的銷售額比重＝各種產品銷售額÷全部產品總銷售額

其次，以各種產品的貢獻毛益率為基礎，以該種產品銷售額占銷售總額的比重為權數進行加權平均計算，從而求出各種產品綜合的加權貢獻毛益率。其計算公式可表述如下：

綜合貢獻毛益率＝Σ（各種產品貢獻毛益率×各種產品的銷售額比重）

再次，計算整個企業綜合的盈虧臨界點銷售額，即：

綜合的盈虧臨界點銷售額＝固定成本總額÷綜合的加權貢獻毛益率

最後，計算各種產品的盈虧臨界點銷售額，即：

各種產品的盈虧臨界點銷售額＝綜合盈虧臨界點銷售額×各種產品的銷售額比重

【例7-4】某企業生產甲、乙、丙三種產品，銷售單價分別為20元、10元、15元，單位變動成本分別為15元、7元、9元，固定成本總額為16,000元，預計銷售量為甲產品1,000件、乙產品為5,000件、丙產品為2,000件。根據上述提供的資料，計算如下：

首先，必須計算各種產品銷售額占全部產品總銷售額的比重：

甲產品＝(20×1,000)÷(20×1,000+10×5,000+15×2,000)×100%＝20%

乙產品＝(10×5,000)÷(20×1,000+10×5,000+15×2,000)×100%＝50%

丙產品＝(15×2,000)÷(20×1,000+10×5,000+15×2,000)×100%＝30%

其次，計算企業綜合加權貢獻毛益率：

甲產品貢獻毛益率＝(20-15)÷20×100%＝25%

乙產品貢獻毛益率＝(10-7)÷10×100%＝30%

丙產品貢獻毛益率＝(15-9)÷15×100%＝40%

綜合的加權貢獻毛益率＝25%×20%+30%×50%+40%×30%＝32%

再次，計算整個企業綜合的盈虧臨界點銷售量：

綜合的盈虧臨界點銷售額＝16,000÷32%＝50,000（元）

最後，計算各種產品盈虧臨界點的銷售額：

甲產品盈虧臨界點的銷售額＝50,000×20%＝10,000（元）

乙產品盈虧臨界點的銷售額＝50,000×50%＝25,000（元）

丙產品盈虧臨界點的銷售額＝50,000×30%＝15,000（元）

上述計算結果表明，該企業總的銷售收入要達到50,000元，其中甲產品的銷售收入要達到10,000元，乙產品的銷售收入要達到25,000元，丙產品的銷售收入要達到15,000元才可以保本。

(三) 定性與定量成本預測方法的結合應用

在成本管理實踐中，許多成本管理工作者都感到採用定量預測方法所得到的結果往往與實際情況相距甚遠，缺乏可靠性。究其原因，在於成本預測模型是依據成本統計資料，對成本變動的歷史發展趨勢和規律所作的描述，沒有充分考慮在生產經營條件發生變化下，各因素對成本的影響作用。對未來影響因素的變動及其作用，仍然要

依靠成本管理人員的實踐經驗和職業判斷能力。即使在定量預測方法和計算手段漸趨成熟和先進的條件下，定性預測方法及其與定量預測方法的結合應用，也是提高成本預測可靠性的重要方面。如何將定性預測和定量預測方法更好地結合起來，一般要考慮下述情況：

（1）影響成本變動因素的穩定性和可量化性。企業成本受到企業內部生產經營條件，管理水平以及市場狀況，國家經濟政策等眾多複雜因素影響，在這些因素中，有的較為明確和穩定，有的卻具有不確定性；有的可以量化，有的卻不能量化。當影響成本變動的主要因素在一段時期內保持相對穩定，且便於定量化時，宜主要採用定量預測方法，否則以主要採用定性預測方法為好。

（2）預測期的長短。成本預測期的長短直接與影響因素的穩定性有關。在一個較短的時期內（如月度），未來成本水平狀況能較好地保持歷史趨勢而遞延發展，因而在作短期成本預測時，一般可以定量方法為主，並重視近期成本資料的作用。在一個較長的時期內（如年度）由於各種因素都有可能發生較大的變動，因而應在採用定量方法的基礎上，運用定性預測加以修正，甚至更多地要依靠成本管理人員對因素變動及其影響作用的職業判斷，以防止某些重要因素發生較大變動而在預測模型中並未包含從而產生較大的誤差。

（3）成本統計資料的完整性與可靠程度。採用定量方法建立成本預測模型，其計算結果是否可信，不僅取決於模型本身的合理性，更取決於成本統計資料的完整性和可靠程度。在成本統計資料較為完整、可靠時，往往可以從中找出規律性聯繫，從而建立定量預測模型。反之，如果成本統計資料不完整、不可靠，或者其中包含有許多偶然性因素產生的影響作用，甚至根本無成本統計資料可循，則應以採用定性預測方法為宜。

（4）預測模型類型的選擇。通過對成本統計資料的分析，判斷主要影響因素的性質及預測模型的類型，必須依賴定性分析。沒有對影響因素的調查研究和對相互關係的分析，定量預測方法必然失誤。

（5）預測結果的檢驗與修正。為了避免預測結果的片面性，在採用某種定量成本預測方法時，需要採用定性預測方法，或另一種定量成本預測方法對預測結果予以檢驗和修正。

（6）管理人員的專業水平和實踐經驗。定量預測方法和定性預測方法對管理人員的要求不同，如果管理人員理論水平較高，宜多考慮採用定量預測方法，如果管理人員實踐經驗較為豐富，宜多考慮採用定性預測方法，這樣因人制宜、揚長避短，可以收到較好的效果。

三、目標成本、定額成本、計劃成本與成本預測

目標成本、定額成本、計劃成本與預測成本都是用於成本事前控制的成本管理指標，它們之間有著一定的內在聯繫，但在理論概念、編製依據、計算方法以及所起的作用等方面又有所區別。

（一）目標成本及其測定方法

目標成本是為實現未來一定時期的生產經營目標所規劃的企業成本水平，是企業從事生產經營活動在成本管理方面所建立的奮鬥目標。就某一產品而言，目標成本也是生產該種產品所預定達到一種先進的成本水平。目標成本是企業目標管理的構成內

容之一，對於實現企業總體生產經營目標有著重要的作用。

實際上，目標成本反應了管理者的一種主觀願望，即管理者在全面綜合分析企業的生產經營能力、外部條件、發展趨勢和企業其他有關方面要求的基礎上，對企業成本的一種期望值。目標成本一般用於企業設計新產品，投資項目或企業經過重大技術改造措施後對成本水平的測算。對於正常生產的企業，也可以將一定時期的目標成本通過層層分解，下達到各級生產經營單位，作為降低成本的努力方向。

目標成本的測算方法主要有：

1. 因素測算法

因素測算法是依據既定的產品銷售價格，預計的期間費用水平和目標銷售利潤額（或銷售利潤率）推算目標成本的方法，一般計算公式如下：

設：計劃銷售量　　　　　Q
　　目標銷售利潤　　　　SP
　　產品銷售單價　　　　P
　　預計期間稅費率　　　K
　　單位產品目標成本　　AC

則：$AC = P \times (1-K) - SP \div Q$

上式中，單位產品售價是不含應計銷項稅金的無稅價格，該價格是企業生產的某種在市場上最具競爭力的，可實現銷售收入的產品價格，如果企業採取商業折扣等銷售策略，則應從該價格中予以扣除。對於企業內部各單位制定目標成本時，該價格就是按市場售價在內部各單位按一定標準（通常是各生產階段上的成本比率）分解後的結果。期間稅費率是預計的管理費用、銷售費用和財務費用佔銷售收入總額的比率，該比率可從企業財務預算中獲得。目標銷售利潤總額是一定時期企業制定的生產經營目標。計劃銷售量是由一定時期企業的生產銷售計劃決定的。上述公式並未考慮在產銷不平衡下，上期銷售成本的變動及銷售成本計價方法的影響。在更多情況下，目標成本可採用銷售利潤率測算，計算公式為：

設：目標銷售利潤率為 R

則：$AC = P \times (1-K-R)$

如果採用成本利潤率指標，則目標成本的計算公式為：

設：目標成本利潤率為 W

則：$AC = P \times (1-K) \div (1+W)$

【例7-5】某企業大量生產甲、乙兩種產品，預計明年的銷售量及目標銷售利潤如表7-4所示：

表7-4　　預計甲、乙兩種產品明年的銷售量及目標銷售利潤表　　單位：元

產品	售價（元/千克）	計劃銷售量（千克）	目標利潤率	預計期間稅費率（％）					目標銷售利潤	目標單位成本（元/千克）
				管理費用	銷售費用	財務費用	價內流轉稅	合計		
甲	50	2,000	20	3	6	1	10	20	20,000	30
乙	100	1,000	20	6	12	2	10	30	20,000	50
合計		3,000		9	18	3	20	50	40,000	

甲產品單位目標成本＝50×（1-20%）-20,000÷2,000＝30（元/千克）

或：＝50×[1-20%-20,000÷(2,000×50)×100%]＝50×(1-20%-20%)＝30(元/千克)

乙產品單位目標成本＝100×（1-30%）-20,000÷1,000＝50（元/千克）

或：＝100×[1-30%-20,000÷(1,000×100)×100%]＝100×(1-30%-20%)

＝50(元/千克)

2. 量本利預測法

量本利預測法是依據成本性態及其與目標利潤之間關係的原理，測算目標成本的方法。對於管理會計基礎較好，採用變動成本法計算產品成本的企業，適宜利用有關固定成本，變動成本和目標利潤資料，採用這種方法測算目標成本。

設：目標銷售總成本為 TC

預計總固定成本為 FC

預計單位變動成本為 V

則：$Q=(FC+SP)÷[P×(1-K)-V]$

$AC=FC÷Q+V$

【例7-6】某種產品單位售價200元/臺，目標利潤20,000元，預計固定成本20,000元，預計單位變動成本80元/臺，預計期間稅費率20%，計算該種產品目標單位成本為：

$Q=(FC+SP)÷[P×(1-K)-V]=(20,000+20,000)÷[200×(1-20%)-80]=500$（臺）

$AC=FC÷Q+V=20,000÷500+80=120$（元/臺）

（二）定額成本及其測定方法

定額成本是對某一產品設計方案或在採取某項技術改造措施後，按產品生產的各種現行消耗定額和當期正常費用預算編製的成本限額。

定額成本的顯著特徵是：其水平直接受到企業現有技術經濟水平和生產條件的制約，並隨企業技術經濟狀況和生產條件的變更而變動。而且，定額成本的意義並不只在於某產品的成本水平，而是確定構成該產品的所有零部件，不同的生產加工工序以及各項耗費的定額標準，以用於產品生產過程中，各項耗費發生的控制。因而，定額成本包括產品零件定額成本、部件定額成本、工序定額成本、半成品定額成本、在產品定額成本以及某成本項目定額成本等。

定額成本的制定主要是按產品生產工藝過程和各成本項目逐個逐項測算的，具體方法有：

（1）按產品生產工藝過程分解法。這種方法是按產品工藝加工過程和產品結構，分成本項目分解計算在各工序上加工產品的定額成本，再按產品結構匯總為產品定額成本。運用這種方法制定定額成本較為準確，但計算過程也較為複雜，適於構成的零部件和加工工序較少的產品採用。

【例7-7】甲產品由一套A部件和兩套B部件所構成。A、B部件由機加工車間生產，交裝配車間組裝為產成品。經對機加工車間各工序（車床、刨床、鑽床、銑床等）和裝配車間各工序（裝配、調試等）材料和工時的測定，編製甲產品定額成本資料如表7-5所示。

表 7-5　　　　　　　　　　　　　定額成本測算表

產品：甲　　　　　　　　　　　　　　　　　　　　　　　　　　　　　　　　單位：元

成本項目	機加工車間						裝配車間		
^	A 部件			B 部件			消耗定額	計劃單價	定額成本（元/臺）
^	消耗定額	計劃單價	定額成本（元/套）	消耗定額	計劃單價	定額成本（元/套）	^	^	^
自制半成品	-	-	-	-	-	-	-	-	195
直接材料	6千克/套	8元/千克	48	4千克/套	10元/千克	40	-	-	-
動力費用	15度/套	0.2元/度	3	10度/套	0.2元/度	2	5度/臺	0.2元/度	1
直接工資	4小時/套	4元/小時	16	3小時/套	4元/小時	12	2小時/臺	5元/小時	10
製造費用	4小時/套	2元/小時	8	3小時/套	2元/小時	6	2小時/套	3元/小時	6
合計	-	-	75	-	-	60	-	-	212

註：各工序加工工時測算表舉例從略。

（2）按成本項目分解法。這種方法是按產品品種分成本項目制定定額成本，再將產品定額成本按產品工藝加工過程和產品結構，分解為各零部件的定額成本。通常採用的分解標準是產品各零部件的材料定額消耗比例和工時定額消耗比例。運用這種方法較為簡便，但各零部件定額成本也較為粗略（因不是逐項測定消耗定額），適於產品種類較多，零部件構成和加工工序較為複雜的企業採用。

【例7-8】某化工廠生產多種產品，其中甲產品由A、B兩種半成品合成生產。A種產品先由第一車間投料生產，完工產出後部分對市場銷售，部分轉入第二車間投入原材料繼續加工；B種產品由第三車間投料生產，完工產出後部分對市場銷售。A、B兩種產品均轉入第四車間合成為甲種產品。

經過技術測定，甲產品在第四車間、第三車間和第二車間的材料消耗定額比例為：20%、30%和50%，動力消耗定額比例為：30%、25%和45%，工時消耗定額比例為：25%、35%和40%，A種產品在第二車間和第一車間的材料消耗定額比例為30%和70%，動力消耗定額比例為40%和60%，工時消耗定額比例為45%、55%。甲產品分成本項目測算的定額成本及其按定額比例分解情況如表7-6所示：

表 7-6　　　　　　　　　　　　定額成本測算表　　　　　　　　　　　　　單位：元

成本項目	第四車間			第三車間		A 產品			
^	^	^	^	^	^	第二車間		第一車間	
^	消耗定額	計劃單價	定額成本	定額消耗比例	定額成本	定額消耗比例	定額成本	定額消耗比例	定額成本
直接材料	20千克/袋	4元/千克	80	30%	24	50%	40	70%	28
其中：A 產品	10千克/袋	4元/千克	40	-	-	-	-	-	-
B 產品	8千克/袋	3元/千克	24	-	-	-	-	-	-
其他原料	2千克/袋	8元/千克	16	-	-	-	-	-	-
動力費用	20度/袋	0.5元/度	10	25%	2.5	45%	4.5	60%	2.7
直接工資	4小時/袋	5元/小時	20	35%	7	40%	8	55%	4.4
製造費用	4小時/袋	2元/小時	8	35%	2.8	40%	3.2	55%	1.76
合計	-	-	118	-	36.3	-	55.7	-	36.86

(三) 目標成本、定額成本、計劃成本與預測成本的關係

目標成本、定額成本、計劃成本與預測成本作為成本事前控制的成本管理指標，都是著眼於未來時期生產經營活動中的資金耗費過程中，離不開憑藉企業過去和現在的有關技術經濟資料和成本信息，判斷或限定今後生產經營活動中成本發展狀態和可能結果。但是他們之間是有所區別的，表現在：

1. 制定的依據不同

目標成本制定的依據是企業的生產經營目標，具體地講是目標利潤（或目標利潤率）以及既定的價格。儘管這種生產經營目標的建立與企業的經營現狀有關，但更大的程度上是反應了企業管理決策者為適應市場同類產品競爭和滿足企業效益目標而提出的主觀要求。

定額成本制定的依據是企業生產技術狀況、產品結構和消耗定額，它並不隨時間的推移而變化，而是隨生產技術和產品設計方案的變更而變動的。

預測成本制定的依據是企業歷史成本或投資項目可行方案的資料，以及成本管理人員對成本發展趨勢的經驗和判斷能力。計劃成本制定的依據是企業成本預測的結果、成本決策方案措施以及企業生產經營總體計劃的要求。計劃成本通常按年度編製並分解到各個月度。

2. 制定方法不同

目標成本的制定主要採用因素測算法，定額成本的制定主要採用技術測定法，計劃成本的制定需要考慮企業生產經營計劃的綜合平衡關係，依據預測成本情況而確定，預測成本是採用定量預測模型和定性預測方法結合而計算的。

3. 作用不同

目標成本對於企業在未來一定時期的成本發展趨勢起著一種總體控製作用，它促使企業管理人員，通過各種途徑去努力達到這一目標。以目標成本作為企業各個部門和各個生產環節上成本控制和考核標準，有利於將市場競爭機制引入企業內部，強制性地促使企業成本水平適應市場競爭的要求。但是，它作為一種努力目標，畢竟與某一具體時期和某一具體生產環節上的成本狀況有可能存在較大差距。

定額成本是企業內部各個生產經營環節上各種產品成本的控制標準。定額成本需要根據不同時期的預測成本加以修訂，在同行業同類產品社會平均成本基礎之上，結合本企業管理狀況制定，並根據生產經營措施方案實施後的預測成本加以修訂的定額成本，稱之為「現行定額成本」。現行定額成本是企業成本事中控制的標準。由於在一年的各個月份，企業都有可能實施某項生產經營措施方案而導致定額成本的變動。也有可能企業的生產技術和生產經營狀況保持相對穩定，在一個較長的時間內不修訂定額成本，因而，不宜以定額成本作為企業年度成本考核指標。

計劃成本是企業年度成本考核指標，也是企業生產經營計劃組成內容之一。由於產品的設計與改造，以及技術改造措施的實施一般都分散在各個月度進行，因而年度成本計劃並不一定等於各月度的現行定額成本，但應與全年加權平均的現行定額成本相符。這樣在一年內各月度的各生產經營環節上，一方面按現行定額成本控制企業的日常資金耗費，另一方面又能保證企業成本計劃得以實現。計劃成本法具有較強的綜合性，不宜作為企業內部各生產經營環節上的成本控制標準。

預測成本作為對企業成本發展趨勢的科學推斷，其中不乏合理的估計成分。它是

修訂定額成本、編製企業成本計劃的重要依據，但其本身對企業生產經營活動不具有約束力，既不宜作為成本控制標準，也不宜作為企業成本考核指標。

上述各成本概念之間的關係，如圖 7-1 所示：

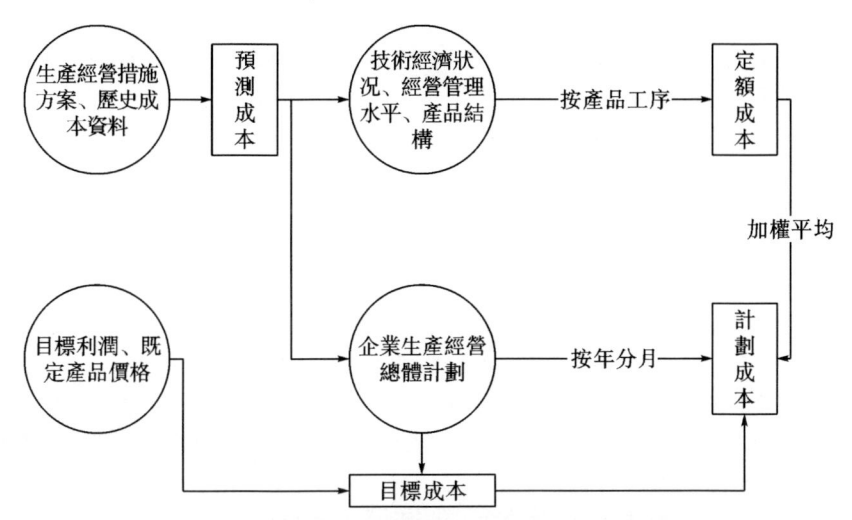

圖 7-1　預測成本與回標成本、定額成本、計劃成本關係

第二節　成本決策

一、成本決策概述

(一) 成本決策的定義

成本決策是指為了實現成本管理的預定目標，通過大量的調查預測，根據有用的信息和可靠的數據，並充分考慮客觀的可能性，在進行正確的計算與判斷的基礎上，從各種形成本的備選方案中選定一個最佳方案的管理活動。

(二) 企業成本決策的意義

企業成本決策是指在成本費用預測的基礎上，從達到同一目標利潤的不同成本預測方案中選擇一個最優方案的科學方法。企業成本決策的最優化是實現同一目標利潤的成本水平最低化，最優化成本決策在企業經營管理中具有重要的現實意義。

(1) 企業成本決策是目標利潤實現的保證。企業的利潤水平在一定條件下受企業成本水平的制約。在其他因素不變的前提下，成本升高，利潤就會相應降低；成本降低，利潤就會相應增加。利潤與成本成反方向變動。因此，企業要實現未來的目標利潤，就必須使未來的成本達到一個最優水平，沒有最低成本作為保證，目標利潤水平就不可能實現。

(2) 企業成本決策是成本計劃工作的前提條件。只有進行成本決策並選擇出一個最可行的方案，才能在此基礎上編製成本計劃，並使所編製的成本計劃能切實保證目標利潤的實現。不通過成本決策而編製的成本計劃，具有相當程度的盲目性，計劃的盲目性會導致計劃執行的不可控制性，不利於有效地控制成本支出，最終目標利潤難

以實現。

(3) 企業成本決策是其他經營決策的重要依據。成本決策的直接結果反應未來成本的耗費水平，在進行其他經營決策時，必須遵循低消耗、高收入的原則，根據決策的最低成本水平，來制訂或修訂企業的生產經營方案，使企業真正實現以最低的成本支出，取得最大的收益。

(4) 企業成本決策是企業提高管理水平的手段。企業的經營管理水平低，主要的表現是成本支出大而難以控制，從而導致企業的盈利水平低。進行成本決策，可以為企業計劃期的生產經營確定最低消耗目標，通過成本計劃的編製確定各階段、各工序、各項目、各部門的成本支出限額，從而更好地加以控制，促使有關部門與單位努力改進工作，提高企業的經營管理水平。

(5) 企業成本決策是企業進行成本控制的依據。企業通過一定時期成本的預測及決策，從而確定了企業在一定時期生產技術水平下的目標成本。為了保證目標成本的具體落實與實現，就必須根據目標成本的要求，結合計劃期的生產技術水平，編製成本計劃，將企業的目標成本進行指標分解，並制定出相應的成本控制標準。這既有利於保證目標成本的實現，又有利於促進合理配置和有效利用各種資源，進一步降低成本。成本決策有利於建立和健全企業內部的成本管理責任制度，實行歸口分級管理，正確確定各部門、各生產環節、各加工工序的成本水平，有利於實行全面成本控制，並為成本分析與考核提供依據。

(三) 成本決策的原則

(1) 整體性原則。由於成本牽涉人、財、物和供、產、銷各種生產要素以及各個生產經營環節，每個環節的成本支出都直接影響企業的成本水平。因此，在成本決策時要使各種生產要素和各個生產環節都要統一服從於企業的總體成本目標。從實現整體總目標出發，進行各個因素之間的綜合平衡，以形成整體的經濟效益。

(2) 人本性原則。降低成本的因素（包括勞動、消耗、費用、管理、技術、環境等多方面）中，人是決定性因素，當客觀的物質與環境條件處於既定情況時，人對系統控制的優劣，對整個系統的成敗起著決定性作用。因此，在成本決策中，要充分重視人在系統中的能動性作用。

(3) 相對性原則。成本是一個相對的概念，建立在現代成本決策的觀念基礎上。成本並非越低越好，當然更不是越高越好。標準是什麼？標準是看綜合效益如何？如果投入的成本能夠帶來更多效益，那麼這種成本支出就是合理的。

(4) 最優化原則。成本決策中，由於多種複雜因素的影響，往往是此消彼長。例如，為了擴大生產規模、投資於固定資產，從而增加了折舊成本和資金成本，但由於產量的增加，又相對降低了單位產品的固定成本；又例如，投入技術研究工作，增加了科技開發費用支出，但由於生產技術的改進，增加產品產量，提高了產品質量，減少了廢品率從而降低了產品成本。所以，在成本決策時，要從多種因素多個方案中，權衡利弊，根據最優化原則，從中選擇整體效益最優的方案。

(四) 成本決策的內容

成本決策作為對未來資金耗費與所獲效益關係的評價與研究，與成本預測密切相關，概括起來，其內容涉及生產經營規劃與生產經營過程兩個方面：

(1) 生產經營規劃中的成本決策。在企業生產經營規劃中，為了從成本角度對各

種生產經營方案作出評價和選擇，需要在下述各方面做好成本決策工作：

①投資項目可行性研究中的成本決策。企業在新建、擴建、改建、實施技術改造、調整產品結構等工作中，必須對各種方案的可行性進行技術經濟論證，這不僅需要從投資數額的大小、投資回收期的長短、技術先進程度等方面進行考察和論證，還需要從投資項目建成投產後，企業生產成本水平的高低進行決策，擬定和選擇優化方案，為企業成本管理工作奠定良好的基礎。

②產品設計與改造成本決策。新產品研究開發與老產品改造，都需要在適應市場需要，保證產品質量的前提下，以生產成本最低、產品功能最大為目標，對不同的產品設計與改造方案進行成本預測和決策，以確定最優的產品結構、性能、工藝技術要求，設備配置和原材料配比。

③生產組織成本決策。隨著社會主義市場經濟體制的建立與完善市場經濟格局正從賣方市場轉向買方市場，激烈的市場競爭，要求產品不斷更新換代，產品壽命週期趨於短期化。為適應市場個性化、多元化的需求趨勢，生產者必須針對不同層次消費市場和需求特點，開發不同產品。多品種、小批量生產組織方式已成為當今製造業的主流。從成本決策的角度，選擇與市場需求相適應的生產規模和生產組織方式，是生產經營決策的重要內容。

（2）生產過程中的成本決策。在產品生產過程中，為了有效地控制各種勞動耗費，需要隨時針對生產過程中影響成本水平發生變動的各種技術經濟因素，以及在生產經營管理中所出現的各種問題，研究調節措施，以降低成本水平，提高效益為目的作出成本決策。

①成本降低決策。降低企業成本水平是成本管理所追求的，永無止境的目標。隨著生產效率和成本管理水平的提高，企業成本水平將呈下降的趨勢。但是，成本水平的變動必然受到經營環境和技術經濟條件變化的影響，為此，需要從生產經營的各個方面尋求成本降低的途徑，通過管理措施的優化與實施，確保成本降低計劃得以實現。

②質量成本決策。從保證質量水平的投入與產生質量缺陷損失之間的相互關係中，研究最優符合性質量水平標準，做好質量成本決策工作，是質量成本管理的重要內容。

③成本目標動態決策。企業成本的形成是一個動態的發展過程，在這個過程中，為了保證目標成本的實現，需要以時間為變量，動態地追蹤實際成本與目標成本偏離波動狀況，對下一時期所需採取的調節措施作出動態決策，促使在整個目標成本執行期內所發生的實際成本低於預定的目標。

（五）成本決策的構成要素及類型

（1）成本決策的基本構成要素。任何一個決策問題，都必須掌握三個基本要素：一是決策的目標；二是所選擇的方案在實施過程中可能出現的狀態；三是當採用某一方案在出現某種狀態下，該項決策的後果。目標、狀態和效益（後果）是決策的三個基本要素。

（2）成本決策的類型。成本決策有下述幾種主要類型：

①上層決策與基層決策。按照決策者在企業組織體系中的地位，可以分為上層和基層成本決策。成本決策的不同層次，應根據企業的組織結構而決定，以便與決策者的權責適應，並納入責任成本管理制度的內容之中。

②戰略性與經營性成本決策。按照決策涉及的時間範圍，可以分為戰略性與經營

性成本決策。戰略性成本決策是從投入耗費與產出效益相互作用的關係上，對企業整體、長期生產經營規劃方針所作的研究，它對企業的生產經營方向、企業組織構架、市場經營策略起著指導性作用，為現代企業經營管理所重視。經營性成本決策是在實施生產經營計劃過程中，為控制資金耗費狀況，對可能採取的調節措施所作的選擇。它是實現戰略性成本決策的具體保證。

③定量與定性成本決策，按照決策涉及的變量是否可以量化，可以分為定量與定性成本決策。定量成本決策所包含的決策變量及其方案效益均可以量化，因而有條件採用一定的數學模型進行計算，根據計算結果作出評價和判斷，定性成本決策所包含的決策變量及其方案效益不便量化，只能根據決策者的工作經驗，對方案效益作出某種性態和趨勢性描述，並據以作出分析和判斷。從表面上看依據量化的計算結果評價各方案的效益，並作出判斷似乎更為「可靠」，但是，這種計算結果是基於對未來狀態變量的估計而得出的，因而，定量與定性成本決策必須結合應用，才能減少決策的偏差和失誤。

④經常性與一次性成本決策。按照決策問題出現的次數，可以分為經常性與一次性成本決策。對於經常反覆出現的同類性質的資金耗費問題（例如在生產過程中降低消耗）作出決策，可以累積經驗，簡化決策過程；一次性成本決策由於無歷史資料和經驗可循，風險較大，須謹慎從事。

⑤確定性與不確定性成本決策。按照狀態變量的確定程度，可分為確定性、風險性和不定性成本決策。確定性成本決策是在狀態變量已知的條件下，採取一種方案，只有一種相應的確定結果的決策。這類決策較容易採用量化方法，求得化解。風險性與不定性成本決策都是在狀態變量不明確或未知的條件下，採取一種方案，可能有多種結果出現的決策。在不確定性決策中，一種決策方案的結果，完全取決於狀態變量的取值或性質。不同的是，在風險性成本決策中，某種狀態變量的取值，可以給予一定的概率估計作為依據，當然，這種概率估計是有風險的。不定性成本決策的狀態變量則完全未知，只能憑藉決策者的判斷來決定。從信息論的角度上看，確定性決策是在相關信息充分和可靠的白色系統中作決策。不確定性決策是在相關信息不充分的灰色系統中作決策（風險性決策）和在相關信息完全未知的黑色系統中作決策（不定性決策）。在生產經營活動中的許多決策問題，尤其是涉及長遠規劃的戰略性成本決策，都具有狀態變量不確定的性質，因而是成本決策研究的重點。

⑥靜態與動態成本決策。按照狀態變量隨時間而變動的情況下分為靜態與動態成本決策。靜態成本決策是在所處理的問題中，狀態變量一經確定，一般不再隨時間而變化，或者為簡化對問題的處理，認為其狀態變量不隨時間發生改變的決策。動態成本決策則是狀態變量隨時間而改變，因而，需要依據這種變化，採取一系列與之相適應的、相互關聯方案的決策，以追蹤狀態變量的變化，調節決策變量取值，保證決策目標的實現。從理論上看，成本決策中的狀態變量大多具有不確定和動態的性質，尤其是在執行目標成本計劃的過程中，動態成本決策更符合對成本發展趨勢進行調節的要求，具有較大的實用價值。

（六）成本決策的程序

決策過程一般有三個步驟：一是確認問題的性質，建立決策目標；二是分析決策變量和狀態變量的取值及其確定程度，擬定各種可行方案；三是計算或推斷各種方案

在一定狀態下的效益，通過比較，從中擇優。

（1）決策目標的建立。從成本決策的總體目標上看，成本決策就是要求所處理的生產經營問題中，資金耗費水平達到最低，相應取得的效益最大。具體在某一經營問題中，成本決策的目標可以採取多種不同形式。建立成本決策目標的原則是：

①分析決策問題的性質，從所建立決策目標的性質上判斷該決策問題是否屬於成本決策的範疇，以及屬於哪種類型的成本決策；

②所建立的成本決策目標，應以需要和可能為基礎，兼顧企業目前利益與長遠利益，使企業在當前技術經濟條件和管理水平下通過自身努力能夠得到實現；

③適當選擇成本決策目標的約束條件，重視決策目標與約束條件之間的相互轉換關係，正確處理可能出現的多重目標問題；

④決策目標必須具體明確，並能適應未來一段時間內，企業內部和外部生產經環境的改變與發展的要求。

（2）決策方案的擬定。成本決策的可行方案是保證決策目標的實現，具備實施條件的經營管理措施。進行決策，必須擬定多個可行方案，才能從中比較擇優。方案必須合理有效。所謂「合理有效」包含兩個原則：一是保持方案的全面性和完整性，盡可能避免遺漏可能存在的優化方案；二是要滿足各方案之間的互斥性，如果方案之間相互包容，則方案的比較和選擇將失去意義。一個成功的決策應當有一定數量和質量的可行方案作為保證。

（3）決策方案的選擇。在決策方案的選擇中，一是要建立評價方案的標準；二是要考慮選擇方案的具體方法。

①成本決策方案的評價標準。由於生產經營問題的複雜性，評價標準不可能是絕對最優。例如，成本水平最低或損失費用為零，而只能從全局利益出發，全面權衡各方面的利弊得失，從中尋求在有限條件和在一定時間，空間範圍內相比較而存在的「滿意」方案，即遵循決策理論中的「滿意原則」。如果所建立的決策目標不止一個，這就要根據決策問題的需要，分析決策目標的主從關係，在兼顧約束條件之下作出判斷和選擇。

②成本決策方案的選擇方法。選擇方案的方法一般有三類，即經驗判斷法、數學分析法和逐步試驗法。

經驗判斷法以決策者的實踐經驗作為選擇方案的依據，具有簡明，迅速的優點，即使在數學分析方法得到廣泛應用的今天，仍不失為一種重要的判斷選擇方案的基本方法。經驗判斷法以對方案性質的優劣判斷作出取捨決策，在只存在兩個方案的情況下，這種優劣判斷較為可行。在可行方案較多，且方案結果之間在性質上存在優劣循環的情況下，往往很難直觀地評價方案之間的優劣關係。為此，可以通過經驗判斷，先確定每兩個方案結果之間的優劣關係，並按優劣順序排隊，再作出選擇。

如果能夠在決策目標與決策變量之間建立某種函數關係，在狀態已知的情況下，通過計算得到目標函數的優化解，其對應的決策變量的取值，即意味著選擇了某一優化方案，這就是數學分析法。

如果對決策問題既缺乏經驗，又不便於採用數學分析方法時，可以對狀態變量作出概率估計，通過逐步測試和探索，比較擇優。這就是逐步試驗法。

無論採用何種選擇方案的方法，都應遵循下述原則：

第一，重視方案之間的差異性，相互趨同的方案將失去選擇的意義；

第二，兼顧實施方案的措施，次優方案若能迅速得以實施見效，比難以實施的最優方案要現實可行；

第三，認識資料的可靠程度，資料的失實或片面，必將導致決策失誤；

第四，進行敏感性分析，以把握當某種狀態變量發生多大程度的變動時，足以影響對方案選擇的判斷；

第五，充分考慮方案的後果，從多方面相互制約的關係中，判斷方案的優劣。

二、成本決策中的成本概念

在成本決策備選方案之間進行選擇時不可避免地要考慮到成本，決策分析時所涉及的成本概念並非總是一般意義的成本概念，而是一些特殊的成本概念。

1. 差量成本

廣義的差量成本是指決策各備選方案兩者之間預測成本的差異數。兩個備選方案的成本、費用支出之間不一致，就形成了備選方案之間的成本差異。備選方案兩者之間成本差異額就是差量成本。狹義的差量成本（也稱增量成本）是指不同產量水平下所形成的成本差異。這種差異是由於生產能力利用程度的不同而形成的。不同產量水平下的差量成本既包括變動成本的差異數，也包括固定成本的差異數。

2. 邊際成本

邊際成本是指產品成本對業務量（產量或銷售量等）無限小變化的變動部分。變動成本、狹義的差量成本均是邊際成本的表現形式，而且，在相關範圍內，三者取得一致。在經營決策中經常運用到邊際成本、邊際收入和邊際利潤等概念，邊際收入是指產品銷售收入對業務量無限小變化的變動部分，邊際利潤是指產品銷售利潤對業務量無限小變化的變動部分。

3. 付現成本

付現成本也稱現金支出成本，是指由於某項決策而引起的需要在當時或最近期間用現金支付的成本。這是一個短期的概念，在使用中必須把它同過去支付的現金或已經據其支出額入帳的成本區分開來。另外，付現成本還包括能用其他流動資產支付的成本。在短期決策中，付現成本主要是指直接材料、直接人工和變動性製造費用，特別是訂貨支付的現金。在企業資金比較緊張，而籌措資金又比較困難或資金成本較高時，付現成本往往被作為決策時重點考慮的對象，管理當局會選擇付現成本較小的方案來代替總成本較低的方案。

4. 沉沒成本

沉沒成本是指過去的決策行為決定的並已經發生的支出，不能為現在決策所改變的成本。由於此類成本已經支付完畢，不能由現在或將來的決策所決定，因而在分析未來經濟活動並做出決策時無需考慮。

5. 歷史成本

歷史成本是指根據實際已經發生的支出而計算的成本。由於這一成本已經發生或支出，它對未來的決策不存在影響力，歷史成本是財務會計中的一個重要概念。

6. 重置成本

重置成本是指當前從市場上取得同一資產時所需支付的成本。由於通貨膨脹、技

術進步等因素，某項資產的重置成本與歷史成本差異較大。重置成本既可能高於歷史成本，也可能低於歷史成本。在決策分析時必須考慮到重置成本。

7. 機會成本

機會成本是指決策時由於選擇某一方案而放棄另一方案所放棄的潛在利益。例如，某企業生產甲產品需要乙種部件，乙部件可利用企業剩餘生產能力製造，也可外購。如果外購乙部件，剩餘生產能力可以出租，每年可取得租金1萬元，這1萬元的租金收入就是企業自制乙部件方案的機會成本。

8. 假計成本

假計成本是指對決策方案的機會成本難以準確計量而假計、估算的結果。假計成本是機會成本的特殊形態。例如，企業某投資項目，有若干可供選擇的方案，各方案所需的投資額與投資時間不盡相同，在選擇最優方案時，除了考慮直接投資外，還應考慮應計利息。這種把應計利息也包括在內，就是對利息進行假計。因此，利息就屬於長期投資決策方案的一種假計的機會成本，即假計成本。

9. 可避免成本

可避免成本是指決策者的決策行為可以改變其發生額的成本。它是同決策某一備選方案直接關聯的成本。

10. 不可避免成本

不可避免成本是指決策者的決策行為不可改變其發生額，與特定決策方案沒有直接聯繫的成本。

11. 專屬成本

專屬成本是指可以明確歸屬某種（類或批）或某個部門的成本。例如，某種設備專門生產某一種產品，那麼，這種設備的折舊就是該種產品的專屬成本。

12. 共同成本

共同成本是指應由幾種（類或批）或幾個部門共同分攤的成本。例如，某種設備生產三種產品，那麼，該設備的折舊是這三種產品的共同成本。

以上成本概念中，按它們與決策分析的關係，可劃分為相關成本與無關成本。相關成本是指與決策相關聯，決策分析時必須認真加以考慮的未來成本。相關成本通常隨決策產生而產生，隨決策改變而改變。並且這類成本都是目前尚未發生或支付的成本，但從根本上影響著決策方案的取捨。屬於相關成本的有：差量成本、邊際成本、機會成本、假計成本、付現成本、重置成本、專屬成本和可避免成本等。無關成本是指已經發生、或雖未發生，但與決策不相關聯，決策分析時也無須考慮的成本。這類成本不隨決策產生而產生，也不隨決策改變而改變，對決策方案不具影響力。屬於無關成本的有：歷史成本、沉沒成本、共同成本和不可避免成本等。相關成本與無關成本的準確劃分對決策分析至關重要。在決策分析時，總是將決策備選方案的相關收入與其相關成本進行對比，來確定其獲利性。若將無關成本誤作相關成本考慮，或者將相關成本忽略都將會影響決策的準確性，甚至會得出與正確結論完全相反的抉擇。

三、成本決策方法

成本決策的方法很多，因成本決策的內容及目的不同而採用的方法也不同，常用的主要有總額分析法、差量損益分析法、相關成本分析法、成本無差別點法、線性規

劃法、邊際分析法等。

1. 總額分析法

總額分析法以利潤作為最終的評價指標，按照「銷售收入－變動成本－固定成本」的模式計算利潤，由此決定方案取捨的一種決策方法。之所以稱為總額分析法，是因為決策中涉及的收入和成本是指各方案的總收入和總成本，這裡的總成本通常不考慮它們與決策的關係，不需要區分相關成本與無關成本。這種方法一般通過編製總額分析表進行決策。

此法便於理解，但由於將一些與決策無關的成本也加以考慮，計算中容易出錯，從而會導致決策的失誤，因此決策中不常使用。

2. 差量損益分析法

所謂差量是指兩個不同方案的差異額。差量損益分析法是以差量損益作為最終的評價指標，由差量損益決定方案取捨的一種決策方法。計算的差量損益如果大於零，則前一方案優於後一方案，接受前一方案；如果差量損益小於零，則後一方案為優，捨棄前一方案。

差量損益這一概念常常與差量收入、差量成本兩個概念密切相聯。所謂差量收入是指兩個不同備選方案預期相關收入的差異額；差量成本是指兩個不同備選方案的預期相關成本之差；差量損益是指兩個不同備選方案的預期相關損益之差。某方案的相關損益等於該方案的相關收入減去該方案的相關成本。

差量成本以及差量損益必須堅持相關性原則，凡與決策無關的收入、成本、損益均應予以剔除。

差量損益的計算有兩個途徑，一是依據定義計算，二是用差量收入減去差量成本計算，決策中多採用後一方式計算求得。差量損益分析法適用於同時涉及成本和收入的兩個不同方案的決策分析，常常通過編製差量損益分析表進行分析評價。

決策中須注意的問題是，如果決策中的相關成本只有變動成本，在這種情況下，可以直接比較兩個不同方案的貢獻邊際，貢獻邊際最大者為最優方案。

3. 相關成本分析法

相關成本分析法是以相關成本作為最終的評價指標，由相關成本決定方案取捨的一種決策方法。相關成本越小，說明企業所費成本越低，因此決策時應選擇相關成本最低的方案為優選方案。

相關成本分析法適用於只涉及成本的方案決策，如果不同方案的收入相等，也可以視為此類問題的決策。這種方法可以通過編製相關成本分析表進行分析評價。

4. 成本無差別點法

成本無差別點法是以成本無差別點業務量作為最終的評價指標，根據成本無差別點所確定的業務量範圍來決定方案取捨的一種決策方法。這種方法適用於只涉及成本，而且業務量未知的方案決策。

成本無差別業務量又稱為成本分界點，是指兩個不同備選方案總成本相等時的業務量。

如果業務量 X 的取值範圍在 $0<X<X_0$ 時，則應選擇固定成本較小的 Y_2 方案；如果業務量在 $X>X_0$ 的區域變動時，則應選擇固定成本較大的 Y_1 方案；如果 $X=X_0$，說明兩方

案的成本相同，決策中選用其中之一即可。

應用此法值得注意的是，如果備選方案超過兩個以上方案進行決策時，應首先兩兩方案確定成本無差別點業務量，然後通過比較進行評價，比較時最好根據已知資料先做圖，這樣可以直觀地進行判斷，不容易失誤，因為圖中至少有一個成本無差別點業務量沒有意義，通過做圖，可以剔除不需用的點，在此基礎上再進行綜合判斷分析。

5. 線性規劃法

線性規劃法是數學中的線性規劃原理在成本決策中的應用，此法是依據所建立的約束條件及目標函數進行分析評價的一種決策方法。其目的在於利用有限的資源，解決具有線性關係的組合規劃問題。基本程序如下：

確定約束條件，即確定反應各項資源限制情況的系列不等式。

確定目標函數。它是反應目標極大或極小的方程。

確定可能極值點。為滿足約束條件的兩方程的交點，常常通過圖示進行只管反應。

進行決策。將可能極值點分別代入目標函數，使目標函數最優的極值點為最優方案。

6. 邊際分析法

邊際分析法是微分極值原理在成本決策中的應用，此法是依據微分求導結果進行分析評價的一種決策方法，主要用於成本最小化或利潤最大化等問題的決策。

7. 投資回收期法

投資回收期，亦稱投資償還期，是對投資項目進行經濟評價常用的方法之一。它是對一個項目償還全部投資所需的時間進行粗略估算。在確定投資回收期時應以現金淨流量作為年償還金額。這一方法是以重新收回某項投資項目金額所需的時間長短來作為判斷方案是否可行的依據。一般說來，投資回收期越短，表明該項投資項目的效果越好，所冒的風險也越小。投資回收期計算的基本公式如下：

投資回收期＝原投資總額÷每年相等的現金淨流量

如果每年的現金淨流量不等時，其投資回收期則可按各年年末累計現金淨流量進行計算。

8. 淨現值法

淨現值法是把與某投資項目有關的現金流入量都按現值系數折現成現值，然後同原始投資額比較，就能求得淨現值。其計算公式如下：

$$NPV = \sum_{t=m+1}^{n} \frac{NCF_t}{(1+k)^t} - \sum_{t=0}^{m} \frac{I_t}{(1+k)^t}$$

NPV 代表淨現值；

NCF_t 代表第 t 年稅後淨現金流量；

k 代表折現率（資本成本或投資者要求收益率）；

I_t 代表第 t 期投資額；

n 代表項目計算期（包括建設期和經營期）；

m 代表項目的投資期限。

如果得到的淨現值是正值，說明該投資項目所得大於所失，該投資項目為可行；反之，如果得到的淨現值為負數，說明該投資項目所得小於所失，即發生了投資虧損，

投資項目不可行。

四、成本決策方法的實際運用

（一）生產何種產品的決策

【例7-9】某廠現有的生產能力為30,000機器工作小時，可用於生產產品甲，也可以用於生產產品乙，有關的資料如表7-7所示：

表 7-7　　　　　　　　甲產品和乙產品有關的資料表　　　　　　　　單位：元

項目		甲產品	乙產品
可銷售量（件）		100,000	40,000
單位售價		10	20
製造成本	單位變動成本	6	10
	固定成本	30,000	30,000
銷售與管理費用	單位變動成本	1	1
	固定成本	10,000	10,000

根據上述資料，由於甲、乙兩種產品的製造成本中和銷售與管理費用中的固定成本都一樣，在決策中可以不用考慮。可通過計算兩種產品的貢獻毛益總額，考察其盈利性的大小，從中選擇最優方案。

甲產品貢獻毛益總額＝（10-6-1）×100,000＝300,000（元）

乙產品貢獻毛益總額＝（20-10-1）×40,000＝360,000（元）

上述計算的結果表明，該廠現有生產設備用於生產乙產品要比用於生產甲產品較為有利，前者可獲得的利潤要比後者多60,000元。所以，從經濟上看，應以生產乙產品的方案作為最優的決策方案。

（二）虧損產品是否停產的決策分析

【例7-10】某廠原生產甲、乙、丙三種產品，上年度有關資料如表7-8所示：

表 7-8　　　　　　　甲、乙、丙產品上年度有關資料　　　　　　　單位：元

項目		甲產品	乙產品	丙產品	合計
銷售收入		120,000	100,000	30,000	250,000
製造與管理成本		96,000	78,000	27,000	201,000
其中	變動成本	72,000	60,000	21,000	153,000
	固定成本	24,000	18,000	6,000	48,000
毛利		24,000	22,000	3,000	49,000
銷售費用		14,000	11,200	4,500	29,700
其中	變動費用	8,000	6,600	3,000	17,600
	固定費用	6,000	4,600	1,500	12,100
淨收益		10,000	10,800	-1,500	19,300

根據上述資料，可見按完全成本法計算丙產品虧損 1,500 元，為了提高企業整體的經濟效益，該虧損產品（丙產品）是否應停產？乍看起來，如果丙產品停產，則企業可減少虧損 1,500 元。也就是說，丙產品停產後，企業的利潤將是 20,800 元（19,300+1,500），而不是現在的 19,300 元。似乎停止丙產品的生產對企業有利。然而，情況並非如此。因為產品丙之所以虧損 1,500 元，是因為它負擔了分攤給它的固定成本 7,500 元（6,000+1,500）。但固定成本是一種已經存在的、不可避免的成本，與產品丙是否停產這一決策無關。也就是說，如果丙產品停產了，這部分固定成本將會轉嫁給甲、乙兩種產品負擔，所以判斷產品該不該停產，主要是取決於此產品最終能否提供貢獻毛益。由於本例中丙產品的貢獻毛益為 6,000 元（30,000－21,000－3,000），可見，丙產品不宜停產。這裡還應特別注意的是，在社會主義企業裡，我們在進行虧損產品是否停產的決策分析時，除了從經濟上考慮外，還得考慮全局的利益，如果虧損產品是國家經濟建設和人民生活所需要，即使暫時發生了虧損，也必須繼續生產，但可採取其他的措施力求少虧或盡量轉虧為盈。

（三）虧損產品轉產的決策分析

【例7-11】仍按上例資料，假設丁產品預計年產量為 1,200 件（產銷平衡），單位售價 40 元，單位變動成本 36 元。可通過表 7-9 的對比分析來確定是否可以轉產。

表 7-9　　　　　　　　　　丙、丁產品有關資料　　　　　　　　　　單位：元

項　目	丙產品	丁產品
銷售收入	30,000	48,000
變動成本	24,000	43,200
貢獻毛益	6,000	4,800
固定成本	7,500	7,500
利潤	-1,500	-2,700

上述計算表明，利用原來生產設備轉產丁產品所獲得的貢獻毛益比丙產品少 1,200 元，從而使得企業的最終利潤由原來的 19,300 元減少為 18,100 元（19,300-1,200）。所以，從經濟上看，丙產品停產而轉產丁產品是不合算的。

（四）接受追加訂貨的決策分析

【例7-12】設某企業生產產品甲若干件，單位售價為 60 元，其正常的單位成本如表 7-10 所示：

表 7-10　　　　　　　　　　甲產品成本資料　　　　　　　　　　單位：元

直接材料		20
直接人工		14
製造費用	變動費用	8
	固定費用	10
合　計		52

據目前的生產狀況，該企業的生產能力尚有一定的剩餘，可以再接受一批訂貨。現正好有一購貨單位要求再訂購甲產品 800 件，但每件只出價 48 元。

上述資料表明，這批追加訂貨的價格不僅低於市價，而且低於甲產品的正常單位成本。所以從表面上看，接受這批訂貨似乎是不合算的。但如果進一步分析，就會發現接受這批訂貨對整個企業是有利的。這是因為，該企業尚有剩餘生產能力，接受這批訂貨不僅不會導致原有固定成本的增加，還可以為企業帶來一定的經濟效益。其計算方法如表7-11所示：

表7-11　　　　　　　　　　差別損益計算表　　　　　　　　　　單位：元

差別收入（800×48）		38,400
差別成本		
直接材料（800×20）		16,000
直接人工（800×14）		11,200
製造費用	變動費用（800×8）	6,400
合　　計		33,600
差別收益		4,800

結論：可見這批定貨是可以接受的。

(五) 零 (部) 件自制或外購的決策分析

【例7-13】某工廠製造某產品，每年需要甲零件500件，如果外購，其外購成本每件為12元，該廠有多餘的生產能力，這剩餘的生產能力亦無其他用途，可供製造此種部件，製造成本如下：直接材料6元，直接人工3元，變動性製造費用2元，固定性製造費用4元，合計15元。

乍看起來，零件自制的單位成本比外購單位價格高3元（15-12），似乎應選擇外購合算。其實，這樣的決策是錯誤的。因為在自制成本中包括了與決策無關的成本，為此，還必須對自制成本加以深入分析，剔除與決策無關的成本。在本例中，只有為製造零件而發生的直接原材料、直接人工、變動性製造費用是決策的相關成本，固定性製造費用為非相關成本，所以決策時可不予考慮。現將甲零件500件的自制與外購的相關成本進行比較如表7-12所示：

表7-12　　　　　　　自制和外購方案成本比較表　　　　　　　　單位：元

項　　目	自制方案差別成本	外購方案差別成本
直接材料	500×6=3,000	
直接人工	500×3=1,500	
變動性製造費用	500×2=1,000	
合　　計	5,500	500×12=6,000
差　　異	500	

上述計算分析表明，甲零件外購的差別成本比自制的差別成本高500元，甲零件以自制為宜。以上所進行的決策分析是假定用於製造甲零件的剩餘生產能力（廠房設備）無其他用途。現假設其剩餘生產能力不僅可用於自制甲零件500件，也可以用於生產丙產品400件，每件獲利為5元。兩者是相互排斥的，也就是用於自制甲零件，就

不能用於生產丙產品。如果我們選擇了自制甲零件，就放棄生產丙產品的機會，所以生產丙產品可獲得的 2,000 元（400×5）的利潤，就成為自制甲零件的機會成本，在決策時，應把它加到自制成本中。在這種情況下，為正確做出決策，零件自制的成本與外購成本的計算如表 7-13 所示：

表 7-13　　　　　　　　　自制與外購方案成本比較表　　　　　　　　單位：元

項　　目	自制方案差別成本	外購方案差別成本
直接材料	500×6=3,000	
直接人工	500×3=1,500	
變動性製造費用	500×2=1,000	
機會成本	400×5=2,000	
合　　計	7,500	500×12=6,000
差　　異	1,500	

上述計算可見，若考慮了機會成本，甲零件外購比自制節省 1,500 元，應選擇外購為宜，而所剩餘的生產能力則用於生產丙產品。

【例 7-14】假設某廠生產中需用乙零件，每單位的外購價為 10 元。如自行製造，每單位的變動成本為 5 元，但零件若自制，需為此每年追加固定成本 10,000 元。要求據此對零件的外購或自制做出決策。

該例與例 7-13 有所不同，上例中，零件的自制不需要增加固定成本。本例是指在零件自制的方案中需為此而增加固定成本。在這種情況下，我們應採用本量利分析法來研究零件需用量在多少的情況下，哪個方案較優。設自制方案及外購方案的成本重合點為 X，則：

0+10×X=10,000+5×X

X=2,000（件）

說明零件需要量在 2,000 件以上，自制成本低於外購成本，應以自制為宜；若零件需要量在 2,000 件以下，自制成本高於外購成本，應以外購為宜。

（六）半成品、聯產品立即出售或進一步加工的決策分析

【例 7-15】設南方棉紡織廠有一批半成品棉紗，完成了初步加工後，可以馬上在市場上出售，也可以進一步加工為棉布再出售，其生產過程及有關資料如下：

紡紗階段：直接材料 10,000 元，直接人工 4,500 元，變動性製造費用 4,000 元，固定性製造費用 1,500 元，合計 20,000 元；產量 40 件，單位成本 500 元，單位售價 600 元。

進一步加工：直接材料 20,000 元，直接人工 4,000 元，變動性製造費用 2,000 元，合計 26,000 元；產量 500 米，單位成本 52 元，單位售價 62 元。

由於企業當前的生產能力，除滿足棉紗初步加工的需要外，還有一定的剩餘，可用於對棉紗作進一步加工。因此，對棉紗進行繼續加工，並不會引起製造費用中固定費用的增長。所以，繼續加工對企業是否有利，可通過表 7-14 進行分析對比。

表 7-14　　　　　　　　　　　差別損益計算表　　　　　　　　　單位：元

差別收入 [（500×62）-（40×600）]	7,000
差別成本	
直接人工	4,000
變動性製造費用	2,000
差量收益	1,000

上述計算表明，若將棉紗馬上出售，可得收入 24,000 元（40×600），若進一步加工成棉布後出售，可得收入 31,000（500×62）。可見將棉紗繼續加工成棉布後出售可多得收入 7,000 元，扣除繼續加工的追加成本 6,000 元（4,000+2,000），可得增長利潤 1,000 元。所以，在現有條件下，該廠應對棉紗繼續加工，而不應立即出售。

（七）投資回收期的決策

【例 7-16】某公司有一擬建工程項目，其原始投資額為 60,000 元，現有甲、乙、丙三種投資方案，各方案的現金淨流入量如表 7-15 所示：

表 7-15　　　　　甲、乙、丙各方案各年現金淨流入量資料表　　　　　單位：元

年　份	甲方案	乙方案	丙方案
1	5,000	25,000	45,000
2	25,000	25,000	25,000
3	45,000	25,000	5,000
4	2,500		

從上述提供的資料可以看出，乙方案的回收期可直接計算如下：

乙方案的投資回收期 = 60,000÷25,000 = 2.4（年）

甲方案與丙方案每年的現金淨流量不等，其投資回收期可按照各年年末的累計現金淨流量進行推算。甲方案、丙方案各年年末的累計現金淨流量如表 7-16 所示：

表 7-16　　　　　甲方案、丙方案各年年末的累計現金淨流量表　　　　　單位：元

年　份	甲方案	丙方案
0	-60,000	-60,000
1	-55,000	-15,000
2	-30,000	10,000
3	15,000	15,000
4	17,500	

甲方案的投資回收期 = 2+（60,000-30,000）÷45,000 = 2.67（年）

丙方案的投資回收期 = 1+（60,000-45,000）÷25,000 = 1.6（年）

上述計算表明，丙方案的投資回收期最短（即 1.6 年），乙方案次之（即 2.4 年），方案甲最長（即 2.67 年）。投資回收期短，表示投資回收快，效果好，風險較小，因而對投資者較為有利。投資回收期長，表示投資效果差，風險大，對投資者不利。如

果我們是以投資回收期這個指標作為投資項目選擇方案可行與否的依據，那麼，就應該採用丙方案。

投資回收期這樣的指標來全面衡量投資效果，雖然易於計算和理解，並可促使企業千方百計地加速資金的週轉，縮短週轉期，盡快收回投資，但該指標也有不足之處，一是未考慮貨幣的時間價值；二是不計算償還投資後還可能獲得的收益，也就是不能完全反應投資的盈利程度。所以，在實際工作中，這種方法通常同其他方法結合使用。

(八) 淨現值的決策

【例7-17】根據例7-16所提供的資料，當 i=10% 時，甲方案、乙方案、丙方案的現值計算如表7-17所示：

表7-17　　　甲方案、乙方案、丙方案在 i=10%時的現值計算表　　　單位：元

年　份	貼現系數	甲方案	乙方案	丙方案
1	0.909	4,545	22,725	40,905
2	0.826	20,650	20,650	20,650
3	0.751	33,795	18,775	3,755
4	0.683	1,707.5		
合　計		60,697.5	62,150	65,310

甲方案的淨現值 = 60,697.5−60,000 = +697.5（元）
乙方案的淨現值 = 62,150−60,000 = +2,150（元）
丙方案的淨現值 = 65,310−60,000 = +5,310（元）

上述計算結果表明，甲方案、乙方案、丙方案的現值總額都大於它們的原始投資總額，也就是淨現值都表現為正值，這意味著甲、乙、丙三個方案實際可能達到的投資利潤率都在10%以上，以投資報酬率10%為標準進行衡量，這些項目的所得大於所失。因而在經濟上都是有利的。不過，三個方案相比，丙方案的淨現值最大，在原始投資額相同的情況下，說明其投資利潤率最高，此方案是可以視為最優的方案。

企業在生產過程中，要想增加產品產量，經常會碰到設備不夠或廠房、車間不足等問題。為滿足增產的需要，必須添置或擴建有關的設備。固定資產購置或建造的決策就是指計算擴建或添置有關的廠房設備所需要的投資額和添置擴建後所增加的現金流入量的現值，然後進行比較，如果前者低於後者，說明固定資產購置或建造的方案是可行的。

【例7-18】某廠生產一種甲產品，此產品在市場上是供不應求。為滿足社會的需要，準備增加產品的產量，但由於該廠設備不足，還需購買一套設備，其買價為120,000元，安裝費為1,000元。如果該套設備預計可用6年，期滿後的殘值為1,400元。每年可加工甲產品15,000件，每件能提供的貢獻毛益為5元。根據市場預測，假設在今後六年內產銷能平衡，該廠規定其投資報酬率至少應達到12%。現要求：根據上述資料對這套設備應否購置進行決策分析。

首先，計算購買這套設備後的現金流出量。
現金流出量 = 120,000+1,000 = 121,000（元）
其次，計算購買設備後的現金流入量的現值。

現金流入量現值 = (15,000×5)×(P/A,12%,6)+1,400×(P/F,12%,6)
            = 75,000×4.111+1,400×0.507 = 309,034.80（元）

最後，計算投資方案的淨現值 = 309,034.80-121,000 = 188,034.80（元）

以上計算結果表明，該設備購置後所增加的現金流入量的現值大大超過其所需要的原始投資額，說明這項投資能給企業生產經營帶來比較大的經濟效益，因而該方案是可行的。

【例 7-19】某服務公司擬購置一部客車，現有兩個可供選擇的方案：一是剛好汽車運輸公司有一部舊客車要出售；二是可自己另行購置新車。其有關資料如下：如果購買舊客車，購價為 30,000 元，需進行大修方可使用，修理費為 8,000 元，並預計第四年末還需大修一次，預計大修成本 6,000 元。如保養得好，尚可使用 10 年，期滿後殘值為 4,000 元，該車每年的使用費估計為 14,000 元。如果另行購置新車，購價為 50,000 元，使用年限為 10 年。預計新車在第四年末需大修一次，預計大修成本為 2,400 元，殘值是 4,000 元，每年使用費為 10,000 元。該公司規定的投資報酬率為 16%。根據上述提供的資料，要求用淨現值法對該公司應選用哪種方案進行決策分析。

這個例子與上例有所不同，上例是指對固定資產要不要購置的決策，本例是指固定資產已經決定要購置，但到底要採用哪種方案，則要通過對比來進行選擇。現將上述有關資料綜合如表 7-18 所示：

表 7-18　　　　　　　　購置新舊汽車資料比較表　　　　　　　　單位：元

摘　　　要	舊　　　車	新　　　車
購價	30,000+8,000=38,000	50,000
使用年限	10 年	10 年
4 年末大修理費用	6,000	2,400
殘值	4,000	4,000
使用費	14,000	10,000

計算購置新車比購舊車每年增加的現金淨流量（即使用費的節約數）= 14,000-10,000 = 4,000（元）

購買新車增加的現金淨流量的現值 = 4,000×(P/A,16%,10)+(6,000-2,400)
                          ×(P/F,16%,4)
                        = 4,000×4.833+3,600×0.552
                        = 19,332+1,987.2 = 21,319.20（元）

因為舊車與新車的殘值相同，所以不用考慮。如舊車與新車的殘值不同，則把兩者之間的差額按複利現值系數進行折現，列入現金淨流量的現值計算中。

購置新車增加的淨現值 = 21,319.20-(50,000-38,000) = +9,319.20（元）

以上計算的結果表明，購置新客車方案的淨現值比購買舊客車的淨現值大 9,319.20 元，可見以選擇購買新車的方案為宜。

本章思考題

1. 什麼是成本預測？有什麼作用？
2. 什麼是成本決策？有什麼作用？
3. 簡述成本預測的程序。
4. 簡述成本決策的程序。
5. 簡述目標成本、定額成本、計劃成本三者之間的關係。

本章練習題

1. 某企業生產一種機床，最近五年的產量和歷史成本資料如表7-1所示：

表 7-1　　　　　　　　　　近五年的產量和歷史成本

年份	產量（臺）	產品成本（元）
2006	60,000	5,000,000
2007	55,000	4,750,000
2008	50,000	4,500,000
2009	65,000	5,200,000
2010	70,000	5,500,000

要求：如該企業計劃在20××年預計生產78,000臺機床，用一元線性迴歸分析法預測生產該機床的單位成本和總成本。

2. 某公司20××年生產並銷售某產品7,000件，單位售價600元，固定成本總額735,000元，單位變動成本355元。公司20××年計劃達到目標利潤1,100,000元。

要求：（1）計算20××年實現的利潤；

（2）計算為達到目標利潤，各有關因素應分別如何變動。

3. 已知某企業組織多品種經營，本年的有關資料如表7-2所示：

表 7-2　　　　　　　　　　某企業本年有關資料

品種	銷售單價（元）	銷售量（件）	單位變動成本（元）
A	600	100	360
B	100	1,000	50
C	80	3,000	56

假定本年全廠固定成本為109,500元。

要求：

（1）計算綜合貢獻邊際率；

（2）計算綜合保本額；

（3）計算每種產品的保本額。

4. A企業生產甲產品，假定產銷平衡，預計甲產品銷售量為5,000件，單價為600元，增值稅稅率為17%，另外還需繳納10%的消費稅。假設該企業甲產品購進貨物占銷售額的預計比重為40%，若該企業所在地區的城市維護建設稅稅率為7%，教育費附加為3%，同行業先進的銷售利潤率為20%。

要求：預測該企業的目標成本。

5. 某企業只產銷一種產品，2010年固定成本總額為70萬元；實現銷售收入180萬元，恰好等於盈虧臨界點銷售額。2011年企業將目標利潤確定為30萬元，預計產品銷售數量、銷售價格和固定成本水平與2010年相同。則該企業2011年的變動成本率比2010年降低多少時，才能使利潤實現。

6. 某企業大量生產甲、乙兩種產品，預計明年的銷售量及目標銷售利潤如表7-3所示：

表7-3　　　　　　　　　預計明年銷售量及目標銷售利潤

產品	售價（元/千克）	計劃銷售量（千克）	目標利潤率	管理費用	銷售費用	財務費用	價內流轉稅	合計	目標銷售利潤（元）	目標單位成本（元/千克）
甲	80	2,000	20	3	6	1	10	20	20,000	
乙	90	1,000	25	6	12	2	10	30	20,000	
合計		3,000		9	18	3	20	50	40,000	

要求：計算甲產品和乙產品的目標單位成本。

7. 某種產品單位售價300元/臺，目標利潤30,000元，預計固定成本30,000元，預計單位變動成本120元/臺，預計期間稅費率20%。要求：計算該種產品目標單位成本。

8. 某企業只生產一種產品，全年最大生產能力為1,200件。年初已按100元/件的價格接受正常任務1,000件該產品的單位完全生產成本為80元/件（其中，單位固定生產成本為25元）。現有一客戶要求以70元/件的價格追加訂貨300件，因有特殊工藝要求，企業需追加900元專屬成本。剩餘能力可用於對外出租，可獲租金收入5,000元。按照合同約定，如果正常訂貨不能如期交貨，將按違約貨值的1%加納罰金。

要求：填製表7-4並為企業做出是否接受低價追加訂貨的決策。

表7-4　　　　　　　　　差別損益分析表

項　目 \ 方案			差異額
相關收入 相關成本 其中：			
差別損益			

9. 企業已具備自制能力，自制甲零件的完全成本為30元，其中：直接材料20元、直接人工4元、變動性製造費用1元、固定性製造費用5元。假定甲零件的外購單價為26元，且自制生產能力無法轉移。要求：

（1）計算自制甲零件的單位變動成本；

（2）作出自制或外購甲零件的決策；

（3）計算節約的成本。

10. 某企業可生產半成品5,000件，如果直接出售，單價為20元，其單位成本資料如下：單位材料為8元，單位工資為4元，單位變動性製造費用為3元，單位固定性製造費用為2元，合計為17元。現該企業還可以利用剩餘生產能力對半成品繼續加工後再出售，這樣單價可以提高到27元，但生產一件產成品，每件需追加工資3元、變動性製造費用1元、分配固定性製造費用1.5元。要求就以下不相關情況，利用差別損益分析法進行決策：

（1）若該企業的剩餘生產能力足以將半成品全部加工為產成品；如果半成品直接出售，剩餘生產能力可以承攬零星加工業務，預計獲得貢獻邊際1,000元；

（2）若該企業要將半成品全部加工為產成品，需租入一臺設備，年租金為25,000元；

（3）若半成品與產成品的投入產出比為2：1。

11. 某企業要投資一個金額為10萬元的項目，有效期為6年，有兩個方案可供選擇：A方案每年會產生25,000元的淨現金流量；B方案每年的現金流量分別是20,000元、25,000元、30,000元、40,000元、20,000元、15,000元，該企業要求的投資報酬率為10%。要求：計算兩個方案的投資回收期和淨現值，並做出應採用哪個方案的決策。

本章參考文獻

1. 李定安. 成本會計研究 [M]. 北京：經濟科學出版社，2002.
2. 羅紹德. 成本會計學 [M]. 成都：西南財經大學出版社，2002.
3. 孫茂竹. 成本管理學 [M]. 北京：中國人民大學出版社，2003.
4. 謝靈. 成本會計學 [M]. 北京：中國人民大學出版社，2004.
5. 萬壽義. 成本管理研究 [M]. 大連：東北財經大學出版社，2007.
6. 王立彥. 成本管理會計 [M]. 北京：經濟科學出版社，2005.
7. 胡國強. 成本管理會計 [M]. 3版. 成都：西南財經大學出版社，2012.
8. 於富生. 成本會計學 [M]. 北京：中國人民大學出版社，2006.
9. 李定安. 成本管理研究 [M]. 北京：經濟科學出版社，2002.

第八章
成本計劃與控制

【學習目標】
（1）瞭解編製費用預算的主要方法；
（2）掌握成本計劃的含義、內容、編製程序和模式；
（3）掌握成本控制的含義、程序及目標成本控制、標準成本控制、責任成本控制的具體內容。

【關鍵術語】
固定預算　彈性預算　零基預算　成本計劃　一級編製　分級編製　成本控制　目標成本控制　目標成本　標準成本控制　成本差異　責任成本控制

第一節　成本計劃

一、成本計劃概述

（一）成本計劃的定義

成本計劃是在成本預測的基礎上，以貨幣形式預先規定企業在計劃期內的生產耗費和各種產品成本水平、產品成本降低任務及其降低措施的書面性文件。成本計劃既是企業計劃管理的有機組成部分，又是企業成本管理會計的一個重要組成內容。企業為了實現長期決策目標，必須預測目標利潤和目標成本，制訂切實可行的成本計劃，以保證決策目標的實現。

（二）成本計劃的內容

成本計劃的內容，在不同時期、不同部門是有所差別的。它應該既能適應宏觀調控的要求，又能滿足企業成本管理的需要。一般應包括以下幾個部分：

（1）產品單位成本計劃。它是按照成本項目反應計劃期內某種產品應達到的成本水平，並且規定單位產品耗用工時和主要用料的定額。產品單位成本計劃是編製商品產品成本計劃的基礎，是考核和分析產品單位成本升降的主要依據。

（2）商品產品成本計劃。它是用來確定計劃期內全部商品產品的製造成本，包括按產品品種編製的商品產品成本計劃和按成本項目編製的商品產品成本計劃。這兩種形式的計劃製造成本是一致的，它們對於計劃期內的產品又都按可比產品和不可比產品分別計劃，其中可比產品成本按上年平均成本水平和本年計劃成本水平列示，以確

定計劃期可比產品成本的降低額和降低率。

（3）製造費用預算。它是反應各車間（分廠）為了組織和管理生產所發生的各種費用，以及其他有關費用的預算；該項費用要按一定標準分配到產品單位成本中去，為了便於費用預算和控制，有些企業對各項費用還區分為固定費用和變動費用，按固定預算和彈性預算分別列示。

（4）期間費用預算。它包括銷售費用、管理費用和財務費用的頂算。這些費用還可按其明細項目區分可控費用和不可控費用分別計劃，期間費用不計入產品成本，而是從每個期間的銷售收入中扣除。

（5）降低成本的主要措施方案。它是在各部門提出的措施基礎上，經過綜合平衡加以匯總。該方案應詳細說明各項目的可行性、計劃支出額和資金來源、預計經濟效果以及年計劃實現的節約額。

(三) 成本計劃的作用

成本計劃以成本預測與決策為基礎，它使職工明確成本方面的奮鬥目標是成本控制的先導和業績評價的尺度。其重要作用具體表現在以下幾個方面：

（1）成本計劃是動員群眾完成目標成本的重要措施。成本計劃以成本預測和決策為基礎，是為實現企業的目標而制訂的，是一種確保目標成本落實和具體化的程序，它促使實現目標的行動成為最經濟而有效。使職工明確了成本奮鬥目標，是成本控制的先導和業績評價的尺度。

（2）成本計劃是推動企業實現責任成本制度和加強成本控制的有力手段。成本計劃是按照企業內部各車間及各部門成本、費用開支情況，通過上下結合而編製的。因此，成本計劃一經確定，應把指標分解並落實到車間、班組和有關職能部門，以確定各級單位和各職能部門在成本上應承擔的責任，也為企業實行責任成本制度奠定了基礎。

（3）成本計劃是評價考核企業及部門成本業績的標準尺度。企業通過定期分析成本計劃完成情況，查明企業和各部門的成本差異分清主客觀原因，以便評價和考核各部門工作業績，作為獎懲的依據，從而調動各部門及職工努力完成目標成本的積極性。

(四) 成本計劃的編製程序

1. 收集和整理資料

財務部門應從各方面廣泛收集和整理編製成本計劃所需要的各項基礎資料，並加以分析研究，這些基礎資料，大致可歸納為以下幾個方面：

（1）企業計劃期的經營決策和經營目標；
（2）有關成本計劃編製的各項規定；
（3）計劃期企業的銷售、生產、物資供應、勞動工資和技術組織措施等計劃；
（4）新產品的設計資料和目標成本；
（5）計劃期原材料、輔助材料、燃料、動力、工具等的消耗定額和勞動定額及費用定額；
（6）計劃期內廠內計劃價格目錄、各部門費用預算和勞務價格；
（7）上年實際成本的核算資料和本企業歷史上先進成本水平資料；
（8）同類型企業或同類型產品的實際成本資料。

此外，為了編好成本計劃，還必須深入細緻地進行一些調查研究工作，掌握生產

中的具體情況，作為編製成本計劃的參考。
　　2. 預計和分析上期成本計劃的執行情況
　　在編製成本計劃以前，必須正確預計上年成本計劃完成情況，並分析成本升降的原因，總結執行計劃的經驗，弄清存在的問題，找出成本升降的規律。在此基礎上，要把已經取得的經驗鞏固下來，對存在的問題要採取各種具體措施加以解決，以充分挖掘和利用降低成本的潛力，這樣才能保證成本計劃建立在先進而又切實可靠的基礎上。
　　3. 進行成本降低指標的測算
　　財務部門對上年成本計劃完成情況進行預計和分析後，要結合預定的目標利潤、目標成本和成本降低指標，根據上下結合、反覆算細帳所提出的各項降低成本的措施，測算計劃期產品成本可能降低的幅度，使企業對於計劃年度能否完成目標成本和預定的降低成本任務，事先做到心中有數。如達不到預定目標，則要繼續挖掘企業內部潛力，尋找降低成本的新途徑。所以，成本降低指標測算是編製成本計劃的重要步驟，它對於組織動員群眾挖掘企業內部潛力，促進企業成本計劃與降低成本措施緊密結合，保證成本計劃的先進性和合理性，都具有重要的意義。
　　4. 正式編製企業成本計劃
　　企業在成本降低指標測算的基礎上，就可以在企業計劃委員會或總經理直接領導下，以財務部門為主，上下結合，根據有關資料編製成本計劃，並制定保證計劃實現的措施。
　　(五) 成本計劃的編製形式
　　(1) 一級編製成本計劃是指不分車間，由企業財務管理部門會同各業務部門，根據確定的各項定額及有關成本計劃資料，採用一定的成本計算方法，直接編製整個企業的成本計劃，這種形式一般適用於一級成本核算的小型企業。
　　(2) 分級編製成本計劃是指先由車間編製各自的車間成本計劃，然後由企業財務部門匯總編製整個企業的成本計劃。這種形式適用於實行成本分級核算的企業。
　　(3) 一級分級相結合，編製成本計劃。這種形式是指根據需要，某些成本項目按一級形式編製，另一些成本項目可按分級形式編製。例如：對原材料的成本計劃不分車間由企業財務部門直接編製；而對生產工人的薪酬、燃料和動力費、製造費用先分別由車間編製，然後再由企業財務部門匯總編製成整個企業的成本計劃。這種形式比較靈活，適用於各類企業。

二、成本計劃的編製方法
　　(一) 預測決策基礎法
　　預測決策基礎法是要求編製成本計劃時，必須建立在成本預測和成本決策的基礎上。這種方式是基於企業的各項消耗定額及費用預算資料不夠齊全的條件上進行的，特別適合於對新產品編製成本計劃，具體方法見第七章的成本預測與決策。該法的最大特點是以成本預測和決策為基礎的，定性成分少，具有一定的科學性，而且有效地考慮了未來狀態變化的隨機性和不確定性。
　　(二) 因素測算法
　　因素測算法亦稱「概算法」，它是根據企業各項增產節約措施計劃，通過分析測算

出各項增產節約措施對成本降低幅度的影響程度及其相應的經濟效果,再據以調整上年實際(或預計)成本,編製成本計劃。

1. 測算步驟

(1) 提出降低產品成本的計劃要求。財會部門根據企業確定的成本指標或目標成本向各車間和部門提出降低產品成本的計劃要求,各車間和部門向所屬各基層單位(班組、工段)提出要求,以保證實現降低產品成本的要求。

(2) 編製基層單位降低成本的計劃。各車間和部門根據有關部門和班組提出的增產節約措施,制訂本單位的措施計劃。

(3) 編製全廠產品成本計劃。財務部門根據各基層單位上報的增產節約方案、企業上年度產品實際成本資料和本期的計劃節約額,分成本項目調整計劃,確定計劃年度分成本項目的計劃總成本、單位成本,同時確定可比產品成本計劃降低額和降低率,匯總編製全廠產品成本計劃。

2. 計算公式

計劃年度產品銷售利潤的確定公式如下:

計劃年度產品銷售利潤＝上年產品銷售利潤±計劃年度由於各項因素變動而增加或減少的利潤

上年產品銷售利潤＝上年1～3季度實際銷售利潤+上年第4季度預計銷售利潤

上年產品銷售成本＝上年1～3季度實際銷售成本+上年第4季度預計銷售成本

則

上年成本利潤率＝上年銷售利潤總額/上年銷售成本總額×100%

3. 基本步驟和方法

對於運用因素測算法預測成本的來說,其基本步驟和方法如下:

(1) 按上年(基年)預計(實際)平均單位成本計算計劃年度產品總成本。如果企業是在計劃年初編製成本計劃,則可根據上年實際資料,直接求得上年實際平均單位成本。

上年實際平均單位成本＝上年全年實際總成本/上年全年實際產量

在實際工作中,預測計劃年度成本水平通常是在上年(基年)第四季度進行,這樣,就應將上年前三個季度的實際數和第四季度的預計數加權平均,求得上年預計平均單位成本。

上年預計平均單位成本＝(上年1～3季度實際總成本+上年第4季度預計總成本)/(上年1～3季度實際總產量+上年第4季度預計總產量)

求得上年預計(實際)平均單位成本後,可以按照下式計算出按上年預計(實際)平均單位成本計算的計劃年度產品總成本:

按上年預計(實際)平均單位成本計算的年度總成本＝上年預計(實際)平均單位成本×計劃年度產品產量

(2) 測算各因素變動對成本降低指標的影響程度。

①測算直接材料成本對成本降低指標的影響。

A. 材料消耗定額變動影響成本降低率＝材料消耗定額降低%×上年材料成本占產品成本的比重。

該指標數值為正,則代表成本降低;數值為負,則代表成本超支。

B. 材料價格變動對成本降低指標的影響。

　　材料價格變動影響成本降低率＝（1−材料消耗定額降低%）×材料價格降低%×上年材料成本占產品成本的比重。

　　如果材料價格上升，則以負號表示。

　　C. 材料消耗定額和材料價格兩個因素的影響。

　　材料消耗定額和材料價格兩個因素同時變動對成本降低指標的影響程度可合併計算，計算公式為：

　　材料消耗定額和材料價格變動影響成本降低率＝〔1−（1−材料消耗定額降低%）×（1−材料價格降低%）〕×上年材料成本占產品成本的比重

　　以上方法適用原材料、燃料和動力等成本項目變動對成本降低影響的測算。

　　②測算直接工資成本變動對成本降低指標的影響程度。

　　工資成本降低影響成本降低率＝〔1−（1＋平均工資增長/%）/（1＋勞動生產率提高%）〕×上年工資成本占產品成本的比重

　　A. 該公式直接適用於計時工資制的情況。

　　B. 平均工資增長%＝（計劃年度預計平均小時工資率−上年平均小時工資率）／上年平均小時工資率

　　C. 表現勞動生產率高低的指標可分為正指標和逆指標兩類，確定「勞動生產率提高%」可用以下公式之一進行計算：

　　勞動生產率提高%＝（上年生產單位產品所耗小時數 − 計劃年度生產單位產品預計所耗小時數）/上年生產單位產品所耗小時

　　勞動生產率提高%＝（計劃年度單位小時生產產品產量 − 上年單位小時生產產品產量）/ 上年單位小時生產產品產量

　　按規定計入產品成本的職工福利費，可參照上列公式測算其對成本的影響，或按其占工資的比例加以確定。

　　③測算製造費用變動對成本降低指標的影響。

　　製造費用變動影響成本降低率＝〔1−（1＋製造費用增長%）/（1＋生產增長%）〕×上年製造費用占產品成本的比重

　　A.「生產增長%」即是計劃年度較之上年的產量增長%。

　　B. 該處的製造費用是指已按一定標準歸集到該產品上的製造費用。

　　(3) 測算成本降低指標，確定計劃年度成本水平。

　　計劃成本降低率＝材料成本變動影響成本降低率＋工資成本變動影響成本降低率＋製造費用變動影響成本降低率

　　計劃成本降低額＝計劃成本降低率×按上年預計（實際）平均單位成本計算的計劃年度產品總成本

　　計劃年度產品成本降低率和降低額計算出來以後，還應與預期成本降低目標進行比較。如果達不到目標要求，財務部門必須會同有關部門共同研究，進一步挖掘潛力，採取補充措施，保證成本降低任務的完成，最後根據測算的降低額，計算出計劃年度產品成本，計算公式如下：

　　計劃產品成本＝按上年預計（實際）平均單位成本計算的年度產品總成本−計劃產品成本降低額。

(三) 直接計算法

直接計算法又稱成本計算法、細算法，它是根據現實的各項消耗定額和費用預算資料，在考慮成本降低要求的基礎上，按照產品成本核算程序和方法詳細計算各產品和各成本項目的計劃成本，然後再匯總編製全部產品成本計劃。按企業核算分級方式又可分為集中編製法和分級編製法兩種。

1. 集中編製法

小型企業一般實行一級成本核算，可由財會部門按一級核算的要求直接編製企業成本計劃。首先財務部門根據各項消耗定額及有關資料，直接編製單位產品成本計劃，然後再編製商品產品成本計劃。

（1）單位產品成本計劃的編製。對單位產品成本計劃進行編製，是通過按成本項目分項具體結合各項資料及定額成本編製，各成本項目內容的計劃數相加，即為單位產品計劃成本。

（2）商品產品成本計劃的編製。商品產品成本計劃是根據單位產品成本計劃和生產計劃計算編製的，是在計算可比產品與不可比產品單位成本的基礎上，計算其各種產品的總成本及可比產品成本的降低額和降低率。

2. 分級編製法

大中型企業一般實行分級核算，在編製成本計劃時，一般由各車間根據財務部門下達的控制數字，編製車間成本計劃，再由財務部門匯總編製全廠成本計劃。

（1）車間成本計劃的編製。車間成本計劃包括輔助生產車間成本計劃和基本生產車間成本計劃兩種。

（2）製造費用總預算的編製。製造費用總預算是在各車間製造費用預算基礎上編製而成的，它是依據輔助生產車間、各基本生產車間的製造費用預算資料按明細項目反應的數額進行分項匯總列示。在匯總編製時應注意扣除內部轉帳部分，即各車間相互分配重複計算的部分。扣除內部轉帳部分有兩種方法，一是各車間製造費用預算數中增設分配費用一欄，用來登記其他車間分配來的費用，匯總時不包括該欄費用；二是在製造費用總預算表中設置「減：內部轉帳」欄，根據有關費用分配表數字分析填列。

通過編製製造費用總預算，可作為控制和監督製造費用未來發生數的標準，將實際製造費用與製造費用預算數額進行比較，可以評價製造費用實際支出情況，查明超支或節約的原因。

3. 全廠成本計劃的編製

全廠成本計劃是在各車間成本計劃編製的基礎上編製的，由企業財務部門負責編製，包括主要產品單位成本計劃、全部商品產品成本計劃。

主要產品單位成本計劃是根據各基本生產車間成本計劃，分產品和成本項目加以匯總編製。在採用逐步結轉分步法時，最後一個基本生產車間產品的計劃單位成本即為該產品的計劃單位成本。如果需要按原始成本項目反應產品成本，則要將最後一個車間的計劃成本中的「自製半成品」項目逐步分解後再編製。在採用平行結轉分步法時，將各基本生產車間同一產品的單位成本的相同項目相加即為該產品的計劃單位成本。

全部商品產品成本計劃的編製通常有兩種方法：一是按照「主要產品單位成本計劃表」的內容按成本項目進行編製，以反應企業產品成本的構成及各成本項目的增減

變動情況；二是按產品類別進行編製，以反應各種產品成本計劃數及可比產品較上年成本升降情況。

(四) 固定預算法

固定預算又稱靜態預算，是指根據預算期內正常可能實現的某一業務活動水平而編製的預算。固定預算的基本特徵是：不考慮預算期內業務活動水平可能發生的變動，而只按照預算期內計劃預定的某一共同的業務活動水平為基礎確定相應的數據；將實際結果與預算數進行比較分析，並據以進行業績評價、考核。固定預算方法適宜財務經濟活動比較穩定的企業和非營利性組織。企業制訂銷售計劃、成本計劃和利潤計劃等，都可以使用固定預算方法制訂計劃草案。如果單位的實際執行結果與預期業務活動水平相距甚遠，則固定預算就難以為控制服務。

【例8-1】C公司預計生產甲產品100萬件，單位產品成本構成為直接材料100元，直接人工60元，變動性製造費用50元，其中間接材料10元，間接人工30元，動力費10元；固定性製造費用150萬元，其中辦公費40萬元，折舊費100萬元，租賃費10萬元。該公司實際生產並銷售甲產品150萬件。採用固定預算方法，該公司生產成本預算如表8-1所示：

表 8-1　　　　　　　　　　　生產成本預算分析表　　　　　　　　　　單位：萬元

項目	固定預算	實際發生	差異
生產產量（萬件）	100	150	+50
變動成本			
直接材料	10,000	15,600	+5,600
直接人工	6,000	9,000	+3,000
變動性製造費用	5,000	7,500	+2,500
其中：間接材料	1,000	1,500	+500
間接人工	3,000	4,500	+1,500
動力費	1,000	1,500	+500
固定性製造費用	150	150	0
其中：辦公費	40	40	0
折舊費	100	100	0
租賃費	10	10	0
生產成本合計	21,150	32,250	+11,100

從表8-1中可以看出：這裡的生產成本預算分別以預計產量和實際產銷量為基礎，固定預算與實際發生額之間的差異不能恰當地說明企業成本控制的情況。也就是說，計算表中的不利差異為11,100萬元，究竟是產銷量增加而引起成本增加，還是由於成本控制不利而發生超支，很難通過固定預算與實際發生的對比正確地反應出來，而且也降低了控制、評價生產經營和財務狀況的作用。

(五) 彈性預算法

彈性預算是在固定預算方法的基礎上發展起來的一種預算方法。它是根據計劃期或預算期可預見的多種不同業務量水平，分別編製其相應的預算，以反應在不同業務量水平下所應發生的費用和收入水平。根據彈性預算隨業務量的變動而作相應調整，考慮了計劃期內業務量可能發生的多種變化，故又稱變動預算。

採用彈性預算方法編製預算，制訂財務計劃，有效地克服了固定預算方法的缺陷。彈性預算的出現，使不同的經濟指標水平或同一經濟指標的不同業務量水平計算出了相應的預算數。因此，在實際業務量發生後，可將實際發生數同與之相適應的預算數進行對比，以揭示生產經營過程中存在的問題。

彈性預算的表達方式主要有列表法和公式法。

列表法是在確定的業務量範圍內，劃分若干個不同的水平，然後分別計算各項預算成本，匯總列入一個預算表格。在應用列表法時，業務量之間的間隔應根據實際情況確定。間隔較大，水平級別就少一些，可簡化編製工作，但太大了就會失去彈性預算的優點；間隔較小，用以控制成本較為準確，但會增加編製的工作量。列表法的優點是：不管實際業務量是多少，不必經過計算即可找到與業務量相近的預算成本，用以控制成本較為方便；混合成本中的階梯成本和曲線成本，可按其形態計算填列，不必用數學方法修正為近似的直線成本。但是，運用列表法評價和考核實際成本時，往往需要使用插補法來計算實際業務量的預算成本。

公式法是利用公式「總成本＝固定成本＋單位變動成本×業務量」來近似表示預算數，所以只要在預算中列示固定成本和單位變動成本，便可隨時利用公式計算任意業務量的預算成本。公式法的優點是便於計算任何業務量的預算成本，但是階梯成本和曲線成本只能用數學方法修正為直線。必要時，還需要在「備註」中說明不同的業務量範圍內應當採用不同的固定成本金額和單位變動成本金額。

【例8-2】F公司在計劃期內預計銷售乙產品1,000件，銷售單價為50元，產品單位變動成本為20元。固定成本總額為1.5萬元。採用彈性預算方法編製收入、成本和利潤預算如表8-2和表8-3所示：

表8-2　　　　收入、成本和利潤彈性預算表（列表法）　　　　單位：元

項目	1,000（件）	1,500（件）	2,000（件）	2,500（件）
銷售收入	50,000	75,000	100,000	125,000
變動成本	20,000	30,000	40,000	50,000
邊際貢獻	30,000	45,000	60,000	75,000
固定成本	15,000	15,000	15,000	15,000
利潤	15,000	30,000	45,000	60,000

預算期內企業實際執行結果為銷售量1,500件、變動成本總額3.2萬元，固定成本總額增加3,000元。

表8-3　　　　收入、成本和利潤彈性預算表（列表法）　　　　單位：元

項目	固定預算（1,000）	彈性預算（1,500）	實際（1,500）	預算差異	成本差異
欄次	1	2	3	4＝2−1	5＝3−2
銷售收入	50,000	75,000	75,000	25,000	
變動成本	20,000	30,000	32,000	10,000	+2,000
邊際貢獻	30,000	45,000	43,000	15,000	−2,000
固定成本	15,000	15,000	18,000		+3,000
利潤	15,000	30,000	25,000	15,000	−5,000

從表 8-3 可以看出，由於實際銷售量比固定預算原定的指標多 500 件，在成本費用開支維持正常水平的情況下，應當增加邊際利潤 15,000 元、這 15,000 元屬於預算差異。但是，將實際資料與彈性預算相比較會發現，出於變動成本和固定成本分別超支 2,000 元和 3,000 元，使實際利潤比彈性預算的要求減少 5,000 元、減少的這部分利潤屬於成本差異。這兩種差異的相互補充，可以更好地說明實際利潤比固定預算利潤增加 10,000 元的原因。銷售量的增加本來應當使利潤上升 15,000 萬元，但由於成本超支 5,000 元，企業利潤最終只增加了 10,000 元。當然，本題也可以運用公式法進行彈性預算的編製，留作思考題供大家練習。

（六）零基預算法

零基預算是指由於任何預算期的任何預算項目，其費用預算額都以零為起點，按照預算期內應該達到的經營目標和工作內容，重新考慮每項預算支出的必要性及其規模，從而確定當期預算。零基預算的編製程序包括以下三個步驟：

（1）單位內部各有關部門根據單位的總體目標，對每項業務說明其性質和目的，詳細列出各項業務所需要的開支和費用。

（2）對每個費用開支項目進行成本效益分析，將其所得與所費進行對比，說明某種費用開支後將會給企業帶來什麼影響；然後把各個費用開支項目在權衡輕重緩急的基礎上，分成若干層次，排出先後順序。

（3）按照第二步所確定的層次順序，對預算期內可動用的資金進行分配，落實預算。

【例 8-3】C 公司採用零基預算法編製下年度的營業費用預算，有關資料及預算編製的基本程序如下：

（1）該公司銷售部門根據下半年企業的總體目標及本部門的具體任務，經認真分析，確認該部門在預算期內將發生如下費用：薪酬費用 10 萬元、差旅費 5 萬元、辦公費 1 萬元、廣告費 15 萬元、培訓費 1 萬元。

（2）討論後認為，薪酬費用、差旅費和辦公費均為預算期內該部門最低費用支出，應全額保證，廣告費和培訓費則根據企業的財務狀況的情況增減。另外，對廣告費和培訓費進行成本—效益分析後得知：1 元廣告費可以帶來 20 元利潤，而 1 元培訓費只可帶來 10 元利潤。

（3）假定該公司計劃在下年度經營費用支出 30 萬元，那麼，其資金的分配應為：

一是，全額保證薪酬費用、差旅費和辦公費開支的需要，即
10+5+1 = 16（萬元）

二是，將尚可分配的 14 萬元資金（30-16 = 14）按成本收益率的比例分配給廣告費和培訓費。

廣告費資金 = 14×20/(20+10) ≈ 9.333,3（萬元）

培訓費資金 = 14×10/(20+10) ≈ 4.666,7（萬元）

零基預算的優點是：既能壓縮費用支出，又能將有限的資金用在最需要的地方，不受前期預算的影響，能促進各部門精打細算、合理使用資金。但這種預算方法對一切支出均以零為起點進行分析，因此編製預算的工作相當繁重。

（七）定期預算法

定期預算法是指在編製預算時以會計年度作為預算期的一種預算編製方法。這種

預算方法主要適用於服務類的一些經常性政府採購支出項目，如會議費和印刷費等。其優點是能夠使預算期間與會計年度相配合，便於考核和評價預算的執行結果。缺點是由於預算一般在年度前二三個月編製，跨期長，對計劃期的情況不夠明確，只能進行籠統的估算，具有一定的盲目性和滯後性，同時，執行中容易導致管理人員中只考慮本期計劃的完成，缺乏長遠打算，因此其運用受到一定的局限。

(八) 滾動預算法

滾動預算是在定期預算的基礎上發展起來的一種預算方法，它是指隨著時間推移和預算的執行，其預算時間不斷延伸，預算內容不斷補充，整個預算處於滾動狀態的一種預算方法。滾動預算編製方式的基本原理是使預算期永遠保持 12 個月，每過 1 個月，立即在期末增列一個月的預算，逐期往後滾動。因而在任何一個時期都使預算保持 12 個月的時間跨度，故亦稱「連續編製方式」或叫「永續編製方式」。這種預算能使單位各級管理人員對未來永遠保持 12 個月時間工作內容的考慮和規劃，從而保證企業的經營管理工作能夠穩定而有序的進行。

滾動編製方式還採用了長計劃、短安排的方法，即在基期編製預算時，先將年度分季，並將其中第一個季度按月劃分，建立各自的明細預算數，以便監督預算的執行；至於其他三季的預算可以粗一點，只列各季總數，到第一季度結束前，再將第二季度的預算按月細分，第三、第四季度以及增列的下一個年度的第一季度，只需列出各季總數，依次類推。這種方式的預算有利於管理人員對預算資料作經常性的分析研究，並能根據當前預算的執行情況加以修改，這些都是傳統的定期預算編製方式所不具備的。滾動預算的編製方式如圖 8-1 所示：

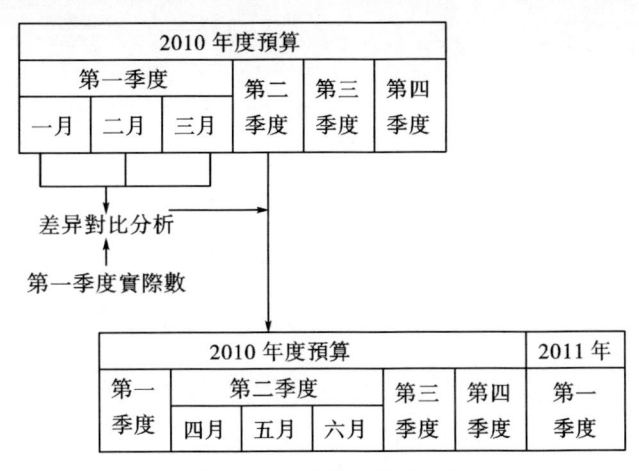

2010 年度預算					
第一季度			第二季度	第三季度	第四季度
一月	二月	三月			

差異對比分析

第一季度實際數

2010 年度預算						2011 年
第一季度	第二季度			第三季度	第四季度	第一季度
	四月	五月	六月			

圖 8-1　滾動預算的編製方式

(九) 概率預算

在編製預算的過程中，涉及的變量很多，如產量、銷量、價格、成本等。在通常情況下，這些變量的預計可能是一個定值，但是在市場的供應、產銷變動比較大的情況下，這些變量的定值就很難確定。這就要根據客觀條件，對有關變量進行近似的估計，估計它們可能變動的範圍，分析它們在該範圍內出現的可能性（即概率），然後對各變量進行調整，計算期望值，編製預算。這種運用概率來編製預算的方法，就是概

率預算。概率預算實際上就是一種修正的彈性預算，即將每一事項可能發生的概率結合應用到彈性預算的變化之中。編製概率預算的步驟如下：

（1）確定有關變量預計發生的水平，並為每一個變量的不同水平估計一個發生概率，相應概率可以根據歷史資料或經驗進行判斷。

（2）根據估計的概率及條件價值，編製預期價值分析表。

（3）根據預期價值表，計算期望值，編製預算。

在編製概率預算時，若業務量與成本的變動並無直接聯繫，則只要用各自的概率分別計算銷售收入、變動成本、固定成本等的期望值，最後就可以直接計算利潤的期望值。若業務量的變動與成本的變動有著密切的聯繫，就要用計算聯合概率的方法來計算期望值。

【例8-4】CF公司某年度預計的有關數據如表8-4所示：

表8-4　　　　　　　　　　預算基礎數據預計表

銷售量		銷售單價	單位變動成本		固定成本
數量（件）	概率	（元）	金額（元）	概率	（元）
10,000	0.2	20	3 5 4	0.3 0.5 0.2	50,000
20,000	0.5	20	3 5 4	0.3 0.5 0.2	
30,000	0.3	20	3 5 4	0.3 0.5 0.2	

根據所給的資料，編製利潤期望值表，如表8-5所示：

表8-5　　　　　　　　　　利潤期望值表

銷售量	單價	變動成本	固定成本	利潤	聯合概率	期望利潤
10,000 （P=0.2）	20	3（P=0.3）	50,000	120,000	0.06	7,200
		5（P=0.5）		100,000	0.10	10,000
		4（P=0.2）		110,000	0.04	4,400
20,000 （P=0.5）		3（P=0.3）		290,000	0.15	43,500
		5（P=0.5）		250,000	0.25	62,500
		4（P=0.2）		270,000	0.10	27,000
30,000 （P=0.3）		3（P=0.3）		460,000	0.09	41,400
		5（P=0.5）		400,000	0.15	60,000
		4（P=0.2）		430,000	0.06	25,800
					1.00	281,800

上表中，當產品的單位售價為20元，銷售量為10,000個，單位變動成本為5元，固定成本為50,000元時，可實現利潤：

(20×10,000)－(5×10,000+50,000)＝100,000（元）

這種情況的可能性（聯合概率）為 0.10，所以利潤的期望值為 10,000 元（100,000× 0.10），依此類推. 匯總計算，得到總利潤期望值為 281,800 元。

也可以先計算銷售量、單位變動成本的期望值，然後再計算利潤的期望值。

銷售量的期望值＝10,000×0.2+20,000×0.5+30,000×0.3＝21,000（件）

單位變動成本的期望值＝3× 0.3+5× 0.5+4×0.2＝4.20（元/件）

利潤期望值：20×21,000－(4.20×21,000+50,000)＝281,800（元）

損益表如表 8-6 所示：

表 8-6　　　　　　　　　　　　損益表　　　　　　　　　　　　單位：元

項目	金額
銷售收入	420,000
變動成本	88,200
邊際貢獻	331,800
固定成本	50,000
稅前利潤	281,800

(十) 增量預算

增量預算法，是指在上年度預算實際執行情況的基礎上，考慮了預算期內各種因素的變動，相應增加或減少有關項目的預算數額，以確定未來一定期間收支的一種預算方法。如果在基期實際數基礎上增加一定的比率，則叫「增量預算法」；反之，若是基期實際數基礎上減少一定的比率，則叫「減量預算法」。

這種方法主要適用於在計劃期由於某些採購項目的實現而應相應增加的支出項目。如預算單位計劃在預算年度上採購或拍賣小汽車，從而引起的相關小車燃修費、保險費等採購項目支出預算的增減。其優點是預算編製方法簡便、容易操作。缺點是以前期預算的實際執行結果為基礎，不可避免地受到既成事實的影響，易使預算中的某些不合理因素得以長期沿襲，因而有一定的局限性。同時，也容易使基層預算單位養成資金使用上「等、靠、要」的思維習慣，滋長預算分配中的平均主義和簡單化，不利於調動各部門增收節支的積極性。

三、成本計劃的編製

成本計劃在分級編製的方式下，大體上包括三個方面的內容：①編製輔助生產車間成本計劃；②編製基本生產車間成本計劃；③匯編全廠產品成本計劃。

(一) 編製輔助生產車間成本計劃

輔助生產車間的地位是為基本生產提供產品或勞務，如修理、動力車間，同時也為各管理部門、銷售部門服務，甚至以其產品或勞務對外出售。因此，首先要編製輔助生產車間成本計劃，以便將輔助生產費用合理地分配到基本生產車間的產品成本和其餘部門的期間費用中去。輔助生產車間成本計劃包括輔助生產費用預算和輔助生產費用分配兩大部分。

1. 輔助生產費用預算的編製

輔助生產費用是指計劃期內輔助生產車間預計發生的各項生產費用總額，不同費

用項目確定計劃發生數的方法有別：

①有消耗定額、工時定額的項目，可根據計劃產量和工時總數、單位產品（或勞務）的消耗定額和工時定額、計劃單價和工時費用率計算，如原材料、輔助材料、燃料及動力、工人工資等項目。

②沒有消耗定額和開支標準的費用項目，可根據上年資料結合本期產量的變化，並考慮本年節約的要求予以匡算，如低值易耗品、修理費等項目。計算公式為：

本年費用計劃數＝上年費用預計數×（1＋產量增長%）×（1－費用節約%）

相對固定的費用項目，可根據歷史資料，並考慮本年節約的要求予以匡算，如辦公費、水電費等項目。計算公式為：本年費用計劃數＝上年費用預計數×（1－費用節約%）

其他計劃中已有現成資料的費用項目，根據其他計劃有關資料編製，如管理人員薪酬、折舊費等項目。有規定開支標準的項目，按有關標準計算編製，如老保費等項目。輔助生產費用預算表的格式如表 8-7 所示：

表 8-7　　　　　　　　　　某輔助生產車間生產費用預算
20××年度　　　　　　　　　　單位：元

費用項目＼費用要素	外購材料	外購燃料	外購動力	職工薪酬	折舊費	其他支出	本年預算
直接材料							
甲材料							
……							
直接薪酬							
製造費用							
職工薪酬							
折舊費							
……							
其他支出							
費用要素							
合計							

2. 輔助生產費用的分配

輔助生產費用根據受益原則分配，誰受益、誰負擔，受益多、負擔多。分配的方法有直接分配法、交互分配法、代數分配法、順序分配法、計劃成本分配法等。分配標準主要是修理工時、修理業務量等。分配方法在成本核算有關章節裡有詳細介紹，輔助生產費用分配表的格式如表 8-8 所示。

表 8-8　　　　　　　　　　某輔助生產車間生產費用分配表
　　　　　　　　　　　　　　　　　20××年度　　　　　　　　　　　　　　單位：元

受益單位		分配標準	分配率	分配金額
基本生產	甲產品			
	乙產品			
	………			
	小計			
製造費用	一車間			
	二車間			
	………			
	小計			
企業管理部門				
合計				

（二）基本生產車間成本計劃的編製

基本生產車間編製成本計劃的程序是：首先將直接材料、直接薪酬等直接費用編製直接費用計劃；然後將各項間接生產費用編製製造費用預算，並將預計的製造費用在各產品間分配；最後匯總編製車間產品成本計劃。

1. 直接費用計劃的編製

車間直接費用是車間為生產產品而發生的直接支出，包括直接材料、直接薪酬等其他直接支出。直接費用計劃應按成本項目計算編製，主要有原材料、輔助材料、燃料與動力、外購半成品、直接薪酬、廢品損失等成本項目，確定計劃數的方法分述如下：

（1）原材料、輔助材料項目

單位產品材料計劃成本＝∑（單位產品各材料消耗定額×該種材料計劃單價）

上式中，如果材料消耗定額中包含了廢料回收價值，應從按上式計算的材料成本中扣減。按上式確定了單位產品的材料成本後，再乘上計劃產量，得出材料費用計劃總額（以下各項目類同）。

（2）燃料及動力項目

在各種產品有燃料和動力耗用定額時，計算方法與材料項目相同。在各種產品無燃料和動力耗用定額時，應首先根據上年實際結合計劃期節約的要求，測算計劃期燃料和動力耗用的總額，然後按一定標準分配給各種產品。

（3）職工薪酬項目

單位產品職工薪酬計劃成本＝∑（該產品計劃工時定額×計劃小時薪酬率）

其中：計劃小時薪酬率＝$\dfrac{計劃期薪酬總額}{\sum（各產品計劃產量×各產品計劃工時定額）}$×100%

（4）廢品損失項目

單位產品廢品損失計劃成本＝預計上年單位產品廢品損失×(1-廢品損失計劃降低率)

（5）由上一車間轉來的半成品項目

編製直接費用計劃時的方法應與實際成本核算方法一致，採用平行結轉法或逐步

結轉法。平行結轉法不計算前一車間轉來的半成品成本，逐步結轉法則應將上一車間轉來的半成品成本列入「原材料」或「自制半成品」成本項目之中。

基本生產車間直接費用計劃表的格式如表 8-9 所示：

表 8-9　　　　　　　　　　某基本生產車間生產費用分配表

20××年度　　　　　　　　　　　　　　　　　單位：元

費用項目	單價	A產品 消耗定額	A產品 單位成本	件 總成本	B產品 消耗定額	B產品 單位成本	件 總成本	C產品 消耗定額	C產品 單位成本	件 總成本	車間總成本
原材料 甲材料 乙材料 …… 燃料 動力 薪酬 廢品損失 ……											
產　品 總成本											

2. 製造費用預算的編製

製造費用是車間為生產產品和提供勞務而發生的各項間接生產費用，包括為創造正常勞動條件而發生的車間業務費用和組織生產而發生的車間管理費用。製造費用計劃由製造費用預算和制用分配兩部分組成。製造費用預算的編製方法有固定預算法、彈性預算法、概率預算法等（具體方法參照本章第一節），也可以按輔助生產費用預算的編製方法進行編製。製造費用的分配一般按計劃生產工時為標準分配給各種產品。製造費用預算和分配表的格式如表 8-10、表 8-11 所示：

表 8-10　　　　　　　　　　某車間製造費用預算表

20××年度　　　　　　　　　　　　　　　　　單位：元

費用項目＼費用要素	外購材料	外購燃料	外購動力	職工薪酬	折舊費	其他支出	分配費用	本年預算
直接材料 甲材料 ………… 直接薪酬 製造費用 職工薪酬 折舊費 ………… 其他支出								
合計								

表 8-11　　　　　　　　　　　某車間製造費用分配表
　　　　　　　　　　　　　　　　20××年度　　　　　　　　　　　　　　　　單位：元

產品	計劃產量	單位定額工時	生產總工時	分配率	單位產品分配額	總分配額
甲產品						
乙產品						
………						
合計						

3. 車間產品成本計劃的編製

基本生產車間產品成本計劃，應按成本項目分產品反應各產品的單位成本和總成本。其編製依據是各產品的直接生產費用計劃和製造費用分配表，分產品計算出各產品的計劃單位成本和總成本後，再匯總編製全車間按成本項目計算的產品成本計劃。基本生產車間產品成本計劃表的格式如表 8-12 所示：

表 8-12　　　　　　　　　某基本生產車間產品成本計劃表
　　　　　　　　　　　　　　　20××年度　　　　　　　　　　　　　　　　單位：元

費用項目	A產品　　　件		B產品　　　件		C產品　　　件		車間總成本
	單位成本	總成本	單位成本	總成本	單位成本	總成本	
直接材料							
其中：							
甲材料							
乙材料							
………							
燃料							
動力							
直接薪酬							
製造費用							
合計							

（三）匯編全廠產品成本計劃

廠部財會部門對各車間編製的成本計劃加以審查後，綜合編製全廠產品成本計劃。全廠產品成本計劃包括：

1. 主要產品單位成本計劃

根據各基本生產車間的產品成本計劃匯總各種產品的計劃單位成本，在採用平行結轉法時，要將各基本生產車間相同產品的單位成本匯總計算該產品的計劃單位成本；在採用逐步結轉法時，最後一個基本生產車間產品的計劃單位成本即為該產品的計劃單位成本。主要產品單位成本計劃表的格式如表 8-13 所示。

表 8-13　　　　　　　　　　主要產品單位成本計劃表
　　　　　　　　　　　　　　　　20××年度　　　　　　　　　　　　　　　單位：元

費用項目	計量單位	計劃單價	A產品		B產品		C產品	
			單位成本	總成本	單位成本	總成本	單位成本	總成本
直接材料 其中： 　甲材料 　乙材料 　…… 　燃料 　動力 直接薪酬 製造費用								
合計								

2. 商品產品成本計劃

根據各種產品計劃單位成本和計劃產量，即可編製按成本項目類別和按產品類別反應的商品產品成本計劃。可比產品還須根據上年平均單位成本和計劃年度計劃單位成本，計算可比產品的計劃成本降低額和降低率指標。主要產品單位成本計劃表的格式如表 8-14、表 8-15 所示：

表 8-14　　　　　　商品產品成本計劃表（按產品類別）
　　　　　　　　　　　　20××年度　　　　　　　　　　　　　單位：元

產品名稱	計量單位	計劃單價	單位成本		總成本			
			上年預計	本年計劃	按上年計算	按計劃計算	計劃降低額	計劃降低率
一、可比產品 其中：A產品 　　　B產品 二、不可比產品 其中：C產品								
全部商品產品								

表 8-15　　　　　　商品產品成本計劃表（按成本項目類別）
　　　　　　　　　　　　20××年度　　　　　　　　　　　　　單位：元

成本項目	可比產品總成本				不可比產品計劃總成本	全部商品計劃總成本
	按上年平均單位成本計算	按計劃單位成本計算	計劃降低額	計劃降低率		
直接材料 其中： 　甲材料 　乙材料 　…… 　燃料 　動力 直接薪酬 製造費用						
合計						

3. 生產費用預算

生產費用預算通常有兩種編製方法：一種是根據各輔助生產車間輔助生產費用預算、各基本生產車間直接費用計劃和製造費用預算按費用要素歸類匯總編製生產費用匯總表，再據以編製生產費用預算。另一種是根據企業各種生產技術財務計劃或預算直接填列，如外購材料、燃料、動力等要素，按物資供應計劃填列；職工薪酬要素，按勞動薪酬計劃填列；折舊費要素，按固定資產折舊計劃填列。

生產費用預算包括兩部分內容：第一部分反應企業計劃期內各項生產費用數額及占總額的比重；第二部分為調整項目，經過調整後的數額，應與商品產品成本表一致。生產費用預算數與商品產品成本計劃數不一致的原因在於：

第一，生產費用預算包括企業為進行工業生產和非工業生產所發生的全部費用，而產品成本計劃只包括工業生產的生產費用。不包括在產品成本內的非工業生產的生產費用是指：對本企業在建工程、生活福利部門、企業管理部門提供的勞務費用；對外服務費用；轉作待處理財產損失的存貨盤虧、毀損減去盤盈後的淨損失；經批准轉入生產費用科目的存貨盤虧、毀損減去盤盈後的淨損失等。

第二，生產費用預算包括本期計劃發生的生產費用總額，而產品成本計劃只包括本期產品負擔的生產費用數額。如本期的待攤費用是本期的生產費用，只有攤入本期產品成本的才構成產品成本數額。同樣，那些未在本期實際發生的預提費用卻計入本期產品成本，而不構成本期生產費用。

第三，生產費用預算只包括本期生產產品的生產費用，不論產品是否完工；而產品成本計劃中的生產費用要加上期初在產品的生產費用並減去期末在產品的生產費用。

生產費用匯總表和全廠生產費用預算表格式如表 8-16、表 8-17 所示：

表 8-16　　　　　　　　　　生產費用匯總表

20××年度　　　　　　　　　　　　　　　單位：元

生產費用要素	輔助生產車間			基本生產車間			合計
	一	二	……	一	二	……	
外購材料							
外購燃料							
外購動力							
職工薪酬							
折舊費							
………							
其他支出							
合計							

表 8-17　　　　　　　　　全廠生產費用預算表
20××年度　　　　　　　　　　　單位：元

生產費用要素	上年預計		本年計劃	
	金額	占總額的%	金額	占總額的%
1. 外購材料				
2. 外購燃料				
3. 外購動力				
4. 職工薪酬				
5. 折舊費				
6. 其他支出				
7. 生產費用合計				
8. 減：不包括在商品產品製造成本內的生產費用				
9. 加：上期結轉的待攤費用				
10. 加：結轉下期的預提費用				
11. 加：在產品期初餘額				
12. 減：在產品期末餘額				
13. 商品產品製造成本				

第二節　成本控制

一、成本控制概述

(一) 成本控制的概念

成本控制主要是運用成本會計方法，對企業經營活動進行規劃和管理，將成本規劃與實際相比較，以衡量業績，並按照例外管理的原則，消除或糾正差異，提高工作效率，不斷降低成本，實現成本目標。

成本控制有廣義和狹義之分，廣義的成本控制，包括事前控制、事中控制和事後控制。事前控制又稱之為前饋控制，是在產品投產之前就進行產品成本的規劃，通過成本決策，選擇最佳方案，確定未來目標成本，編製成本預算，實行的成本控制。事中控制也稱過程控制，是在成本發生的過程中進行的成本控制，它要求成本的發生按目標成本的要求來進行。但實際上，成本在發生過程中往往與目標成本不一致，產生差異，因此就需要將超支或節約的差異反饋給有關部門，及時糾正或鞏固成績。事後控制就是將已發生的成本差異進行匯總、分配，計算實際成本，並與目標成本相比較，分析產生差異的原因，以利於在今後的生產過程中加以糾正；狹義的成本控制是指在產品的生產過程中進行成本控制，是成本的過程控制，不包括事前控制和事後控制。在現代成本管理中，往往採用廣義的成本控制概念，與傳統的事後成本控制是截然不同的，這是現代化生產的必然要求。

成本控制的內容較為寬泛，包括目標成本控制、標準成本控制、質量成本控制、

作業成本控制、責任成本控制等。這裡主要介紹較具代表性的目標成本控制和標準成本控制。

(二) 成本控制的原則

成本控制是成本管理的重要組成部分，必須遵循相應的成本控制原則。成本控制原則主要有以下幾點：

1. 全面控制原則

全面控制原則是指成本控制的全員、全過程和全部控制。所謂全員控制是指成本控制不僅僅是財會人員和成本管理人員的事，還需要高層管理人員、生產技術人員等全體員工積極參與，才能有效的進行。企業必須充分調動每個部門和每個職工控制成本、關心成本的積極性和主動性，加強職工的成本意識，做到上下結合，人人都有成本控制指標任務，建立成本否決制，這是能否實現全面成本控制的關鍵。全過程控制要求以產品壽命週期成本形成的全過程為控制領域，從產品的設計階段開始，包括試製、生產、銷售直至產品售後的所有階段都應當進行成本控制。全部控制是指對產品生產的全部費用進行控制，不僅要控制變動成本，也要控制產品生產的固定成本。

2. 例外控制原則

貫徹這一原則，是指在日常實施全面控制的同時，有選擇地分配人力、物力和財力，抓住那些重要的、不正常的、不符合常規的關鍵性成本差異（例外）。成本控制要將注意力放在成本差異上，分析差異產生的異常情況。實際發生的成本與預算或目標會產生出入，出入不大，不必過分關注，要將注意力集中在異乎尋常的差異上，這樣，在成本控制過程中，既可抓住主要問題，又可大大降低成本控制的耗費，使目標成本的實現有更可靠的保證。

在實務中，確定「例外」的標準通常可考慮如下三項標誌：

（1）重要性。這是指根據實際成本偏離目標成本差異金額的大小來確定是否屬於重大差異。一般而言，只有金額大的差異，才能作為「例外」加以關注。這個金額的大小通常以成本差異占標準或預算的百分比來表示，如有的企業將差異率在10%以上的差異作為例外處理。

（2）一貫性。如果有些成本差異雖未達到重要性標準，但卻一直在控制線的上下限附近徘徊，則也應引起成本管理人員足夠重視。因為這種情況可能是由於原標準已過時失效或成本控制不嚴造成的。西方國家有些企業規定，任何一項差異持續一星期超過50元，或持續三星期超過30元，均視為例外。

（3）特殊性。凡對企業的長期獲利能力有重要影響的特殊成本項目，即使其差異沒達到重要性標準，也應視為例外，查明原因。

3. 經濟效益原則

成本控制的目的是為了降低成本，提高經濟效益。提高經濟效益，並不是一定要降低成本的絕對數，更為重要的是實現相對的成本節約，取得最佳經濟效益，以一定的消耗取得更多的成果。同時，成本控制制度的實施，也要符合經濟效益原則。

(三) 成本控制的內容

控制內容一般可以從成本形成過程和成本費用分類兩個角度加以考慮。

1. 按過程劃分的內容

(1) 產品投產前的控制

這部分控制內容主要包括：產品設計成本、加工工藝成本、物資採購成本、生產組織方式、材料定額與勞動定額水平等。這些內容對成本的影響最大，可以說產品總成本的60%取決於這個階段的成本控制工作的質量。這項控制工作屬於事前控制方式，在控制活動實施時真的成本還沒有發生，但它決定了成本將會怎樣發生，它基本上決定了產品的成本水平。

(2) 製造過程中的控制

製造過程是成本實際形成的主要階段。絕大部分的成本支出在這裡發生，包括原材料、人工、能源動力、各種輔料的消耗、工序間物料運輸費用、車間以及其他管理部門的費用支出。投產前控制的種種方案設想、控制措施能否在製造過程中貫徹實施，大部分的控制目標能否實現和這階段的控制活動緊密相關，它主要屬於始終控制方式。由於成本控制的核算信息很難做到及時，會給事中控制帶來很多困難。

(3) 流通過程中的控制

流通過程包括產品包裝、廠外運輸、廣告促銷、銷售機構開支和售後服務等。在目前強調加強企業市場管理職能的時候，很容易不顧成本地採取種種促銷手段，反而抵消了利潤增量，所以也要作定量分析。

2. 按構成劃分的內容

(1) 原材料成本控制

在製造業中原材料費用占了總成本的很大比重，一般在60%以上，高的可達90%，是成本控制的主要對象。影響原材料成本的因素有採購、庫存費用、生產消耗、回收利用等，所以控制活動可從採購、庫存管理和消耗三個環節著手。

(2) 工資費用控制

工資在成本中佔有一定的比重，增加工資又被認為是不可逆轉的。控制工資與效益同步增長，減少單位產品中工資的比重，對於降低成本有重要意義。控制工資成本的關鍵在於提高勞動生產率，它與勞動定額、工時消耗、工時利用率、工作效率、工人出勤率等因素有關。

(3) 製造費用控制

製造費用開支項目很多，主要包括折舊費、修理費、輔助生產費用、車間管理人員工資等，雖然它在成本中所占比重不大，但因不引人注意，浪費現象十分普遍，是不可忽視的一項內容。

(4) 企業管理費控制

企業管理費指為管理和組織生產所發生的各項費用，開支項目非常多，也是成本控制中不可忽視的內容。

上述這些都是絕對量的控制，即在產量固定的假設條件下使各種成本開支得到控制，在現實系統中還要達到控製單位成品成本的目標。

(四) 成本控制的程序

1. 制定成本標準

成本標準是用以評價和判斷成本控制工作完成效果和效率的尺度。在成本控制過程中，必須事先制定一種標準，用以衡量實際的成本水平，沒有這種標準，也就沒有

成本控制。標準成本控制中的標準成本、目標成本控制中的目標成本以及定額成本控制中的成本定額都是這樣的成本標準。在實際工作中，成本控制的標準應根據成本形成的階段和內容不同具體確定。成本標準不宜定得過高，也不宜過低，過高或過低的成本標準都難以體現成本控制的價值。

2. 分解落實成本標準，具體控制成本形成過程

將成本標準層層分解，具體落實到崗位、個人身上，結合責權利，充分調動全體員工成本控制的積極性和創造性，控制成本的形成過程。成本形成過程的控制主要包括以下幾個方面：

（1）設計成本的控制。產品成本水平的高低主要取決於產品設計階段，也是成本控制的源頭。就像水庫的水閘，它對以後的水量大小起決定性作用。設計得先進合理，就可以生產出優質、優價、低成本的產品，給企業帶來良好的經濟效益。產品設計成本控制包括新產品的研製和原有產品的改進。產品的設計階段不僅可以控制產品投產後的生產成本，也可以控制產品用戶的使用成本，在市場競爭激烈的今天，這一點尤其重要。確立成本優勢，就是要在成本水平一定的情況下提高客戶的使用價值，或成本水平提高不大，客戶的使用價值大幅度地提高，要做到這一點，設計階段的成本控制是關鍵。因此，必須從全局出發，研究產品生產成本與使用成本之間的關係，比較各設計方案的經濟效果，做出適當的決策。

（2）生產成本控制。它是一個通過對產品生產過程中的物流控制來控制價值形成的過程，包括對供應過程中的原材料採購和儲備的控制、生產過程中的原材料耗用控制及各項費用的控制。這是一個動態的控制過程，必須不斷地對照成本標準，對成本的實際發生過程進行控制。

（3）費用預算控制。產品製造費用的控制，主要通過預算來進行，使成本的發生處於預算監督之下。

3. 揭示成本差異

利用成本標準、預算與實際發生的費用相比較計算成本差異，是成本控制的中心環節。通過揭示差異，發現實際成本與成本標準或預算是否相符，是節約還是超支。如果實際成本高於成本標準或預算，就存在不利差異，就要分析差異產生的原因，採取相應措施，控制成本的形成過程。為了便於比較，揭示成本差異時所搜集的成本資料的口徑應與成本標準的制訂口徑一致，避免出現兩者不可比的現象。

4. 進行考核評價

通過對成本責任部門的考核與評價，獎優罰劣，促進成本責任部門不斷改進工作，實現降低成本的目標。同時，通過考核評價，發現目前成本控制中存在的問題，改進現行成本控制制度及措施，以便有效地進行成本控制。

二、成本控制方法

（一）預算成本控制法

1. 成本預算與預算成本的內涵

（1）成本預算

預算是企業經營活動的數量計劃，它確定企業在預算期內為實現企業目標所需的資源和應進行的活動。預算的中心之一便是對成本費用的預算，它能有助於企業發現

成本管理中存在的問題，為成本控制活動提供指南。為了有效地進行成本及利潤控制，許多企業開展全面預算工作。全面預算是為預算期內經營單位的經營活動所作的計劃。它為企業所有主要的經營活動設立目標，為財務資源的獲得和使用作出詳細計劃。經營計劃依據戰略目標和長期計劃、預計未來事件及企業近期的實際經營成果。

（2）預算成本

預算成本是企業按照預算期的特殊生產和經營情況所編製的預定成本，它屬於一種預計或未來成本。確定預算成本應以企業預算期內的銷售和生產預算為基礎，編製產品生產和經營的直接材料預算、直接人工預算、製造費用預算和期間費用預算等。如企業採用變動成本法的，則只要將變動的製造費用按預計分配率測定各成本項目數額，固定費用作為期間費用，按總額測定，並直接在當期邊際貢獻中扣除，然後再加以匯總，預算成本可以用來預測成本的發生額和作為考核成本工作成績的標準。

2. 預算的編製程序

預算的編製程序包括成立預算組織、確定預算期間、明確預算原則、編製草案、協調預算、復議和審批預算、修正預算。

（1）成立預算組織

大多數企業都成立預算委員會來管理有關預算事項。它由企業的高級管理人員組成。典型的預算委員會由總經理、一個或多個副總經理、戰略經營單位負責人、財務總監等人組成。委員會的大小取決於企業的規模、預算所涉及人數、預算過程中內部單位的參與程度及總經理的管理風格等。在一些企業裡，所有事項都由總經理決定，根本沒有預算委員會。

（2）確定預算期間

預算的編製通常與企業的會計年度一致，以一年為一個預算期。許多公司編製季度和月度財務報表，所以也編製季度和月度預算。企業預算期與會計期的協調便於比較預算數與實際經營成果。

一些公司使用連續（或滾動）預算。連續預算是將預算期始終保持一個固定的月份數、季度數或年數的預算系統。這樣，一個月或一個季度結束後，用最新獲得的信息更新原來的預算，預算中增加下一個新的月份或季度。

（3）明確預算原則

預算委員會的職責之一就是確定預算原則來規範預算、管理預算編製過程。所有的責任中心（或預算單位）在編製預算時都應遵循這一原則。

確定預算原則的起點是明確公司戰略。在確定預算原則時，預算委員會應當考慮以下因素：採用戰略計劃後企業已取得的發展和變化；經濟環境與市場前景；預算期內企業的目標；企業的特殊政策如收縮、再造、特殊營銷推介活動，以及迄今為止的經營業績等。

（4）編製預算草案

每個責任中心會依據預算原則編製各自的預算草案。

①預算單位在編製預算草案時應考慮以下內部影響因素：

・可使用機器設備的變動；

・新生產程序的應用；

・產品設計或產品結構的變化；

・新產品的引進；
・本預算單位因原材料投入或其他經營因素所依賴的其他預算單位，其經營活動和預期的變化；
・依靠本預算單位供應部件的其他預算單位，其經營環境、預期或經營活動發生的變化。
②在編製預算草案時應考慮的外部因素：
・勞動力市場的變化；
・原材料、零部件的可得性及它們的價格；
・近期內行業的動向；
・競爭對手的行動。

(5) 協調預算

上一級預算單位審查預算草案，看它是否符合預算原則。上一級預算單位還應查看預算目標是否能夠實現，是否與上一級預算單位的目標一致，其內容是否與其他預算單位的預算內容協調，這些單位包括直接或間接受本單位活動影響的單位。每個預算單位都應在上級單位共同商議預算草案中的變更。

協調在企業的所有層次都存在。協調可以說是預算編製程序的核心工作，它佔用了預算編製的大量時間。例如，一個企業的會計年度在12月31日結束，那麼預算編製程序通常會在5月份開始，協商會持續到9、10月份，預算在年底前被通過。

(6) 復議、審批和調整預算

預算單位通過了自己的預算之後，此項預算會沿著組織的層級傳達到預算委員會，這時，這些單位的預算合併便形成了整個組織的預算，預算委員會評價並最後審批預算。預算委員會主要檢查該預算是否符合預算原則、是否能達到短期的期望目標、是否履行了戰略計劃。總經理據此來批准預算並將其提交董事會。

對預算如何進行調整，企業間各不相同。預算通過後，有些企業只允許在特殊的情況下調整預算；但也有一些，如執行連續更新預算的企業卻按季或按月調整預算。

在只允許特殊情況下調整預算的企業，修改預算是很難獲準的。然而，不是所有的事情都會像預計的那樣進行。當實際情況已與預計出現重大差異時，依舊恪守預算是不足取的。因此，不要將預算教條化。

系統地、週期性地調整已通過的預算或使用連續預算可以使企業在動態的經營環境中獲益，因為時常更新的預算能夠更好地指導經營活動。但是，定期預算調整可能會使責任中心在編製預算時不盡全力。系統調整預算的企業應確保預算調整只是在情況發生重大變化的條件下進行。

3. 銷售預算

銷售預算列示了在預期銷售價格下的預期銷售量。編製期間銷售預算的起點一般是預計的銷售水平、生產能力和公司的長、短期目標。

銷售預算是以銷售預測為基礎的，它是整個預算編製的基石，因為企業只有在瞭解期望的銷售水平之後才能對其他經營活動作出規劃。不知道要生產多少產品，企業無法作出生產安排。企業只有明確了預算期內所要銷售的產品數量才能確定產量。產量確定之後，原材料的採購量、需要雇傭的職員數以及所需的工場製造費用才能隨之確定。預計的銷售和管理費用也由期望銷售量決定。

銷售預測就是估計企業產品的未來銷售情況，它是編製期間銷售預算的起點。精確的銷售預算能夠增強預算作為計劃、控制工具的作用。

銷售預測的性質是主觀的。為減少預測的主觀性，許多企業都準備了多個獨立的銷售預測並將此作為一種慣例。例如，一個企業可以讓市場研究部門、經營部門及預算單位的銷售部門等分別進行銷售預測。這樣，銷售預算中的銷售量就是各單位都認為最可能的那個數。在銷售預測中應考慮的影響因素有：
- ・現在銷售水平和過去幾年的銷售趨勢；
- ・經濟和行業的一般狀況；
- ・競爭對手的行動和經營計劃；
- ・定價政策；
- ・信用政策；
- ・廣告和促銷活動；
- ・未交貨的定單。

進行銷售預測有多種方法。其中兩種是趨勢分析法和計量經濟學模型法。趨勢分析法可以是簡單的分佈圖目測法，也可以是複雜的時間序列模型。趨勢分析的優點在於它只使用歷史數據，這些數據都可在公司記錄中輕易找到。但是，歷史不會重演。所以需要根據可能偏離趨勢的未來事項來調整預測結果。

4. 生產預算

生產預算依據銷售預算進行編製。生產預算就是根據銷售目標和預計預算期末的存貨量決定生產量，並安排完成該生產量所需資源的取得和整合的整套規劃。生產量取決於銷售預算、期末產成品的預計餘額以及期初產成品的存貨量。

確定預計生產量的公式如下：

預計生產量＝預算的銷售量＋期末存貨量－期初存貨量

影響生產預算的其他因素有：企業關於穩定生產和為降低產成品存貨而實施的靈活生產方面的態度、生產設備的狀況、原材料及人工等生產資源的可得性以及生產數量和質量方面的經驗等。

（1）直接材料預算

直接材料使用預算顯示了生產所需的直接材料及其預算成本。所以，直接材料使用預算是編製直接材料採購預算的起點。企業編製直接材料採購預算是為了保證有足夠的直接材料來滿足生產需求並在期末留有預定的存貨。

直接材料採購預算也為計劃直接材料的採購提供預算成本；這樣企業就能夠確定採購所需的資金數額。材料採購預算取決於一些有關生產活動的企業政策，如採用即時採購系統還是儲備一些主要材料，以及公司對原材料質量的經驗判斷和供應商的可靠性。

每期所需直接材料總額是生產所需直接材料總額與期末所需直接材料庫存之和。每期所需購買的直接材料總額是該手所需直接材料總額與期初直接材料庫存之差。

（2）直接人工預算

生產預算同樣也是編製人工預算的起點。企業的勞動力必須是擁有充分技能，能夠從事本期計劃產成品生產的工人。直接人工預算可以使企業人事部門安排好人員，以防出現突然解雇或人工短缺情況，並降低解聘人數。不穩定的用工制度會降低員工

對企業的忠誠度，增加他們的不安全感，進而導致效率低下。

許多企業都有穩定的雇傭或勞動合同作保障，以防止企業按照生產需要的變化隨意解雇工人。根據直接人工預算，企業可以判斷何時能夠重新安排生產活動或閒置的員工分配其他臨時工作。許多採用新生產技術的企業可以用直接人工預算來計劃維護、修理、安裝、檢測、學習使用新設備及其他活動。

（3）製造費用預算

製造費用包括直接材料和直接人工之外的所有生產成本。不像直接材料和直接人工按產量的比例增減，製造費用中有一些成本並不隨產量按比例變化，而是依據生產進行的方式而變化，如隨生產批量的大小或生產準備次數變化而變化的成本。製造費用還包括一些固定成本，如生產管理人員的工資和車間的折舊費等。

編製製造費用預算需要預計生產量、確定生產方式並考慮一些影響製造費用的外部因素。許多企業在製造費用預算編製時將製造費用分為可變和固定兩項。所有不隨產量發生相應變動的製造費用為固定成本，這種判斷的前提是，非變動製造費用在生產量的一定範圍內保持不變。

（4）產品生產和銷售成本預算

產品生產和銷售的成本預算列示了每一期間計劃生產成本的總額和單位額。

該預算的兩個項目也會出現在同期的其他預算中。預計損益表要利用產品銷售成本來確定本期的銷售毛利，預計資產負債表中總資產欄中需要期末產品存貨量。

5. 銷售和管理費用預算

銷售和管理費用預算包括預算期內所有的非生產費用。銷售與管理費用預算是經營活動的重要指南。但是，由於該預算中的許多成本都具有一定的隨意性，並且大都影響長遠，所以使用該預算進行業績評價應謹慎。

（二）目標成本控制法

1. 目標成本控制法含義

現代目標成本控制是現代目標管理理論與「成本企劃」（Target Costing）結合的產物，是適應日益劇烈的國際競爭的需要。「成本企劃」導源於日本豐田公司20世紀60年代的管理實踐。最初，豐田公司在構想和設計階段就將成本限定在目標以內，各部門通力合作以達到目標成本，後來形成了以市場為導向的成本管理制度。第一，以市場可接受的產品價格為前提確定目標利潤，為保證目標利潤的實現，用價格減去目標利潤計算出目標成本，作為成本控制的標準；第二，為保證目標成本的實現，進行全方位的控制。

目標成本是企業經營管理的一項重要目標，是目標的一種具體形式，是企業預先確定在一定時期內所要實現的成本目標，它往往包括相互聯繫的三個方面：目標成本額、單位產品成本目標和成本降低目標。它體現了提出目標成本的目的，以產品成本形成的全過程為對象，結合生產經營的不同性質和特點進行有效的控制。目標成本控制是基於市場導向和市場競爭的管理理念和方法，以具有競爭性的市場價格和目標利潤倒推出目標成本，繼而進行全方位控制，以達到目標。因此，所謂目標成本就是：以市場需求為導向，產品從設計開始，到售後服務，為實現目標利潤必須達到的目標成本值。

2. 目標成本控制法的程序
(1) 確定目標成本
實施目標成本控制，要做的第一項工作，就是要確定目標成本。在進行新產品開發和改型時，要經過市場調查，確定產品開發與轉型的方向，估計消費者可接受的售價，根據企業生產經營的實際情況，確定一個可接受的利潤水平，用消費者可接受的銷售價格減去目標利潤，計算出目標成本。

(2) 目標成本的可行性分析
目標成本的可行性分析涉及目標售價、目標利潤、目標成本三個方面。分析目標售價，主要通過市場調研，瞭解消費者對產品功能和質量的要求以及他們可接受的價格，來進行評價。同時，市場調研必須掌握競爭對手產品的功能、價格、質量以及服務水平，將這些資料與本企業產品的資料進行對比，通過比較，判斷產品售價的可行性；企業的目標利潤是否與企業中長期發展目標及利潤計劃相配套，考慮銷售、利潤、投資回報、現金流量、成本結構、市場需求等因素的影響；最後根據企業實際成本的變化趨勢、同類企業的成本水平，分析本企業成本節約的潛力，估計判斷企業目標成本的可實現程度。

(3) 執行目標成本
在產品設計階段，運用價值工程、成本分析等方法，尋求最佳設計方案；在產品製造過程中，進行嚴格控制，用最低的成本達到顧客需要的功能和品質要求；在產品的銷售和售後服務階段，在充分滿足顧客要求的情況下，把費用降至最低。

(4) 目標成本的考核與修訂
在這個階段，要對產品的財務目標和非財務目標完成情況進行追蹤考核，調查客戶的需求滿足程度和市場的變化，並將所收集的信息反饋到產品生產的各個階段，經過與企業實際生產情況的比較分析，對目標成本執行過程進行考核和修訂。

3. 產品設計階段的目標成本控制
產品設計階段是成本控制的一個關鍵階段。如果產品設計不合理，成本必然會高，要在生產中降低成本也很不容易。日本「成本企劃」講究源泉控制，注重產品設計階段，原因就在於此。

(1) 目標成本的測定
開發新產品或更新老產品時，先得測定產品的目標成本作為成本控制的標準。測算目標成本時，用預計最可能贏得消費者認可的產品售價減去目標利潤，再剔出銷售稅金，就得到目標成本。其計算公式為：

目標成本＝產品預計售價－目標利潤－銷售稅金

目標利潤的計算有兩種方法：

①用國內外同行業或本企業同種（同類）產品銷售利潤率乘以該產品預計銷售價格求得。

②用國內外同行業或本企業同種（同類）產品的成本利潤率乘以該產品目標成本求得。

由此形成目標成本的兩種計算方法：

①按銷售利潤率計算目標成本。計算公式為：

目標成本＝產品預計售價×（1－銷售利潤率－稅率）

【例8-5】某企業新產品的預計單位售價800元，同類老產品的銷售利潤率為15%，稅率10%，那麼：

該產品的單位成本＝800×（1-15%-10%）＝600（元）

②按成本利潤率計算目標成本。計算公式為：

目標成本＝產品預計售價×（1-稅率）－目標成本×成本利潤率
　　　　＝產品預計售價×（1-稅率）÷（1+成本利潤率）

【例8-6】假定上例中，成本利潤率為20%，則：

目標成本＝800×（1-10%）÷（1+20%）＝600（元）

（2）目標成本的分解

進行目標成本控制，需要將目標成本分解為小指標，落實到各設計小組和設計人員。企業目標成本的分解方法有以下幾種：

①按產品結構進行分解

第一步，將產品按其構成分解為若干構件；

第二步，參照老產品或相似產品的實際成本資料，計算各構件成本占產品成本的比重，又稱成本系數；

第三步，根據新產品的構件及其材質、重量和複雜程度，調整成本系數；

第四步，將新產品目標成本乘以調整後的成本系數，求得該構件的目標成本。

②按產品成本的形成過程進行分解

這種分解方法適用於連續式生產的製造企業。分解時，要根據老產品或類似產品的成本資料，計算各生產步驟成本間的比例，以此比率來分解產品目標成本。

③按產品成本項目的構成進行分解

這種分解方法適用於簡單生產的產品。首先將目標成本按經濟用途分解為直接材料、直接人工和製造費用，作為產品設計成本的限額，繼而根據老產品或類似產品的實際成本資料，計算料、工、費各自在產品成本中所占的比重，然後用新產品的目標成本乘以這些比重，得到新產品料、工、費的目標成本。

（3）設計成本的計算

在產品開發設計階段，通過對產品結構、使用材料、外觀形狀和製造方法等的分析，使設計產品的式樣、參數等盡量符合目標成本的要求，並以此做出產品規格設計圖。一種新產品的設計工作完成後，必須對其成本進行測算。測算方法主要有以下三種：

①直接法。所謂直接法，就是根據設計方案的技術定額來測算新產品的設計成本。

單位產品直接材料設計成本＝Σ（單位產品各種材料消耗定額×各種材料單價）

單位產品直接人工設計成本＝單位產品設計工時定額×小時薪酬率

單位產品製造費用設計成本＝單位產品設計工時定額×小時費用率

單位產品設計成本＝單位產品×(直接材料+直接人工+製造費用)×設計成本

②概算法。新產品設計成本，除直接材料成本採用直接法進行測算外，其他成本項目可比照類似產品成本中該項目所占比重來概算。其計算公式為：

產品設計成本＝直接材料成本÷[1-(直接人工成本比重+製造費用成本比重)]

【例8-7】一種新產品的直接材料成本經測算為4,900元，直接人工、製造費用比照類似產品中的比重（10%、20%），則

產品設計成本 = 4,900÷[1−(10%+20%)] = 7,000（元）

③分析法。如果開發的新產品與可比產品相類似，則可在可比產品的基礎上，通過比較分析兩種產品在結構、用料、工藝上的異同，計算兩者的差異成本並進行調整，求得新產品的設計成本。

（4）設計成本與目標成本的比較

將測算得到的設計成本與目標成本對比，如果設計成本小於或等於目標成本，則按設計方案進行生產能夠完成目標利潤，達到目標成本控制的目的；如果設計成本大於目標成本，就要求企業採取包括價值工程、成本—效益分析等多種措施，發動各方面力量，尋求降低成本的最大潛力，重新設計或改進原設計方案，力爭設計成本能達到目標成本的要求。通常產品層次設計成本和目標成本之間會有反覆調整的情況。

（5）評價設計方案

一種新產品通常有多種設計方案，評價時可採用定量分析和定性分析相結合的方法，從技術上、經濟上、社會效益上綜合分析不同方案的可行性，選擇最優方案。其評價原則是：

①節能減排，符合環保要求，進行綠色設計；

②技術上可行；

③設計成本小於目標成本；

④一般來講，設計成本最低的方案是最優方案；

⑤如果各設計方案不僅成本不同，而且產品售價、預計銷售量也不同，應綜合分析成本利潤率和總盈利。

（6）評價方案時不僅要考慮企業的經濟效益，也要考慮社會效益。

另外，在方案選優過程中，不能將成本最低原則絕對化，應進行成本功能分析，分析時著重考慮以下幾點：①產品是否因過分強調質量而產生多餘的功能，即過剩質量；②是否存在多餘的零件、多餘的加工工序；③是否因安全系數過大而使零件過重或材質不適當的提高；④能否在保證質量的情況下，採用價廉物美的材料，用標準化、通用化的零件取代專用零件；⑤能否使產品結構盡可能的簡化；⑥是否便於維護、使用。

4. 生產階段目標成本控制

（1）預測目標總成本

預測目標總成本是在確定目標利潤的基礎上進行的。既要考慮企業的現有設備情況、生產能力、技術水平和歷史成本資料等內部條件，也要考慮企業的外部環境，通過市場調查，收集國內國際市場的價格信息資料，測算產品的市場價格，預計銷售收入。採用以下公式進行計算：

目標總成本 = 預計銷售收入 − 目標總利潤 − 銷售稅金

（2）目標總成本的分解

為了在生產過程中落實目標成本，必須將目標總成本分解到各成本責任單位，編製各責任單位成本預算。其方法有兩種：

責任成本預算 = Σ（責任單位目標產量×單位產品變動成本）+ 責任單位可控固定成本預算

責任成本預算 = Σ（責任單位目標產量×單位產品可控標準成本）

企業目標總成本是各責任單位責任成本預算的約束條件，各責任單位成本預算之和加上不可控成本，不能超過目標總成本。

5. 日常的目標成本控制

在日常管理中，目標成本控制要與經濟責任制相結合，將目標成本層層分解，落實到崗位與個人，並與獎懲制度配套執行。通過歸口、分級管理，形成多層次的成本控制網絡。各責任中心以成本預算為工具，進行核算、分析、限制、指導和協調，隨時觀察實際發生的成本，與預算成本相比較，發現差異，分析原因，進行調整，保證責任成本的落實。

(三) 標準成本控制法

1. 標準成本的概念和特點

標準成本起源於泰羅的「科學管理學說」，經過不斷演進，已成為控制成本的有效工具。標準，即為一定條件下衡量和評價某項活動或事物的尺度。所謂標準成本，是指按照成本項目反應的、在已經達到的生產技術水平和有效經營管理條件下，應當發生的單位產品成本目標。它有理想標準成本、正常標準成本和現實標準成本三種類型。

理想標準成本是企業的經營管理水平、生產設備狀況、職工技術水平等條件都處於最佳狀態時，停工損失、廢品損失、機器維修保養、工人休息停工時間等不存在時的最低成本水平。由於這種成本的要求過高，只是一種純粹的理論觀念，即使企業全體員工共同努力，也無法達到，因此它不宜作為現行標準成本。

正常標準成本是根據過去一段時期實際成本的平均值，剔出其中生產經營活動中的異常因素，並考慮未來的變動趨勢而制定的標準成本。這種標準成本是未來為歷史的延伸，是一種經過努力可以達到的成本，企業可以此為現行成本，但它的應用有局限性，企業只有在國內外經濟形勢穩定、生產發展比較平穩的情況下才能使用。

現實標準成本是根據企業最可能發生的生產要素耗用量、生產要素價格和生產經營能力利用程度而制定的。由於這種標準包含企業一時還不能避免的某些不應有的低效、失誤和超量消耗，因此它是經過努力可以達到的既先進又合理、最切實可行且接近實際的成本。

標準成本控制的核心是按標準成本記錄和反應產品成本的形成過程與結果，並借以實現對成本的控制。其特點是：①標準成本制度只計算各種產品的標準成本，不計算各種產品的實際成本，「生產成本」「產成品」「自制半成品」等成本帳戶均按標準成本入帳；②實際成本與標準成本之間的各種差異分別記入各成本差異帳戶，並根據它們對日常成本進行控制和考核；③標準成本控制可以與變動成本法相結合，達到成本管理和控制的目的。

2. 標準成本控制的程序

(1) 正確制定成本標準；

(2) 揭示實際消耗與標準成本的差異；

(3) 累積實際成本資料，並計算實際成本；

(4) 比較實際成本與標準成本的差異，分析成本差異產生原因；

(5) 根據差異產生的原因，採取有效措施，在生產經營過程中進行調整，消除不利差異。

3. 標準成本的制定

(1) 標準成本的制定方法

制定標準成本有多種方法，最常見的有：

①工程技術測算法。它是根據一個企業現有的機器設備、生產技術狀況，對產品生產過程中的投入產出比例進行估計而計算出來的標準成本。

②歷史成本推算法。它是將過去發生的歷史成本數據作為未來產品生產的標準成本，一般以企業過去若干期的原材料、人工等費用的實際發生額計算平均數，要求較高的企業往往以歷史最好成本水平來計算。

以上兩種方法，各有優缺點。歷史成本測算法省時省力，又易於做到，但它不能適應變化著的市場要求。

(2) 標準成本的一般公式

產品的標準成本，根據完全成本法的成本構成項目，主要包括直接材料、直接人工和製造費用三個項目組成。無論是哪一個成本項目，在制定其標準成本時，都需要分別確定其價格標準和用量標準，兩者相乘即為每一成本項目的標準成本，然後匯總各個成本項目的標準成本．就可以得出單位產品的標準成本。其計算公式如下：

某成本項目標準成本＝該成本項目的價格標準×該成本項目的用量標準

單位產品標準成本＝直接材料標準成本+直接人工標準成本+製造費用標準成本

(3) 標準成本各項目的制定

①直接材料標準成本的制定

直接材料標準成本是由直接材料耗用量標準和直接材料價格標準兩個因素決定的。

直接材料耗用量標準是指企業在現有生產技術條件下，生產單位產品應當耗用的原料及主要材料數量，通常也稱為材料消耗定額，一般包括構成產品實體應耗用的材料數量、生產中的必要消耗，以及不可避免的廢品損失中的消耗等。

材料耗用量標準應根據企業產品的設計、生產和工藝的現狀，結合企業的經營管理水平的情況和成本降低任務的要求，考慮材料在使用過程中發生的必要損耗（如切削、邊角餘料等），並按照產品的零部件來制定各種原料及主要材料的消耗定額。材料消耗標準一般應由生產技術部門制定提供，定額制度健全的企業，也可以依據材料消耗定額來制定。

材料價格標準是指以訂貨合同中的合同價格為基礎，考慮未來各種變動因素，所確定的購買材料應當支付的價格，即標準單價。一般包括材料買價、運雜費、檢驗費和正常損耗等成本，它是企業編製的計劃價格，通常由財務部門和採購部門共同協商制定。

確定了直接材料耗用量標準和價格標準後，將各種原材料耗用量標準乘以標準單價，就得到直接材料標準成本。其計算公式：

單位產品直接材料成本＝Σ【各種材料耗用量標準×各種材料價格標準】

②直接人工標準成本的制定

直接人工標準成本是由直接人工工時耗用量標準和直接人工價格標準兩個因素決定的。人工工時耗用量標準即直接生產工人生產單位產品所需要的標準工時，也稱工時消耗定額，是指在企業現有的生產技術條件下，生產單位產品所需要的工作時間，包括對產品的直接加工工時、必要的間歇和停工工時以及不可避免的廢品耗用工時等。

人工工時耗用量標準通常需由生產技術部門和勞動工資部門根據技術測定和統計調查資料來確定。直接人工價格標準是每一標準工時應分配的標準薪酬，即標準薪酬率，以職工薪酬標準來確定。確定了標準工時和薪酬率後，用下列公式計算單位產品直接人工標準成本：

單位產品直接人工標準成本＝標準薪酬率×人工工時耗用標準

③製造費用標準成本的制定

由於製造費用無法追溯到具體的產品項目上，包括了固定性製造費用和變動性製造費用，因此，不能按產品制定消耗額。通常以責任部門為單位，按固定費用和變動費用編製預算。製造費用的標準成本是由製造費用的價格標準和製造費用的用量標準決定，製造費用價格標準即製造費用分配率標準，製造費用用量標準即工時用量標準。具體計算公式如下：

單位產品製造費用標準成本＝製造費用分配率標準×製造費用用量標準

製造費用分配率標準＝變動製造費用標準分配率＋固定製造費用標準分配率

變動製造費用分配率標準＝變動製造費用預算÷預算標準工時

固定製造費用分配率標準＝固定性製造費用預算÷預算標準工時

④制定標準成本舉例

【例8-8】假定甲企業20××年A產品預計消耗直接材料、直接人工、製造費用資料以及A產品標準成本計算如表8-18所示：

表8-18　　　　　　　　　　產品標準成本計算表

產品：A產品　　　　　　　　　20××年×月×日　　　　　　　　　　單位：元

	原料號碼	單位	數量	標準單價	部門 1	部門 2	合計		操作號碼	標準時數	標準薪酬率	部門 1	部門 2	合計
直接材料	1-6	千克	5	10	50		50	直接人工	1-3	2	5		10	10
	3-5	千克	10	7		70	70		2-4	5	4	10	20	20
	4-7	千克	6	10		60	60		3-5	6	3		18	18
	直接材料成本合計				50	130	180		直接人工成本合計			10	38	48
	標準時數	標準分配率		部門 1	部門 2		合計		標準時數	標準分配率		部門 1	部門 2	合計
變動製造費用	2	3		6			6	固定製造費用	2	2		4		4
	11	4			44		44		11	3			33	33
	變動製造費用合計			6	44		50		固定製造費用合計			4	33	37
	製造費用合計													87
	產品標準成本合計													315

4. 成本差異的計算與分析

這裡的成本差異是指產品的實際成本與標準成本之間的差額。在生產經營過程中，實際發生的成本會高於或低於標準成本，它們間的差額就是成本差異，實際成本高於標準成本時的差額稱為不利差異，低於標準成本的差額稱為有利差異。實行標準成本控制就是要發揚有利差異，消除不利差異。

標準成本包括直接材料標準成本、直接人工標準成本、變動製造費用標準成本、固定製造費用標準成本。與此相對應，成本差異也有直接材料成本差異、直接人工成本差異、變動製造費用成本差異、固定製造費用成本差異，每一個標準成本項目均可分解為用量標準和價格標準，成本差異也分解為數量差異和價格差異。標準成本差異分析實際上就是運用因素分析法（又稱連環替換法）的分析原理和思路對成本差異進行分析，遵循該法中的因素替換原則和要求，故進行標準成本的差異計算與分析應結合因素分析法加以考慮。

對成本差異既分成本項目又分變動和固定成本，還分用量和價格因素等進行多方面、多角度的深入分析，其根本動因在於找出引起差異的具體原因，做到分清、落實部門、人員的責任，使成本控制真正得以發揮。

成本差異的通用計算公式如圖 8-2 所示：

```
 實際用量×實際價格    實際用量×標準價格    標準用量×標準價格
         └──────價格差異──────┘      └──────用量差異──────┘
                              └──────差異總額──────┘
```

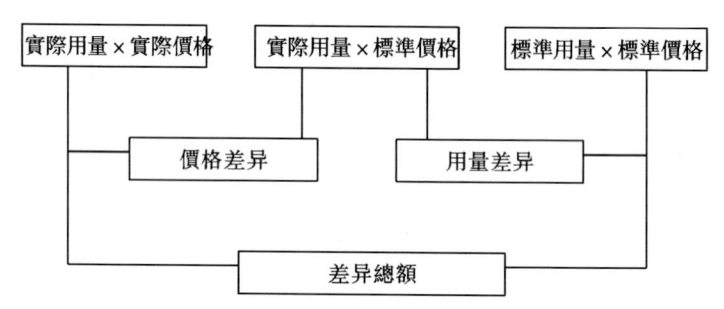

圖 8-2　成本差異的通用計算公式

（1）直接材料差異的計算與分析

直接材料成本差異是直接材料的實際成本與其標準成本之間的差額，包括用量差異和價格差異。由於直接材料的用量和價格指標是最接近人們一般理解中的用量和價格概念的，故比直接人工、製造費用的差異計算和分析更易於理解和接受。

直接材料的用量差異 =（實際用量×標準價格）-（標準用量×標準價格）
　　　　　　　　　 =（實際用量-標準用量）× 標準價格
　　　　　　　　　 = △用量 × 標價

導致直接材料用量差異的因素主要有設備故障、原材料質量不高、員工技術不熟練、產品質量標準變化、生產管理不力等，這些差異主要在生產過程中發生，應由生產部門負責。當然，也存在生產部門不可控的因素，如採購部門為了降低採購成本，降低了原材料的質量，這就不是生產部門的責任。

導致直接材料價格差異的因素主要有採購批量、送貨方式、購貨折扣、材料品質、採購時間等。這些因素主要由採購部門控制，應該由採購部門負責。當然也存在例外情況，如生產中出現材料緊缺，必須緊急採購，價格就難以控制，造成採購成本提高，其責任又另當別論。

直接材料的價格差異 =（實際用量×實際價格）-（實際用量×標準價格）
　　　　　　　　　 = 實際用量×（實際價格-標準價格）
　　　　　　　　　 = △價格 × 實量

【例8-9】某企業 A 產品本月實際產量為 120 件，材料消耗標準用量為 10 千克，每千克標準價格為 50 元，實際材料耗用量為 1,100 千克，實際單價為 51 元。其實際材

料標準成本差異計算如下：

直接材料的實際成本 = 1,100×51 = 56,100（元）

直接材料的標準成本 = 120×10×50 = 60,000（元）

直接材料成本差異 = 56,100-60,000 = -3,900（元）

其中：

數量差異 =（1,100-120×10）×50 = -5,000（元）

價格差異 =（51-50）×1,100 = 1,100（元）

上述計算結果說明，該企業材料數量差異為-5,000元，表明生產部門管理得力，或是生產技術水平提高等原因，節約了材料。價格差異為1,100元，這是由於市場價格的變化所帶來的不利差異。

(2) 直接人工差異的計算與分析

直接人工差異的確定與直接材料大致相同，不同之處在於直接人工的用量指標是「工時」，而「工時」可以反應工作效率的高低，所以其用量差異就是人工效率差異；價格指標是「薪酬率」，所以其價格差異就是薪酬率差異。其計算公式為：

直接人工效率差異(量差) =（實際工時×標準薪酬率）-（標準工時×標準薪酬率）

= （實際工時-標準工時）× 標準薪酬率

= △工時×標準薪酬率

直接人工薪酬率差異(價差) =（實際工時×實際薪酬率）-（實際工時×標準薪酬率）

= 實際工時×(實際薪酬率-標準薪酬率)

= △薪酬率 × 實際工時

薪酬率是在聘用合同中條款規定的，實際支付與預算額一般不會出現差異，但當企業的人力資源管理變動時，會導致薪酬率差異，如在生產經營中降級或升級使用員工、員工人數的增減、總體薪酬水平變動等情況發生時。

員工生產經驗不足、原材料質量不合格、設備運轉不正常、工作環境不佳等多種因素均會導致直接人工效率差異。通常情況下，效率差異由生產部門負責，但如果影響因素是生產部門的不可控因素，責任由相關部門承擔。

【例8-10】某企業B產品直接人工成本差異如表8-19所示：

表8-19　　　　　　　　　　直接人工成本差異計算表

項目	工時數（小時）	薪酬率（元/小時）	金額（元）
標準成本	5,200	11.8	61,360
實際成本	5,000	12.6	63,000
薪酬率差異	(12.6-11.8)×5,000=4,000		
效率差異	(5,000-5,200)×11.80 =-2,360		
直接人工成本差異	4,000+(-2,360) = 1,640		

(3) 變動製造費用差異計算與分析

變動製造費用差異的確定與直接人工大致相同，用量指標也為「工時」，故用量差異也就是其效率差異；其價格指標是「製造費用分配率」，而費用分配率反應的是耗費水平的高低，故其價格差異也就是其耗費差異。

變動製造費用效率差異(量差)＝(實際工時－標準工時)×變動製造費用標準分配率
＝△工時 × 標準分配率

變動製造費用耗費差異(價差)＝(變動製造費用實際分配率－變動製造費用標準分配率)× 實際工時
＝△分配率 × 實際工時

變動製造費用耗費差異，可能是由於實際價格與變動製造費用預算不一致造成的，也可能是由於製造費用項目的過度使用或浪費造成的。

變動製造費用效率差異產生的原因與直接人工效率差異大致相同。

【例8-11】某產品變動製造費用實際發生額為 7,540 元，實際耗用直接工時 1,300 小時，產量 120,000 件，單位產品標準工時 0.01 小時，製造費用標準分配率 6 元/小時，變動製造費用差異計算如下：

耗費差異＝ 7,540 － 1,300 × 6 ＝ －260（元）
效率差異＝ 1,300 × 6－0.01 × 120,000 × 6 ＝ 600（元）
變動製造費用總差異＝－260+600 ＝ 340（元）

(4) 固定製造費用差異計算與分析

固定製造費用有兩種計算分析方法，一是兩因素差異分析法，二是三因素差異分析法。兩因素分析法將固定製造費用差異分為耗費差異和數量差異，這裡的數量差異又稱為能量差異，計算公式如下：

固定製造費用成本差異＝固定製造費用實際發生額－實際產量下標準固定製造費用

其中：①耗費差異＝固定製造費用實際發生額－固定製造費用預算額
②能量差異＝固定製造費用預算額－實際產量下標準固定製造費用
＝（預算工時－標準工時）× 固定製造費用標準分配率

固定製造費用包括管理人員薪酬、保險費、廠房設備折舊、稅金等項目，這些項目在一定時期內不會隨產量水平的變化而變動，因此，一般來講，與預算成本差異不大。

如果企業出現固定製造費用數量差異，說明生產能力的利用程度與預算不一致，生產能力超額利用，實際標準工時會大於生產能量，形成有利差異，反之，則是生產能力沒有得到充分利用，造成生產能力的閒置。

【例8-12】某產品固定製造費用預算成本為 30,000 元，預算直接人工 1,000 小時，單位產品標準工時是 0.01 小時，固定製造費用標準分配率是 30 元/小時，預算產量 100,000 件，實際產量 90,000 件，實際發生製造費用 28,700 元，則：

耗費差異＝ 28,700－30,000＝ －1,300（元）
能量差異＝ 30,000－30 × 0.01 × 90,000 ＝ 3,000（元）
固定製造費用總差異＝ －1,300 + 3,000 ＝ 1,700（元）

三因素分析法就是進一步將能量差異分為效率差異和生產能力利用差異，再加上前面的耗費差異就構成了三種影響因素，耗費差異的計算與前面完全一致。另外兩種差異的計算公式如下：

①效率差異＝（實際工時－標準工時）× 固定製造費用預算分配率
②生產能力利用差異＝（預算工時－實際工時）× 固定製造費用預算分配率
注意：固定製造費用預算分配率即是指固定製造費用標準分配率。

實際工時脫離標準工時反應的是效率的快慢和高低，故這類差異成為「效率差異」；預算工時與實際工時的不一致反應的是生產能力的利用程度，如實際工時低於預算工時說明生產能力存在閒置，尚未充分利用生產能力；如實際工時高於預算工時說明企業超負荷運轉，存在生產能力的透支使用，故這類差異稱為「生產能力利用差異」或「閒置能量利用差異」。

(四) 責任成本控制法

在企業分權管理模式下，責任會計應運而生。責任會計是在分權管理的條件下，將企業所屬各級、各部門按其權力和責任的大小，劃分成各種特定的分權單位，即成本中心、利潤中心和投資中心等各種不同形式的責任中心，並建立起以各個責任中心為主體，以責、權、利相統一的機制為基礎，借助內部轉移價格等計量手段和銷售額、可控成本、淨利潤等經濟指標考核責任中心的經營業績，同時，根據經營業績實施適當的獎懲。也就是在企業內部建立責任中心體系，並對他們負責的經濟活動進行規劃、控制、考核與評價。責任成本是責任會計核算體系中的一個指標，對各責任中心的責任成本進行控制是企業內部財務控制系統的重要內容。

責任中心是指承擔一定經濟責任，並擁有相應管理權限和享受相應利益的企業內部責任單位的統稱，即是個責權利相結合的內部責任單位。

1. 責任成本控制的程序

(1) 編製責任成本預算

責任成本預算包括責任成本預算和責任費用預算。它是根據企業確定的人工、材料的內部轉移價格和有關定額所編製的有關成本費用預算，對該成本責任中心的直接費用、間接費用和管理費用等按照內部成本價格或市場調查價格所重新制定的。具有目標性和可控性的內部成本費用預算，是責任中心成本支出的最高限額，是各責任層預測成本的基礎和控制各責任中心成本支出的依據。同時，責任成本預算還是責任中心計算收入的標準，是責任中心的上級部門計算和考核責任中心責任成本的工具，也是各單位編製成本計劃的重要依據。責任成本預算的編製，要以最優化的流程為前提。對於每一個責任成本中心，都應當由其上一責任層確定責任成本預算。其具體編製程序和方法參見本書第七章。

(2) 執行責任成本預算，並控制責任成本

各責任層的責任中心在責任成本費用預算編製完成後，要逐級落實執行，並對責任預算的執行情況進行控制，由於責任成本管理明確劃分了管理層、經營層、作業層以及職工個人所應承擔的責任和可獲取的利益，因而在實際工作過程中就有了自發控制成本的機制。這些對成本自發控制的形式在管理和經營層上表現為制定選擇最優化的工作流程，運用提高工效降低成本的先進技術、先進的管理方法等，在作業層優化組合科學管理，防止浪費等方法。

(3) 核算責任成本實際發生額

各責任中心執行責任成本預算後會形成責任成本實際發生額，企業必須結合內部結算價格對其進行核算，以便為責任成本分析與考核提供必不可少的資料；同時，進行責任成本核算，對強化企業管理、降低成本、提高經濟效益有著十分重要的作用。

(4) 分析責任成本，考核業績

責任成本的分析與考核，主要是利用責任中心編製的業績報告，對責任中心各項

責任預算執行結果進行分析與評價，總結成功的經驗，揭示存在的問題與不足，並給予合理的獎懲，以利於進一步加強管理，提高經濟效益。

2. 責任成本核算

（1）責任成本的構成

①生產部門責任成本

生產部門責任成本除少數調整項目外，基本上與製造成本的內容一致，即由產品製造過程中發生直接材料、直接人工和製造費用，加上被追溯責任成本，扣減追溯責任成本構成。直接材料成本按內部轉移價格計算，直接人工成本按職工薪酬組成內容確定。

被追溯責任成本指由其他責任中心追溯而來的應由本責任中心負擔的成本。主要包括：

A. 本責任中心產生的廢品結轉到後續生產步驟而應負擔的，後續生產步驟追加的費用及該廢品在本責任中心的成本；

B. 本責任中心的責任造成其他責任中心發生的損失。

追溯責任成本指本責任中心追溯給其他責任中心的應由其負擔的成本。按責任追溯原則，應扣除這部分追溯成本。具體包括：

A. 屬材料、半成品及勞務供應部門的責任，應由這些部門承擔的成本。主要包括：材料、半成品質量問題而產生的廢品損失；材料半成品轉入時按內部轉移價格計算的成本，在本責任中心繼續加工追加的費用（含追加的材料、應分攤的追加工資及製造費用）。如果按層層追溯原則，後續步驟由此追溯而來的費用（即後續生產部門由於加工該廢品追溯而來的費用）也應一併追溯到材料、半成品供應部門。材料、半成品供應中斷而造成的停工損失。勞務供應中斷而造成的停工損失，如果由於勞務供應中斷而產生的廢品也應一併包括在內。

B. 屬設計部門設計失誤而應由產品設計部門承擔的損失，包括由於設計失誤而造成的廢品損失、等待修改設計發生的停工損失，以及設計失誤而導致生產部門發生的其他費用支出。

C. 設備管理部門由於設備管理不善而導致的停工損失、廢品損失及增加的其他費用支出。但生產部門違反操作規程導致的損失由生產部門承擔。在確定生產部門責任成本內容時，有些項目存在歸屬確認上的困難，應根據企業實際情況進行不同的處理。這些項目主要有固定資產折舊及修理、租賃費、保險費、修理期間的停工損失等。

②物資供應部門責任成本

供應部門的責任成本包括：

A. 材料物資的採購成本，包括買價、運輸費用、保險費、途中合理損失、入庫前加工整理等費用及繳納的稅金；

B. 供應部門發生各項費用，如職工薪酬、辦公費、差旅費、水電費等；

C. 材料儲存中發生的各項費用，如材料儲存費、材料物資盤虧、盤盈、毀損等（不包括非常損失）；

D. 因材料質量問題造成的損失，如因材料不符合規定型號、標準而造成的浪費，因材料質量問題造成的廢品損失等；

E. 因材料供應不及時造成的停工損失。

③設備管理部門責任成本

設備管理部門責任成本主要包括：

　A. 設備管理內部發生的各項費用，如薪酬、辦公費、差旅費、固定資產折舊費等；

　B. 設備由於非使用單位責任而造成的停工損失和廢品損失；

　C. 設備按計劃進行的大修理費稅金與計劃的差額；

　D. 設備大修理停工損失稅金與計劃的差額。

④技術開發部門責任成本

　A. 新產品研製開發費用，老產品改造費用；

　B. 產品設計投產後在生產中的浪費；

　C. 工藝規程不合理在生產中造成的浪費；

　D. 設計部門發生的其他費用。

⑤產品銷售部門責任成本

　A. 產品銷售費用，銷售違約金；

　B. 銷售不暢沒有及時反饋信息的成品積壓損失；

　C. 銷售價格折扣、折讓、退回損失、壞帳損失；

　D. 產品倉儲費。

（2）責任成本的核算方法

在會計實務中，責任成本核算有雙軌制和單軌制兩種方法。

①雙軌制

　該方法產品成本的計算仍然用原來的一套辦法、一套憑證、一套人馬，即原有的產品成本核算工作內容不變，而另外組織一套核算體系來專門計算責任成本。當然，原始憑證等還是主要運用原產品成本核算體系的原始憑證，但是具體的核算辦法、內容、報告等都和產品成本核算有所不同。

　該方法由於用會計的方法核算責任成本，而且是單獨進行核算，所以它提供的資料具有嚴密精確的特點，這對於劃清經濟責任，無疑是非常重要的。但由於中國企業的管理水平較低，管理人員素質較差，管理工具落後，要在本來已十分繁忙的產品成本核算工作中再另加一套和原產品成本核算工作內容不同的責任成本核算工作，無疑有些強其所難。由於以上原因，使得這種方法的推行受到限制，這也是這種方法生命力不強的重要原因。

②單軌制

　該方法由責任成本和產品成本同時在一套核算體系裡核算而得，把責任成本的核算融合到產品成本計算之中，所得出的核算資料既能滿足產品成本核算制的需要，又能滿足責任成本制的需要。

　該方法把責任成本和產品成本的核算結合在一起，在原有的核算基礎上不必過多地增加工作量就能達到計算兩種成本的目的，在中國現有的情況下有著十分重要的現實意義，這也是這種方法生命力較強的原因所在。所以，單軌制應是中國推行責任成本制的基本方法，但應該看到，由於責任成本和產品成本的差異性，如果兩者的核算結合得不好，必然會影響兩種成本的正確性和可靠性。因此，如何正確地結合兩種成本核算，是執行單軌制能否成功的關鍵。

从理论上讲，责任成本和产品成本是完全能够结合起来核算的，虽然两者有著较大的差别，但是存在以下共同因素：

A. 两种成本所反应的都是一定时期企业所耗的物化劳动和活劳动，只是反应的角度不同，即两种成本从不同的侧面反应同一事物；

B. 两种成本的计算所运用的原始凭证和原始资料有许多是一致的，如领料单、收料单、出入库单、工票、发票等；

C. 两种成本的计量是一致的。一是在价值量上，两种成本都用人民币（在中国）为主要计量单位；二是在实物量上，许多用以反应耗费和成果的实物量是一致的。

因此，两种成本的核算有一定的共同基础，所不同的是耗费的最终归集与汇总。责任成本是把各种消耗最终归集到各责任中心上，而产品成本是把各种消耗最终归集到各种产品上。一种是按成本发生单位归集，另一种是按成本受益对象归集。因此，通过一定的组合，两者完全能结合起来统一核算。

③单轨制下责任成本核算程序

A. 确定责任者和成本费用核算对象

根据企业内部组织结构体系，确定责任者。根据责任者和费用项目，确定成本费用核算对象。结合成本费用项目按责任者设置责任成本明细帐，按责任者的工作范围和费用项目设置成本卡片下达费用定额，以便使财会部门既能核算责任成本，又能核算财务成本，达到记帐管理和控制成本费用的统一。根据各层次责任者的工作范围下达各项成本费用的预算定额，预算定额指标按层次落实到责任者，由财务部门和下一级核算部门按责任者设置辅助帐簿，记录责任预算定额执行情况。

B. 设置帐簿

设置总分类帐，归集发生的各项费用，用以核算企业实际生产费用。在总分类帐下，设置责任成本明细帐和财务成本明细帐，分别核算责任成本费用和财务成本费用项目。责任成本费用明细帐，是按责任者设置分可控费用和不可控费用栏目，并按费用项目设细目，登记本期发生的全部可控费用和不可控费用，以便控制考核责任者；财务成本费用明细帐，则是按成本费用项目开设专栏，借方登记由责任成本费用明细帐转入的全部可控费用和不可控费用，贷方登记本期结转的成本费用，月终要与总分类帐核对相符。

C. 设置责任者预算卡片

责任者预算卡片，按责任者设置，登记责任者所涉及各费用项目的预算定额，以便使每一个责任者对每一个费用项目做到心中有数，定期与责任成本明细帐核对，分析产生差异的原因，使费用项目得到有效控制，有利于财务部门的综合分析。

D. 归集生产费用

在登记责任成本费用明细帐时，要分清可控费用和不可控费用。也许，下达给责任者的项目预算定额范围内的属可控，超范围的则属不可控。此外，可能在班组是可控，在管理部门则不可控，或在班组不可控而在管理部门则可控。例如材料费升降有两个影响因素，一是材料消耗，在生产班组是可控费用，在供应部门却是不可控费用；二是采购材料的质量和价格，在生产班组不可控，在供应部门却可控。因此，归集登记责任成本费用明细帐时，要分清各责任者的可控费用和不可控费用，这样才能分清责任，找出费用升降的因素及原因，达到控制费用的目的。

月終，將本期發生的生產費用全部歸集在責任成本費用明細帳中，根據責任成本費用明細帳的記錄和金額進行分析評價，考核完成情況，並按成本費用項目將責任成本費用明細帳發生額全部轉入財務成本費用明細帳，與總帳核對，同時進行報表等的管理。責任成本費用明細帳期末無餘額。

月末，將記帳憑證匯總登記總帳，同財務成本費用明細帳進行核對，完成企業常規管理和對上報表的工作。

E. 月末對責任者預算定額卡片和責任成本費用帳進行核對

根據下達給責任者的預算卡片和責任成本費用帳提供的有關資料，計算責任者的實際完成情況，考核責任者業績。

某責任者本期可控費用完成情況＝本期發生可控費用÷預算定額數×100%

某責任者累計可控費用完成情況＝累計發生可控費用÷年預算定額數×100%

某責任者本期全部生產費用完成情況＝本期全部費用支出數÷預算定額數×100%

某責任者累計全部費用完成情況＝累計全部費用支出數÷年預算定額數×100%

F. 編製責任成本費用報表

根據責任成本費用明細帳，編製責任成本匯總表，報告責任成本費用完成情況，作為責任預算的一項業績考核報告，綜合評價考核責任者的業績。運用責任會計建立成本費用中心，按誰負責誰承擔的原則把生產費用歸集到負責控制的責任者身上。

(五) 作業成本控制法

1. 作業成本控制概述

作業成本控制法能為管理人員提供詳細的成本信息，使管理人員能夠在比較充分的信息的基礎上作出決策。但作業成本法的作用並非僅限於此，更有意義的是，利用作業成本法可以對成本實施有效控制。作業成本控制就是通過作業分析區分增值作業和非增值作業，盡可能地消除非增值作業，達到降低成本的目的。管理層可以向其雇員下達成本降低指標，但成本降低的最終完成卻需要作業的變化，尤其是減少非增值作業。作業成本控制是符合現代企業高風險的經營環境、靈活性的顧客化生產、高度自動化的先進製造環境的一種新型的成本控制方法。它是作業成本管理的重要內容，以作業成本計算為基礎，主要表現在對責任中心建立、傳統標準成本制度和預算制度運行方式的改進上。

實施作業成本控制必須樹立一種新的企業觀和文化觀，只有在這種新的企業觀和文化觀下，才能形成新的管理控制觀念。新的管理控制觀包括以下幾個方面：

(1) 企業管理的職能必須從傳統的計劃、組織、協調、控制轉向參與、溝通和促進交流；

(2) 以顧客需要為導向；

(3) 瞭解顧客需求，採取系統的戰略措施，滿足顧客需要；

(4) 注重長、短期目標的平衡，不因短期利益而放棄企業長遠的發展目標；

(5) 加強企業的團隊管理，形成自我管理和控制能力。

作業成本控制與傳統的成本控制相比，具有以下特點：

(1) 作業成本控制是一種全面成本控制。它不像傳統的成本控制那樣集中在產品的生產成本控制上，而把成本控制的觸角延伸到企業的各個層面。作業成本系統與企業的評價系統、管理系統、技術系統和營銷系統整合成一個整體，提供全面、準確的

成本信息，成本信息的受益範圍擴大。

（2）作業成本控制是對產品整個生命週期的成本進行控制。傳統成本控制注重產品生產過程中所發生的成本，已遠遠滿足不了當代企業的要求。當代社會的消費觀念已發生了質的變化，不僅對產品的質量、功能提出要求，還對品牌、服務以及個性化提出了很高的要求，產品的生命週期縮短。在產品整個生命週期中，生產過程中所發生的成本在產品生命週期成本中所占的比重大大降低。作業成本從顧客的需求出發，著眼於成本發生的全過程，是全過程的成本控制。

2. 作業成本控制的程序

利用作業成本法對成本進行控制，一般採取以下幾個步驟：

（1）進行作業分析

作業的轉移伴隨著價值的轉移，作業鏈的形成與價值鏈的形成保持一致。企業競爭優勢的獲得，離不開作業分析。作業分析包括以下幾個方面：

①確認客戶對作業過程的期望；

②把所有作業分為增值作業和非增值作業；

③不斷提高所有增值作業的效率，做出消除非增值作業的計劃。

作業分析表現了一個組織考慮它們生產產品或向客戶提供服務過程的一種系統方法。作業控制可以確認並消除增加產品成本而並不增加產品價值的作業。

不增加產品價值的作業是指那些不影響產品質量、性能或價值的活動，也稱非增值作業。下面是一些非增值作業類型：

①儲存。材料、在製品、完工產品的存儲很顯然是非增值作業，最佳方式是採用適時制來減少或消除它們；

②運輸。在公司周圍運輸零件、材料或其他貨物並不增加產品的價值。

③等待工作。空閒的時間不增加產品的價值。減少員工等待工作的時間，可以降低成本。

（2）制定作業成本控制標準

根據成本控制的基本理論，成本控制的設計階段是制定成本限額或成本目標。作業成本控制中，成本控制標準的制定是以作業中心為核心的，與作業的效率和作業量相關，確認每項作業的增值成本，並依據每項作業不同的成本動因數量制定成本標準，作為將來的業績考核依據。

增值成本是指執行增值作業時發生的成本，與此相對應的非增值成本是指由於執行了不增值作業或增值作業的低效部分而發生的成本。增值成本是一個企業應該發生的成本，增值這一標準要求消除非增值作業，同時也要求提高增值作業的效率，使增值作業有一個最優的產出水平。增值成本標準按其生產技術和經營管理水平，分為理想增值成本標準和現實增值成本標準。理想增值成本標準指在最優的生產條件下，根據最優作業產出標準、資源的理想價格和可能實現的最高生產經營能力利用水平制定的最低作業成本。如果企業正在致力於節約非增值成本，可以制定現實增值成本標準，確認下一年計劃達到的改善程度。現實增值成本標準是指在現實有效的經營條件下，根據下一期改進作業後一般應該發生的資源耗用量、資源預計價格和預計生產經營能力利用程度制定出來的增值成本。現實增值成本將生產經營活動中難以避免的非增值作業和低效作業也計算在內，使之成為切實可行的業績評價標準。

（3）計算實際作業成本

成本控制深入到作業水平，要求成本計算與之相適應，即要求實際成本計算深入到每一作業，進行作業成本計算。在作業成本控制中，控制中心轉變為作業中心，差異計算與分析也是以作業中心為起點的，實際作業成本是指某特定區間作業中心歸集的資源費用，只涉及作業成本計算的第一個過程（即將資源費用分配到作業），與第二個過程無關（將作業分配到產品）。實際作業成本計算中的資源數據通常可從企業分類帳中獲得，但分類帳並無執行各項作業所消耗的成本，因此必須將獲得的資源費用分配到作業中心去。計算方法通常有兩種：一是直接費用法——直接衡量作業中心所耗資源的成本，這種方法比較準確，但衡量成本較高；二是估計法——根據調查獲得的每一作業中心所耗資源的數量或比例進行分配。估計法因為獲得的信息較可靠而且衡量成本不高，成為最常用的方法。

（4）作業成本差異計算與分析

由於種種原因，一定期間（一個月）每個作業中心的實際作業成本與標準作業成本往往不符。實際作業成本與標準作業成本之間的差額，稱為標準作業成本差異。完整的差異計算與分析包括三個步驟：①計算差異的數額並分析其種類；②進行差異調查，找到產生差異的具體原因；③判明責任，採取措施，改進成本控制。

①變動作業成本差異模型與分析

成本差異可以歸納為價格脫離標準造成的價格差異與用量脫離標準造成的數量差異兩類。差異模型如下所示：

某期間實際變動作業成本 = 實際價格×實際數量　　　　　　　　　　　　　A
=某期間單位成本動因消耗的實際資源費用×某期間實際成本動因量

某期間標準變動作業成本=標準價格×實際數量
=單位成本動因消耗的標準資源費用×某期間實際成本動因量　　　　　　　B

某期間增值變動作業成本
=單位成本動因消耗的標準資源費用×某期間標準成本動因量　　　　　　　C

A-B=價格差異，又稱耗費差異，B-C=數量差異，又稱效率差異，表示不增值的變動作業成本，A-C=總差異。

它產生的原因在於：變動作業成本的價格差異是實際變動作業成本與標準變動作業成本之間的差額，它反應某一期間的耗費水平，即單位成本動因消耗的資源費用脫離了標準所致的超支或節約數額。耗費差異形成的主要原因是各項變動資源費用，如獎金、動力、機物料消耗等實際消耗的超支或節省造成資源的浪費或節約，主要是作業中心的責任。變動作業成本的不增值成本為價格標準乘以實際成本動因量與標準成本動因量之間的差異，它反應某一期間實際成本動因量脫離標準成本動因量造成的超支或節約，主要是作業中心的責任。通過數量差異的分析，管理者能夠評價作業完成的效率水平，發現改進潛力。數量差異形成原因包括工作環境不良、工人經驗不足、勞動情緒不佳、輔助設備選用不當等。

②固定作業成本差異模型與分析

與變動作業成本不同，固定作業成本所耗費的資源是在使用前預先取得的，在作業發生前就確定了可達到的作業產出水平。庫珀和卡普蘭認為，大部分企業資源的經營支出，短期內並不隨成本動因量的變動而變動，資源供應的成本可能是固定的，而

每個期間使用資源的量,則是隨著生產產品的各成本動因量的變化而變動。

固定作業的差異計算與分析採用三因素分析法,成本差異可以分為價格差異、未利用生產能力差異和數量差異。差異計算模型如下:

某期間實際固定作業成本＝某期間單位成本動因消耗的實際資源費用×某期間實際成本動因量　　　　　　　　　　　　　　　　　　　　　　　　　　　　　A

某期間可供利用（預算）固定作業成本＝單位成本動因消耗的標準資源費用×某期間可供利用成本動因量　　　　　　　　　　　　　　　　　　　　　　　　B

某期間按單位成本動因消耗的標準資源費用計算的固定作業成本＝單位成本動因消耗的標準資源費用×某期間實際成本動因量　　　　　　　　　　　　　　C

某期間增值固定作業成本＝單位成本動因消耗的標準資源費用×某期間標準成本動因量　　　　　　　　　　　　　　　　　　　　　　　　　　　　　　D

其中,A–B＝價格差異,又稱耗費差異或預算差異,B–C＝未利用生產能力差異,C–D＝數量差異,又稱效率差異,表示不增值的固定作業成本,A–D＝總差異。

價格差異是指固定作業成本的實際金額與固定作業成本預算金額之間的差額,它的意義與變動作業成本的耗費差異基本相同,表示支付的超額或節約。固定作業成本與變動作業成本不同,在考核時不考慮成本動因量的影響,以原來的預算數作為標準,實際數超過預算數即視為耗費過多。耗費差異形成的原因很多:一類是客觀原因造成的資源價格、數量發生變動,例如車間管理人員工資率變動、人員數量增減、設備的增減變動等;另一類屬主觀因素,例如作業中心經理有意減少或增加某些開支。實際中應區別情況分析。

未利用生產能力差異是指固定作業成本預算數與按單位標準資源費用與實際成本動因量計算的金額之間的差額。它反應的是可供利用生產能力的利用程度。這項差異只有通過對成本動因數量的控制才能控制。該差異的基本特點可概述如下:若實際的成本動因量等於可供利用的成本動因量,則沒有未利用生產能力差異,生產能力已得到充分利用;若實際的成本動因量小於可供利用的成本動因量,則未利用生產能力差異為不利差異,表示可供利用生產能力尚未得到充分利用。但要注意分析是否因為宏觀方面經濟不景氣,如材料、能源、動力供應不足影響銷售所致。另外,作業的改善可以形成閒置生產能力,作業經理必須做出果斷的決策以減少過剩作業的資源消耗,通過降低資源耗費或將資源轉移到其他能產生更多收入的作業中。若實際的成本動因量大於可供利用的成本動因量,則未利用生產能力差異為有利差異,但要注意分析是否由於不顧設備正常維修、大修,拼設備所致。

作業基礎成本控制框架下的差異分析將作業成本分為增值成本與不增值成本兩部分,區分價格差異和用量差異,並報告已使用和未使用作業能力成本。由於可計算不同成本動因量水平下的成本,使得計算過渡時期(不斷降低非增值成本)作業標準的預計成本成為可能。差異計算與分析是作業基礎成本控制最重要的環節,只有通過差異分析,查明具體原因,揭示成本降低的潛力,才能為實現成本控制開闢道路,並顯著改善業績預算報告。然後,通過作業分析,確認並消除非增值作業,提高增值作業效率,消除資源浪費,降低成本。

三、成本控制方法的綜合運用

企業的成本控制是一項系統工程，是通過各種成本控制方法（或工具）將成本「築入」產品，而且要服從企業的整體戰略。為分析方便，這裡以製造業為例，將製造業成本控制分為目標成本設定與分解、成本改善與成本維持、成本分析與業績考核三個環節，分別利用各種成本控制方法的優點，探索綜合運用。

（一）目標成本設定與分解

在這一環節要充分利用目標成本控制法強烈的市場性，通過市場調研瞭解競爭對手的情況和顧客的接受價格，確定目標價格，減去目標利潤設定目標成本即最大容許成本。同時目標成本要保證企業確立競爭優勢地位，如果企業採取成本領先戰略，則目標成本應低於競爭對手的成本且滿足顧客需要該產品的基本功能，使企業能夠保持自己成本領先競爭優勢；如果企業採取標新立異競爭戰略，則目標成本應與競爭對手持平或略高於競爭對手且應滿足顧客需要該產品的特殊功能（或提供競爭對手沒有的服務），使企業保持自己的標歧立異競爭優勢。

在確定目標成本的同時，要在圖紙上按照產品的功能域進行分解並確定完成每一功能所需的構造件，將該功能域的最大容許成本（即目標成本）「築入」到各構造件，直到「築入」每一構造件完工預計所需的各項作業，這樣將最大容許成本一直「築入」到每一項作業中，形成目標作業成本。如果這個過程能夠順利進行，這是的目標成本才能確定下來，進行生產過程的成本管理，否則從頭再來。

在這一環節，既要運用目標成本控制法確定產品的最大容許成本（即目標成本），又要用作業成本控制法在圖紙上把最大容許成本「築入」到各項作業，形成具有「可行性」的目標作業成本。

（二）成本改善與成本維持

目標作業成本的「可行性」經過驗證以後，進入生產過程[①]。在生產過程中，目標作業成本也就轉化為標準作業成本，生產過程中要「瞄準」標準作業成本對生產過程發生的成本費用進行控制，也就是我們所說的成本維持。但是，生產過程中不只是成本維持，還要運用作業成本管理技法進行成本改善，對在目標成本設定和分解過程中沒有考慮到的問題進行修正。所以，在產品生產過程中，既要用標準成本管理技法進行成本維持即「成本瞄準」，又要用作業成本管理技法進行成本改善即「成本切削」。

成本改善或「成本切削」反應了成本管理過程中的持續改進的思想。首先進行產品價值鏈分析，識別非增值作業。通過分析每種作業對企業相對成本地位貢獻大小識別出企業內部的不增值作業和低效率作業，以便進行改善和削減；辨別出這些作業後，進一步分析導致這些成本產生的原因即成本動因分析，它是引起成本發生和變動的原因。瞭解成本動因後，可以利用價值工程法優化成本動因，運用價值與功能相比，通過改變或消除這些不合理的成本動因，以達到消除、減少不增值作業，提高增值作業效率，改進現有的標準作業成本。所以，企業生產過程中的標準作業成本是一個動態的，不斷地發現問題解決問題，從而對標準作業成本進行「切削」，為成本維持提供新的「成本瞄準標杆」。

---

① 這裡生產過程是廣義的，包括供產銷以及售後服務全過程。

在這一環節，既要運用標準成本控制法進行標準作業成本控制，又要用作業成本控制法對現有的標準作業成本進行「切削」，為標準成本控制提供一個動態的標準作業成本。所以，這一環節是成本改善和成本維持的結合。

(三) 成本的分析與業績考核

目標成本的真正實現，依靠的是全體員工的共同努力，因而企業若想將成本置於真正的控制中，實現成本管理的目標，就應從生產階段開始到產品銷售給購買方，包括為顧客提供售後服務等各階段，對作業行為進行管理與控制。首先，企業依據分解到作業層的目標成本，編製作業成本預算，對作業成本實施控制，作業目標成本預算以作業中心為基本單位，將落實到作業中心的每一項作業上（在這裡作業目標成本已經轉化為標準作業成本），作為這一中心應完成的指標，當實際成本發生後，企業還須編製反應實際成本與標準作業成本的責任報告；其次，由於企業控制的主要目的在於引導員工採取有利於完成標準作業成本的行動，使員工在具體操作經營中，盡最大可能地降低物耗、提高設備利用率及產品質量合格率等，以減少顯性成本，要實現這種要求。最後，企業必須在員工目標與組織目標一致的基礎上，充分調動各個作業中心員工的工作積極性和主動性，以責任報告為依據，運用標準成本管理技法分析差異產生的原因，控制並調節各作業中心的活動，督促並採取有效措施，糾正缺點，鞏固成績，實行嚴格的獎懲制度，把責任與物質利益直接結合，獎勵先進，推動落後，激勵員工為實現目標成本而努力。

在這一環節，主要運用傳統的成本控制法（比如目標成本控制法、預算成本控制法、責任成本控制法等）進行成本分析和業績考核。

以上雖然只是以製造業的產品成本控制為例，對產品設計到售後服務的全過程成本控制進行了「工程性」的設計，但是這足以能夠說明我們在未來成本控制過程中，應該根據成本控制的需要把各種現有的成本控制法有機地組合起來，或者創造出新的綜合成本控制法來解決成本控制中遇到的各種問題。而這種思路的實質就是利用各種成本控制法把成本「築入」到產品的過程，具有明顯的「工程」屬性。

本章思考題

1. 什麼是成本計劃？對成本管理有什麼意義？
2. 成本計劃的編製程序是怎樣的？
3. 成本計劃的內容有哪些？
4. 什麼是成本控制？成本控制的程序有哪些？
5. 為什麼產品設計階段的目標成本控制是成本控制的關鍵環節？
6. 什麼是理想標準？什麼是現實標準？企業應如何選擇？
7. 標準成本控制中的成本差異有幾種？如何披露？
8. 如何運用固定製造費用差異模型分析固定製造費用控制的效果？
9. 為什麼要實行責任成本核算？
10. 責任成本的核算方法有哪些？各有什麼優缺點？

本章練習題

1. 某企業按照 9,000 直接人工小時編製的預算資料如表 8-1 所示：

表 8-1　　　　　　　　　　　預算資料　　　　　　　　　　單位：元

變動成本	金額	固定成本	金額
直接材料	5,000	間接人工	9,500
直接人工	6,400	折舊	1,900
電力及照明	3,800	保險費	1,250
		電力及照明	1,520
合計	15,200	其他	970
		合計	15,140

要求：按公式法編製 10,000、11,000 直接人工小時的彈性預算。（該企業的正常生產能量為 10,000 直接人工小時，假定直接人工小時超過正常生產能量時，固定成本將增加 2%）

2. 設某公司採用零基預算法編製下年度的銷售及管理費用預算。該企業預算期間需要開支的銷售及管理費用項目及數額如表 8-2 所示：

表 8-2　　　　　預算期間需要開支的銷售及管理項目數額　　　　　單位：元

項　目	金　額
產品包裝費	10,000
廣告宣傳費	9,000
管理推銷人員培訓費	8,200
差旅費	1,700
辦公費	4,300
合計	33,200

經公司預算委員會審核後，認為上述五項費用中產品包裝費、差旅費和辦公費屬於必不可少的開支項目，保證全額開支。其餘兩項開支根據公司有關歷史資料進行「成本——效益分析」其結果為：

廣告宣傳費的成本與效益之比為 1：15，管理推銷人員培訓費的成本與效益之比為 1：20。

假定該公司在預算期上述銷售及管理費用的總預算額為 30,000 元，要求編製銷售以及管理費用的零基預算。

3. 某企業生產產品需要一種材料，有關資料如表 8-3 所示：

表 8-3　　　　　　　　　　生產產品所需材料

材料名稱	A 材料
實際用量	1,000 千克
標準用量	1,100 千克
實際價格	50 元/千克
標準價格	45 元/千克

要求：試計算這種材料的成本差異，分析差異產生的原因。

4. 某企業本月固定製造費用的有關資料如表 8-4 所示：

表 8-4　　　　　　　　　　固定製造費相關資料

生產能力	2,500 小時
實際耗用工時	3,500 小時
實際產量的標準工時	3,200 小時
固定製造費用的實際數	8,960 元
固定製造費用的預算數	8,000 元

要求：（1）根據所給資料，計算固定製造費用的成本差異；
　　　（2）採用三因素分析法，計算固定製造費用的各種差異。

本章參考文獻

1. 李定安. 成本會計研究 [M]. 北京：經濟科學出版社，2002.
2. 羅紹德. 成本會計學 [M]. 成都：西南財經大學出版社，2002.
3. 孫茂竹. 成本管理學 [M]. 北京：中國人民大學出版社，2003.
4. 謝靈. 成本會計學 [M]. 北京：中國人民大學出版社，2004.
5. 萬壽義. 成本管理研究 [M]. 大連：東北財經大學出版社，2007.
6. 王立彥. 成本管理會計 [M]. 北京：經濟科學出版社，2005.
7. 胡國強. 成本管理會計 [M]. 3 版. 成都：西南財經大學出版社，2012.
8. 於富生. 成本會計學 [M]. 北京：中國人民大學出版社，2006.

第九章 成本考核與審計

【學習目標】
(1) 瞭解成本考核與審計原則、意義與任務；
(2) 掌握成本考核的範圍、內容、指標、方法和程序；
(3) 掌握成本審計的內容和方法；
(4) 理解成本考核與成本審計的內涵。

【關鍵術語】
成本考核　成本審計　成本考核指標　責任成本　內部轉移價格

第一節　成本考核

一、成本考核的內涵與意義

(一) 成本考核的內涵

成本考核是指定期考查審核成本目標實現情況和成本計劃指標的完成結果，全面評價成本管理工作的成績。成本考核的作用是，評價各責任中心特別是成本中心業績，促使各責任中心對所控制的成本承擔責任，並借以控制和降低各種產品的生產成本。成本實際指標同計劃、定額、預算指標對比，考核成本計劃完成情況、評價成本管理實績，是實現全面成本管理的重要環節，是對成本實行計劃管理的重要手段。考核時，應以國家的政策法令為依據，以企業的成本計劃為標準，以完整可靠的資料、指標為基礎，以提高經濟效益為目標。在企業內部可以將產品的計劃成本或目標成本指標進行分解，指定企業內部的成本考核指標，分別下達各內部責任單位，明確其在完成成本指標上的經濟責任，並按期進行考核。

(二) 成本考核的意義

1. 評價企業生產成本預算、計劃的完成情況

成本作為資產的耗費，目的是生產適銷對路的產品，通過產品的銷售獲得補償並賺取利潤。受市場環境、企業產品份額以及產品市場價格等限制，企業一定時期內的銷售收入是一個限定的常量，而成本在很大程度上是企業可以控制的變量。成本計劃和預算的完成，標誌著目標成本的實現，也意味著目標利潤的實現。實際成本與目標成本或計劃成本的比較平價，也是對利潤實現情況及原因的分析評價。

2. 評價有關財經紀律和管理制度的執行情況

為了進行國民經濟的宏觀管理，提供國家所需要的宏觀決策參考依據，國家規定了成本開支範圍、費用開支標準等。通過成本考核，可以檢查各項有關成本制度的執行情況，保證成本核算與成本管理的合法性。另一方面，企業內部制定的有關成本工作制度，也有賴於成本考核的檢查與評價，從中總結經驗，發揚成績，並發現管理制度中的不足，以便及時採取措施進行完善，提高管理水平。

3. 激勵責任中心與全體員工的積極性

責任中心是與其經營決策密切相關的責權利相結合的部門。其主要特點是決策權的大小與其經濟責任的範圍相適應，經濟責任的大小又與工作業績的好壞相聯繫。通過成本考核可以評價各責任中心對當期經濟效益的貢獻，使企業樹立成本管理意識，使各個責任單位和責任人員從成本考核的獎懲制度中看到自身的經濟利益，增強其降低成本的責任心，激勵其降低成本的積極性，為增收節支出更大的貢獻。

二、成本考核的原則

(一) 以政策法令為依據

在對企業及企業內部進行成本考核與評價時，必須以國家的政策法令為依據，從協調國家、企業、個人三者關係的標準出發，實施對企業經濟活動及成本指標完成情況的全面的評價。

(二) 以企業計劃為標準

企業的成本計劃是成本考核的重要依據，它是全體職工努力實現的目標，也是各個部門和環節工作的標準。因此，對企業及企業內部進行成本考核，必須以計劃為標準。對於計劃在執行中出現的與現實的差距，企業應積極反饋，找出原因，及時總結經驗教訓。

(三) 以完整可靠的資料、指標為基礎

成本考核評價工作開展的成功與否，在很大程度上決定於對信息、資料、指標的匯集、選樣和選用，考核的信息、資料、指標必須完整可靠，否則，就失去了考核的依據。在實際工作中，在成本考核前，必須對成本信息、資料及其所計算的指標進行全面的檢查和審定，之後才能作出恰如其分的科學評價。

(四) 以提高經濟效益為目標

全面成本管理的最終目的，是獲得最佳投入產出比例，也就是最大限度地提高經濟效益。對於那些促使產品成本下降的部門，應給以肯定和獎勵，否則就要負相應的經濟責任。只有考核合理，功過分明，才能調動部門和職工的積極性，為降低成本提高效益提供動力。

三、成本考核的範圍和內容

(一) 成本考核的範圍

企業內部的成本考核，可根據企業下達的分級、分工、分人的成本計劃指標進行。按照分級、分工、分人建立責任中心，計算責任中心的責任成本，責任成本是指特定的責任中心所發生的耗費。為了正確計算責任成本，必須先將成本按已確定的經濟責權分管範圍分為可控成本和不可控成本。劃分可控成本和不可控成本，是計算責任成

本的先決條件。所謂可控成本和不可控成本是相對而言的，是指產品在生產過程中所發生的耗費能否為特定的責任中心所控制。可控成本應符合三個條件：能在事前知道將發生什麼耗費；能在事中發生偏差時加以調節；能在事後計量其耗費。三者都具備則為可控成本，缺一則為不可控成本。

1. 責任中心與成本中心

（1）責任中心

責任中心是為完成某種責任而設立的特定部門，其基本特徵是權、責、利相結合。具體地說，責任中心具有如下特徵：

第一，擁有與企業總體管理權相協調，與其管理職能相適應的經營決策權，使其能在最恰當的時刻對企業遇到的問題做出最恰當的決策。

第二，承擔與其經營權相適應的經濟責任。有什麼樣的決策權力，就須承擔什麼樣的經濟責任，這是對有效使用其權力的一種制約。

第三，建立與責任相配套的利益機制，以使管理人員的個人利益與其管理業績相聯繫起來，從而調動全體管理人員和職工的工作熱情和責任性。

第四，各責任中心的局部利益必須與企業整利體利益相一致，能為了各責任中心的局部利益而影響企業的整體利益。

（2）成本中心

一個責任中心，若不形成收入或者不對實現收入負責，而只對成本或費用負責，則稱這類責任中心為成本中心。成本中心有廣義和狹義之分。狹義的成本中心是對產品生產或提供勞動過程中的資源耗費承擔責任的責任中心，一般指負責產品生產的生產部門及勞務提供部門。廣義的成本中心範圍較廣，除了狹義的成本中心以外，還包括那些生產性的以控制經營管理費用為主的責任中心，即費用中心。

通常，狹義成本中心（以下成本中心均指狹義成本中心）的典型代表是製造業工廠、車間、工段、班組等。在生產製造活動中，每個產品都可以有明確的原材料、人工和間接製造費用的數量標準和價格標準。實際上，任何一種重複性的活動都可以建立成本中心，只要這種活動能夠計量產出的實際數量，並且能夠說明投入與產出之間可望達到的函數關係。

費用中心，適用於那些產出物不能用財務指標來衡量，或者投入和產出之間沒有密切關係的單位。這些單位包括一般行政管理部門，如會計、人事、勞資、計劃等；研究開發部門，如設備改造、新產品研製等；以及某些銷售部門，如廣告、宣傳、倉儲等。一般行政管理部門的產出難以度量，研究開發和銷售活動的投入量與產出量之間沒有密切的聯繫。對於費用中心，唯一可以準確計量的是實際費用，無法通過投入和產出的比較來評價其效果和效率，從而限制無交費用的支出，因此，有人稱之為「無限制的費用中心」。

2. 責任成本

（1）責任成本的特點

責任成本是指由特定的責任中心所發生的耗費。當將企業的經營責任層層落實到各責任中心後，就需對各責任中心發生的耗費進行核算，以正確反應各責任中心的經營業績，這種以責任中心為對象進行歸集的成本叫責任成本。

責任成本與產品成本是兩個完全不同的概念。責任成本的歸集對象是責任中心，

而產品成本歸集的對象是產品；責任成本按誰負責誰承擔的原則進行歸集，產品成本按誰受益誰承擔的原則進行歸集；責任成本的歸集以可控制為原則，產品成本的歸集以合理合法為原則；責任成本核算的目的是為控制和降低各產品的生產耗費水平。

責任成本與產品成本雖然有許多不同點，但是它們之間也有密切聯繫，因為責任成本控制的有效與否將直接影響產品成本的耗費水平，所以雖然責任成本和產品成本控制的角度不一樣，但它們的總目標是一致的。

責任成本的歸集以可控制為原則，這是責任成本的最重要的特點。所謂可控制，是指產品在生產過程中所發生的耗費能否為特定的責任中心所控制。例如材料的耗費，它可以分解為價格的差異和耗用量的差異兩個方面，對於只有生產權而沒有採購權的生產部門來說，它所能控制的只有耗用量，所以考核生產部門時，只能以耗用量為考核內容。根據成本的可控性，所有的生產耗費對不同的責任中心來說，可劃分為可控成本和不可控成本，而價格成本是不可控成本。而對於採購或供應部門來說，材料的價格成本是他們的可控成本，而耗用量成本則是不可控成本。儘管如此，但對整個企業來說，所有的耗費都是可控成本，只是可控的主體不同而已。掌握責任成本的可控性特徵，是正確進行責任成本計算並進行有效考核的基本條件。

由於各種形式的責任中心都會發生耗費，所以責任成本適用於各種形式的責任中心，只是在不同的責任中心中所起的作用不同而已。

(2) 責任成本的計算

根據上述責任成本與產品成本之間的區別和聯繫，我們可把責任成本和產品成本的計算模式簡單列作圖 9-1 所示：

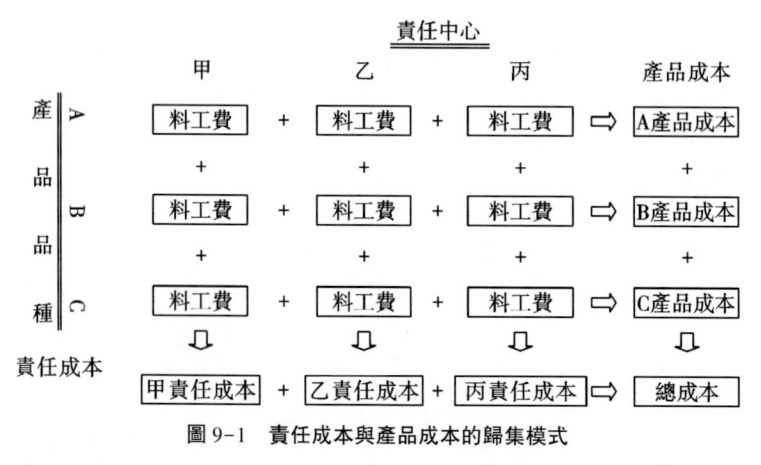

```
                        責任中心
                 甲         乙         丙      產品成本
產  ┌ A      料工費   +   料工費   +   料工費   ⇒  A產品成本
     │          +          +          +          +
品  │ B      料工費   +   料工費   +   料工費   ⇒  B產品成本
     │          +          +          +          +
品  │ C      料工費   +   料工費   +   料工費   ⇒  C產品成本
種  └          ⇩          ⇩          ⇩          ⇩
責任成本    甲責任成本 + 乙責任成本 + 丙責任成本 ⇒  總成本
```

圖 9-1　責任成本與產品成本的歸集模式

從上圖中可看出，責任成本的計算與產品成本的計算是兩種不同的核算體系。產品成本以產品品種為歸集對象，將各種產品在各責任中心中所發生的料工費加總起來，就是生產該產品的生產成本。而責任成本則以各責任中心為歸集對象，將各責任中心為生產各種產品所發生的料工費加總起來，就構成責任成本。所以，根據責任成本核算的特點，應建立責任成本核算體系，以保護責任成本計算的順利進行。其中包括責任中心的明確劃分和根據責任成本計算的要求搞好各項基礎工作，包括原始憑證的設計、填製、計量設備的配置、內部零部件轉移價格的制訂以及各種內部控制制度的建立和完善等。

【例 9-1】 責任成本的計算。

某公司生產 A、B、C 三種產品，每種產品都需經過甲、乙、丙三個生產部門（成本中心）生產加工，今年五月份，整個企業在生產過程中共發生直接材料消耗 150,000 元，直接人工費用 80,000 元，製造費用 110,000 元，根據料工費耗用的原始憑證及有關的分配表，各責任中心和各產品五月份成本的計算如圖表 9-1 所示：

表 9-1　　　　　　　　　責任成本和產品成本計算表　　　　　　　　單位：元

成本項目	合計	責任成本			產品成本		
		甲	乙	丙	A	B	C
直接材料	150,000	90,000	30,000	30,000	40,000	50,000	60,000
直接人工	80,000	20,000	20,000	40,000	20,000	25,000	35,000
製造費用	110,000	40,000	40,000	30,000	25,000	40,000	45,000
總成本	340,000	150,000	90,000	100,000	85,000	115,000	140,000

各責任中心將各月的責任成本加總起來，就是全年的責任成本。如果是成本中心，就以此作為生產業績的考核依據。如果是利潤中心，或投資中心則將其與各責任中心的收入相配比，計算出利潤作為考核經營業績或投資業績的依據。上表中計算的產品成本，僅表明是當月發生的成本，再加上各產品的期初成本餘額，然後在完工產品與在產品之間進行分配，計算出完工產品的成本和期末在產品的成本。

3. 內部轉移價格

內部轉移價格的制定，在理論上應同時滿足三個激勵標準：首先是對經營業績的評價提供合理的標準；其次是激勵基層經理人員更好的經營；最後是促使分權單位與企業整體之間的目標相一致。

（1）市場價格

市場價格是以產品或勞務的市場供應價格作為計價基礎的。其理論基礎是：對於獨立的責任中心進行評價，就要看其在市場上的獲利能力。以市場價格作為內部轉移價格，最符合責任會計的原則和利潤中心的概念，因為市場價格比較客觀，對買賣雙方無所偏袒，能夠在企業內部形成一種競爭的市場態勢。

在以市場價格為內部轉移價格時，一般應遵循下列原則：

①賣方責任中心的產品，應首先滿足企業內部其他責任中心的需要，但它有權拒絕以低於市場價格的轉移價格對內供應；

②買方責任單位可以同外界購入相比較，如果企業內部其他單位的要價高於市場價格，則可以舍內求外，而不必為此支付更大的代價；

③內部轉讓應不影響責任中心履行其已簽訂的對外供貨合同。

（2）產品成本

以產品成本作為內部轉移價格，是制定內部轉移價格的最簡單的方法。在管理會計中常常使用不同的成本概念，如實際成本、標準成本、變動成本等，它們對內部轉移價格的制定和各責任中心的業績考評將產生不同的影響。

①實際成本。以中間產品的生產成本作為其內部轉移價格，這種實際成本資料容易取得。

②實際成本加成。根據產品或勞務的實際成本，再加上一定的合理利潤作為計價

基礎的。優點是能保證銷售產品或勞務的單位有利可圖，可以調動他們的工作積極性。

③標準成本。以各中間產品的標準（預算）成本作為其內部轉移價格。最大優點是把管理和核算工作結合起來，避免「功過轉嫁之患」，收到「責任分明之效」，能夠正確評價各責任中心的工作成果，調動「買」「賣」雙方降低成本的積極性。

④變動成本。以變動成本作為內部轉移價格的目的是使部門決策合理化，避免內部轉移價格不當所導致的部門決策失誤。

（3）協商價格

協商價格就是由有關責任中心定期共同協商、確定一個雙方均願意接受的價格，作為計價基礎。協商價格一般在以市場價格為上限、以單位變動成本為下限的範圍內，通過協商共同議定。

（4）雙重價格

雙重價格就是對買方責任中心和賣方責任中心分別採用不同的轉移價格作為計價基礎。一般可以令買方按賣方的邊際成本購買，而賣方以買方的完工產品的銷售價格減去其製造和銷售過程中的變動成本作為內部售價。

【例9-2】某企業一車間生產的半成品由二車間繼續加工成庫存商品。一車間生產的半成品的平均變動成本為每件30元，二車間繼續加工，每件追加變動製造和銷售成本40元。加工成庫存商品後，以每件90元對外銷售。

按雙重價格原則制定內部轉移價格的過程如下：

購方的內部購買價格為賣方的邊際成本30元；賣方的內部銷售價格為50（90-40）元。以這種方法定價的結果是：每個車間的利潤都是20元，並且等於公司的總利潤（90元-30元-40元）。其目的在於強調雙方利益（利潤）的並存性。庫存商品部門只是半成品部門的延伸，兩者相互依存，是不可分割的整體。按照這種方法制定內部轉移價格，買賣雙方均能獲得足夠的利益，決不會出現有損於公司利益的壓低產量的行為。

（二）成本考核的內容

（1）編製和修訂責任成本預算，並根據預定的生產量、生產消耗定額和成本標準，運用彈性預算方法編製各責任中心的預定責任成本，作為控制和考核的重要依據。

（2）確定成本考核指標，如目標成本節約額（預算成本-實際成本），目標成本節約率（目標成本節約額/目標成本）。

（3）根據各責任中心成本考核指標的計算結果，綜合各個方面因素的影響，對各責任中心的成本管理工作作出公正合理的評價。

四、成本考核的指標

要抓好考核，關鍵在於考核指標的確定是否科學、合理、適用。考核指標的確定，在一定程度上反應了企業管理水平的高低。另外，成本考核指標應與成本計劃、成本核算、成本報表的各項指標相互呼應，形成統一的指標系統。

（一）按成本考核的內容劃分

1. 實物指標和價值指標

實物指標是指從產品使用價值的角度出發，按照它的自然計量單位來表示的指標，如消耗鋼材用千克、消耗燃油用升等，都是成本考核所採用的實物性指標形式；價值

指標是指以貨幣為統一尺度表現的指標,生產費用、產品成本、辦公費等指標都屬成本考核所採用的價值性指標。在成本考核中,實物指標是基礎,價格指標是綜合反應。成本指標的完成情況需要把實物指標和價值指標結合起來才能全面地反應出來。

2. 數量指標和質量指標

數量指標是指可以以定量的形式表達的對某一方面的工作在指定範圍和指定時間內應達到的標準的指標,比如產量、生產費用、總成本等;質量指標是反應一定時期工作質量和控制成本水平的指標,如單位成本、產值生產費用率、商品成本率、可比產品成本降低率等。質量指標不一定都能用數量的形式表達,如產品質量的好、壞。但人們應力求將質量指標定量化、數值化,使其反應的質量問題更確切、更直觀。在成本考核中,有意識地將成本考核項目的數量指標和質量指標結合在一起,能幫助人們全面而準確地認識和掌握成本變化的規律。

3. 單項指標和綜合指標

單項指標是反應成本變化中單個事項變動情況的指標,如某種產品的單位成本等;綜合指標是概括反應某類成本事項的總體指標,如全部生產費用、全部產品總成本、可比產品成本降低率等。單項指標是基礎,綜合指標一方面是對單項指標的概括和總結,另一方面是對事物更全面的總體表示。

(二) 從考核的對象來劃分

1. 商品產品計劃總成本

商品產品,包括可比產品和不可比產品,其成本控制標準都要編入成本計劃,規定商品產品的計劃總成本。該指標要通過實際執行結果與計劃比較進行考核。

2. 可比產品成本降低額和降低率

在編製成本計劃時,要規定可比產品的計劃成本降低額和降低率,因此,在成本考核中,亦要將可比產品成本降低額、降低率列為考核內容,為其確定成本指標,並通過實際執行結果與計劃比較進行考核。

五、成本考核的方法與程序

(一) 成本考核的方法

1. 成本考核方法的內容

成本考核方法的內容主要是圍繞責任成本設立成本考核指標,其主要內容包括行業內部考核指標和企業內部責任成本考核指標。

(1) 行業內部考核指標

隨著市場經濟的建立和完善,雖然國家不再直接考核企業的成本水平,但行業之間的成本考核評比還是必要的。其指標包括:

成本降低率=(標準總成本−實際總成本)÷標準總成本
標準總成本=報告期產品產量×標準單位成本
實際總成本=報告期產品產量×報告期實際單位成本
銷售收入成本率=(報告期銷售成本總額÷報告期銷售收入總額)×100%

(2) 企業內部責任成本考核

責任成本差異率=(責任成本差異額÷標準責任成本總額)×100%

其中,責任成本差異額是指實際責任成本與標準責任成本的差異。

責任成本降低率＝（本期責任成本降低額÷上期責任成本總額）×100%

2. 成本考核的綜合評價

成本考核的綜合評價包括成本管理崗位工作考核，引入成本否決制的基本思想，與獎懲密切結合起來。

（1）成本管理崗位工作考核

這是會計工作達標考核標準的一部分，是對成本核算和管理人員工作內容、工作狀況、工作方式、工作態度及其工作業績的綜合評價。該項制度採取考核評分的形式，每個崗位以 100 分為滿分，達到 60 分以上為及格，不足 60 分為不及格。其格式如表 9-2 所示：

表 9-2　　　　　　　　　　　　　　成本崗位考核標準

序號	考核標準	評分標準
1	認真貫徹執行會計準則、財務通則以及成本核算制度等有關部門規定，正確掌握成本開支標準，劃清本期產品和下期產品成本的界限，不得任意攤銷和預提費用，劃清在產品成本和產成品成本的界限，不得虛報可比產品成本降低額。凡是制度規定不得列入成本的開支，不得計入產品成本	10
2	積極會同有關部門建立健全各項原始記錄、定額管理和計量驗收制度，正確計算成本，為加強成本管理提供可靠依據	5
3	按時編報成本報表，進行成本費用的分析和考核	15
4	負責預提費用、待攤費用、遞延資產、材料成本差異的分配及核算	7
5	負責成本費用開支的事前審核，嚴格控制成本、費用開支，確保成本計劃的完成	8
6	按照費用指標進行核算和管理，定期考核各單位費用指標的完成情況	7
7	按照下達生產資金定額，及時掌握各生產單位生產資金的占用情況，並進行全廠的在產品管理	8
8	開展目標成本管理和質量成本管理，根據已確定的各項指標，分解落實到有關生產單位	9
9	組織在製品、自製半成品核算與半成品稽核工作，建立在製品明細帳，對庫存自製半成品進行定期盤點，發現盈虧，查明原因，及時處理	10
10	經常深入車間等生產單位，解決車間成本管理中的問題，協調車間之間、處室（科室）之間有關成本計算問題	7
11	定期組織各車間成本員進行成本核算工作的互相檢查，發現問題及時以書面形式向企業領導或總會計師報告，每半年進行一次互檢	8
12	保管好各種會計憑證、報表、帳簿及有關成本計算資料，防止丟失或損壞，按月裝訂好會計憑證及報表、帳簿，定期全數歸檔	6

（2）成本否決制與成本考核

成本否決是企業為了求得自身的不斷發展而採取的一種旨在制約、促進生產經營管理，提高經濟效益的手段。其主要內容和特點表現為：一是成本否決存在於生產經營的全過程，貫穿於成本預測、決策、計劃、核算、分析中，涉及產品的設計、決策、生產、銷售等各個環節，具有時間上、空間上的前饋控制、過程控制、反饋控制。二是成本否決是一個動態循環過程，否決了生產成本，涉及原材料成本，否決了原材料

成本，涉及原材料的採購成本，否決了原材料的採購成本，涉及採購計劃及其實施……從再生產過程來看，否決了銷售，涉及生產，否決了生產，涉及供應……從企業各個部門及有關人員的職責的完成情況上考核其工作業績，從供、產、銷的銜接及其制約上評價成本的升降情況，促使企業走上良性循環的軌道。三是成本否決是一個自我調節的過程：在產品決策階段，通過認真、科學的論證，選擇具有競爭力的產品，使其機會成本最低；在產品設計階段，利用價值工程等理論和方法，使產品的功能與其價值相匹配，使其達到優化，消除成本管理的「先天不足」問題；在材料採購階段，除控制採購費用外，盡量選擇功能相當、價格較低的代用材料，控制材料採購成本；在生產階段，通過生產工藝過程和產品結構的分析，嚴格定額管理，運用價值工程進行進一步管理控制；在銷售階段，加強包裝、運輸、銷售費用管理；在售後服務階段，加強產品服務管理，提高售後服務隊伍的職業道德和業務素質，降低外部故障成本，改善企業形象。

　　成本否決制的誕生和運用，在生產經營管理的控制過程中，起到了激勵、約束、導向的作用，形成了「成本控制中心」的權威地位。強化了企業全員的成本意識，有效地解決了成本控制中條塊分割、縱橫制約的弊端，打破了財務部門獨家管理成本的現狀，使技術和經濟相結合，生產、技術、物資、勞資等方面的管理與價值管理真正結合，一方面將大批技術人員納入成本管理行列，另一方面將大批財務會計人員引入生產技術領域，形成了縱橫交錯的成本管理網絡。設立「成本降低獎」使責權利密切結合，突出了成本控制的地位，解決了成本綜合考核、綜合獎勵的問題，硬化了控制手段，擴大了責任成本的視野，完善了責任成本控制，開闊了責任成本考核的思路。

　　（二）成本考核的程序
　　1. 編製和修訂責任成本預算
　　責任成本預算是根據預定的生產量、生產消耗標準和成本標準運用彈性預算方法編製的各責任中心的預定責任成本。嚴格地遵守和完成責任成本預算是各責任中心應履行的職責。

　　責任成本預算是各責任中心業績控制和考核的重要依據。責任成本預算應按各責任中心的預定業務量進行編製，並按實際發生的業務量進行調整。責任成本包括變動成本和固定成本兩部分。變動成本和固定成本應分別計算，即首先根據業務量和單耗標準成本計算出變動成本總額，然後加上固定成本總額即為總責任成本。

　　在編製責任成本預算時，應注意兩個方面：一是當實際的業務量與預定業務量不一致時，責任成本預算應按實際業務量予以調整以正確評價經營業績；二是當企業和市場環境發生變化時，應不斷修訂產品生產消耗的標準成本，以不斷適應環境的變化，並正確評價責任中心的經營業績。

　　由於責任成本預算編製工作面廣工作量大，所以在企業財會部門中應成立專門的責任成本核算小組來負責這項工作，包括責任成本的核算等。在實施電算化會計信息系統的企業中，應將責任成本核算體系納入會計信息系統之中，以提高核算工作效率和減輕核算工作量。

　　2. 確定成本評價指標
　　成本評價的指標主要集中於目標成本完成情況，包括目標成本節約額和目標成本節約率兩個指標。

(1) 目標成本節約額。目標成本節約額是一個絕對數指標，它以絕對數形式反應目標成本的完成情況。這一指標的計算公式如下：

目標成本節約額＝預算成本－實際成本

【例9-3】有甲、乙、丙三個責任中心的責任成本預算分別為160,000元、85,000元和100,000元，而實際成本為150,000元、90,000元和100,000元，則甲、乙、丙三個責任中心的目標成本節約額可計算如下：

目標成本節約額（甲）＝160,000－150,000＝10,000（元）
目標成本節約額（乙）＝85,000－90,000＝－5,000（元）
目標成本節約額（丙）＝100,000－100,000＝0

其中正數為節約額，負數為超支額。

(2) 目標成本節約率。目標成本節約率是一個相對數指標，它以相對數形式反應目標成本的完成情況，這一指標的計算公式如下：

目標成本節約率＝目標成本節約額÷目標成本×100%

根據上述資料及目標成本節約額計算結果，各成本中心的目標成本節約率計算如下：

目標成本節約率（甲）＝10,000/160,000×100%＝6.25%
目標成本節約率（乙）＝－5,000/85,000×100%＝－5.88%
目標成本節約率（丙）＝0/100,000×100%＝0

3. 業績評價

目標成本節約額和目標成本節約率兩指標相輔相成，因此評價一個責任中心的經營業績時必須綜合考核兩個指標的結果。從上指標的計算中可看出，甲責任中心目標成本完成情況較好，節約額達10,000元，節約率達6.25%；乙責任中心目標成本完成情況較差，超支了5,000元，超支率達5.88%；丙責任中心正好完成目標成本，不超支也不節約。根據這一結果，如果沒有其他環境影響，則甲責任中心的業績是好的，成本控制較有效；乙責任中心相對比較差；丙責任中心可以。但在實際工作中，還應考慮一些具體情況，例如幾種產品耗用的材料是否相同；標準成本前次修訂時間的長短，因為如果標準成本很久沒修訂的話，就很難適應環境的變化，這樣以過時的標準來衡量現在的工作業績，就會失之偏頗；以及有無特殊情況或不可預計或不可控情況的發生。只有綜合考核了各個方面因素的影響，業績評價才能做到公正、合理，才能收到良好的效果。

第二節　成本審計

一、成本審計的內涵、意義和任務

（一）成本審計的內涵

成本審計是指對生產費用的發生、歸集和分配，以及產品成本計算的真實性、合法性和效益性的檢查監督，包括事前、事中和事後的成本審計。

(1) 事前成本審計主要是指審核成本預測的可靠性、成本決策和成本計劃的先進性和可行性。

（2）事中成本審計是指日常審核有關成本的原始憑證和記帳憑證以及物資消耗、付款、轉帳業務的合法性和正確性。

（3）事後成本審計是指通過對已經消耗、付款、轉帳的原始憑證、記帳憑證、帳簿、報表及書面資料的檢查，並通過實物的盤存和鑒定，使之合理、合法和正確。

（二）成本審計的意義

（1）通過成本費用審計，可以監督企業按國家有關規定進行成本核算管理，糾正成本核算中出現的弊端，保證成本費用的合法性、真實性和正確性。

（2）成本費用審計還可幫助企業健全成本控制制度，提高成本管理和核算水平，降低產品成本並提高利潤。

（3）通過成本費用審計，還可降低審計人員在企業財務報表審計中由於成本費用失真而導致的風險。

（三）成本審計的任務

1. 審計成本費用計劃和定額的執行情況

通過審計成本費用脫離計劃和定額的具體項目和原因，揭露通過人為調控成本費用進行作弊的行為，以保證企業經營方針的實現。

2. 審計成本費用支出的真實性

通過審計各項成本費用支出是否有來源可靠、內容完整的憑證，各項數據計算是否有真實的資料來源，揭露利用虛假憑證內容，提供虛假計算數據的情況。

3. 審計成本費用計算的合理性

企業應根據自身生產的特點和管理要求選擇適當的成本計算方法，以正確計算成本。因此，審計人員應在瞭解企業生產類型和組織管理特點的基礎上，分析評價所選擇成本計算方法的合理性，以保證成本費用的歸集和分配以及完工產品和在產品成本計算的正確性，以促進企業改善成本管理，提高經濟效益。

4. 審計成本費用內部控制系統的健全有效性

通過查明成本費用支出手續制度和分配系統中存在的各種漏洞缺陷，及時發現薄弱環節，促進企業生產技術和經營管理水平的改進。

二、成本審計的內容

審計人員可以依法對企業某會計期間發生的生產經營耗費按費用項目進行審計，和對生產一定種類、一定數量的產品的製造成本按成本項目進行審計。因此，成本費用審計的內容與成本費用核算的內容一樣，也包括成本開支範圍審計、費用歸集及分配方法審計以及在產品和完工產品成本的審計。成本費用的審計可分為產品成本審計、在產品成本審計、期間費用審計、成本測試和成本報表檢查五個部分。

（1）產品成本一般包括直接材料、直接人工和製造費用三個組成部分，應從費用的歸集和分配兩個角度來進行審計。

（2）在本月產品沒有全部完工的情況下，產品成本的計算是否正確，既要審計生產費用在各種不同產品之間的分配、在不同期間的分配，又要審計生產費用在完工產品和在產品之間的分配，於是完工產品和在產品成本的審計就構成了成本審計的重要內容。

（3）期間費用包括營業費用、管理費用和財務費用，應審計是否遵循開支範圍、

有無提高開支標準的現象。

(4) 成本測試就是對成本計算方法的是否合理，成本計算數據是否正確，進行抽樣測定的一種審計方法。

(5) 企業的成本報表，包括商品產品成本表、主要產品單位成本表和製造費用明細表，對這些報表的審查，主要看其數據計算是否正確、真實、完整。

三、成本審計的方法

(一) 對產品成本本期發生額的審查

(1) 對原料成本的審查：原材料成本主要包括材料耗用數量與材料單位價格兩個因素。對材料耗用數量的審查，可根據產品成本計算單，對照耗用匯總表和領料單及限額領料單進行檢查。

對領料單的檢查應注意以下問題：①領料單上的材料是否為生產上所必須；②領用的數量是否符合實際；③領用的手續是否齊全；④領料單有否塗改、材料分配是否合理。

對材料價格的檢查應注意：①材料採購的價格是否符合規定；②材料質量是否經過化驗分析，數量是否計量；③材料的批量採購是否節約資金，而又不影響正常生產；④材料的計價方法是否一致，有無錯誤。

對原材料成本的檢查，可先從產品的總材料成本和單位材料成本的檢查入手。將產品的材料成本與前期實際、先進的和外廠的對比，根據發現的問題進行重點檢查。如能在檢查之前對企業的成本計算制度、領料制度、採購制度進行檢查，則可以瞭解企業在生產上的一些薄弱環節。

(2) 對能源成本的審查：能源成本，通常是指成本項目中的燃料與動力。燃料成本的檢查，可參照材料成本的檢查。動力成本的檢查，則可根據動力成本的計算方法確定。如是本企業動力車間供應的，除要檢查計量的正確外，還要檢查動力車間成本計算的正確與否，分攤是否存在浪費和其他問題。如是外購動力，要根據耗用數量和分配情況進行檢查。

(3) 對工資成本的檢查：單位產品的工資成本高低，決定於工資支出的總額和工資分配的方法。對工資支出的總額主要是審核：①有無不按勞動工資制度濫發加班費；②有無不列入產品成本的工資支出；③工資總額的增減是否與生產增長情況相適應。

(4) 製造費用的審查：製造費用主要檢查：①固定資產使用情況及折舊提取方法和計算是否正確；②管理人員的工資、提取職工的福利費的計算方法和分配方法是否正確；③消耗材料、辦公用品是否存在浪費和貪污盜竊情況；④水電費是否存在浪費現象；⑤勞動保護開支有無超出規定、擴大範圍、當作福利的情況；⑥運輸費、旅差費等有無注意開支。

(二) 對產成品和在產品的審查

企業產品成本計算的是否正確，常與在產品的數量盤點和計價有密切關係。因此對在產品的審核，首先要檢查盤存材料，必要時進行實地抽查。對產品數量的審查，可根據產成品入庫憑證結合產品明細帳進行。對產成品入庫記錄除了用核對法核對憑證和帳目外，還應該對產成品的收發制度進行檢查。

對收發制度的檢查是：①產成品送交倉庫前，是否經過技術監督部門的認真檢驗，

質量是否合格；②倉庫驗收時，是否認真點數、計量；③已完工的產品是否及時交庫，入庫產品是否以次充好等。

(三) 期間費用審計

期間費用審計的內容主要是審查管理費用（指企業行政管理為組織與管理企業生產經營所花的管理性費用）；財務費用（指企業在生產經營過程中為籌集資金所花的費用）；產品銷售費用（指企業在銷售產成品及自制半成品或提供勞務時的支出，以及專設銷售機構的各項經費支出）包括銷售機構的費用、設備租賃費用、廣告展覽費用、產品銷售過程中的勞務；費用支出（如運輸、裝卸、包裝、保險、代銷手續費等）以及售後服務、費用等。其審計的目的是為了保證企業生產成本，計算的正確，真實地反應企業的經營成果。

期間費用審計是企業整體成本費用審計與產品製造成本審計對應的審計業務。進行期間費用審計應考慮到：期間費用歸屬的時間範圍和業務範圍都比較清晰，易於審計人員對被審計事項的正確、及時與否作出明確的判斷；在期間費用構成項目中，一些項目是由要素費用初次分配和輔助生產費用分配轉來，一些項目是由本期的其他支付業務形成，如果較好地進行了上述分配事項的審計，在此環節將主要是進行其他支付業務的審計；期間費用的帳務處理多採用多欄式明細帳的格式，通過對各欄登記內容的分析可知，一些內容的發生有其規律性，數據也相對均衡，如折舊額、修理費、管理人員工資，一些內容則不具有規律性，因此審計時應主要對不同的項目採用不同的方法進行。

(四) 成本測試

成本測試就是對成本計算方法的是否合理，成本計算數據是否正確，進行抽樣測定的一種審計方法。測試成本的計算辦法，要注意以下三個環節：①審查成本計算辦法是否適應企業的生產組織和工藝特點；②審查定額的正確程度，定額定的不當會嚴重影響成本計算的正確程度；③審查生產成本在在產品和產品之間的分配辦法是否恰當，這是計算單位成本正確程度的一個重要因素。

測試成本計算的正確性，可採用以下程序：①選定一種產品進行測試；②測試主要原材料成本；③測試工資及費用成本；④測試單位成本的計算是否正確。

通過上述測試，可以達到事半功倍的效果。如在審查過程中，發現某些產品或某些生產步驟有異常情況，則應對這些產品或生產步驟按常規方法作更詳細的檢查。

(五) 對成本報表的檢查

企業的成本報表，包括商品產品成本表、主要產品單位成本表和製造費用明細表，對這些報表的審查，主要看其數據計算是否正確、真實、完整。成本計算的正確與否涉及企業利潤指標的高低，因此，審查成本，首先要從審查成本報表開始。

關於製造費用明細表的審查，主要看其編製的是否準確，並與有關帳目核對。關於主要產品單位成本表的審查。可比產品成本降低率由三個因素決定：①去年實際可比產品單位成本；②本年實際可比產品單位成本；③本年實際可比產品產量。在審查可比產品成本降低率時，可抓住上述三個因素來發現是否存在弄虛作假的情況。

對可比產品成本降低率的審查，要注意可比產品是否符合可比條件。是否存在有意或無意的多算或少算。有些可比產品去年沒生產，而以前又生產過，生產的是哪一種，數額是否相符，可比產品的條件是否符合，對於去年試生產或少生產的新產品，

更要注意是否符合可比條件。

本章思考題

1. 簡述成本考核的內涵。
2. 簡述成本考核的範圍與內容。
3. 簡述成本考核指標的分類。
4. 簡述成本考核的方法和程序。
5. 簡述成本審計的內涵。
6. 簡述成本審計的內容。
7. 簡述成本審計的方法。

本章練習題

1. 某企業生產 A、B 兩種產品，都經過甲、乙兩個生產車間生產，本期共發生費用 1,500,000 元，產品成本和責任成本如表 9-1、表 9-2 所示：

表 9-1　　　　　　　　　　產品成本表　　　　　　　　　　單位：元

成本項目	A 產品	B 產品	全廠
直接材料	250,000	150,000	400,000
直接人工	150,000	100,000	250,000
製造費用	550,000	300,000	850,000
合計	950,000	550,000	1,500,000

表 9-2　　　　　　　　　　責任成本表　　　　　　　　　　單位：元

成本項目	A 產品	B 產品	全廠
直接材料	280,000	120,000	400,000
直接人工	100,000	150,000	250,000
車間可控製造費用	150,000	200,000	350,000
車間責任者責任成本	530,000	470,000	1,000,000
車間不可控製造費用	200,000	300,000	500,000
合計	950,000	550,000	1,500,000

要求：（1）計算 A、B 產品的總成本；
　　　（2）甲車間可控成本為和不可控成本、甲車間責任者的責任成本；
　　　（3）乙車間可控成本為和不可控成本、乙車間責任者的責任成本。

2. 某企業 2014 年年度財務決算時發現，12 月份生產用房屋 1 號樓少提折舊 10,000 元。假設生產成本、產成品、產品銷售成本均為實際發生額時，企業有以下幾種情況：

（1）生產成本無餘額，全部完工轉入產成品，且產成品全部售出，調整產品銷售

成本。該企業生產 A、B、C 三種產品，通過計算，A 產品為 5,000 元，B 產品為 3,000 元，C 產品為 2,000 元。

（2）生產成本無餘額，全部完工轉入產成品，產成品部分銷售，調整產成品和產品銷售成本。

如資料（1），完工 A 產品銷售 3/5 即 3,000 元，完工 B 產品銷售 2/5 即 1,200 元，完工 C 產品銷售 3/5 即 1,200 元。調整如下：

（3）生產成本有餘額 2,000 元，部分完工轉入產成品，產成品全部售出，調整生產成本和產品銷售成本。如少提 10,000 元折舊，經過計算轉入 A 產成品 4,000 元，B 產成品 3,000 元，C 產成品 1,000 元。

（4）生產成本有餘額，部分完工轉入產成品，產成品部分售出，調整生產成本、產成品和產品銷售成本。如資料（3）中，完工的產成品 A 銷售 1/2 即 2,000 元，B 銷售 1/2 即 1,500 元，C 銷售 1/2 即 500 元。

要求：編製以上四種情況下業務調整的會計分錄。

本章參考文獻

1. 李定安. 成本會計研究［M］. 北京：經濟科學出版社，2002.
2. 羅紹德. 成本會計學［M］. 成都：西南財經大學出版社，2002.
3. 孫茂竹. 成本管理學［M］. 北京：中國人民大學出版社，2003.
4. 謝靈. 成本會計學［M］. 北京：中國人民大學出版社，2004.
5. 萬壽義. 成本管理研究［M］. 大連：東北財經大學出版社，2007.
6. 王立彥. 成本管理會計［M］. 北京：經濟科學出版社，2005.
7. 胡國強. 成本管理會計［M］. 3 版. 成都：西南財經大學出版社，2012.
8. 於富生. 成本會計學［M］. 北京：中國人民大學出版社，2006.

國家圖書館出版品預行編目(CIP)資料

成本管理會計 / 胡國強，陳春艷主編. -- 第四版.
-- 臺北市：財經錢線文化出版：崧博發行, 2018.10

　面 ；　公分

ISBN 978-986-96840-7-1(平裝)

1.成本會計 2.管理會計

495.71　　　　107017665

書　　名：成本管理會計
作　　者：胡國強、陳春艷 主編
發行人：黃振庭
出版者：財經錢線文化事業有限公司
發行者：崧博出版事業有限公司
E-mail：sonbookservice@gmail.com
粉絲頁　　　　　網　址：
地　　址：台北市中正區延平南路六十一號五樓一室
8F.-815, No.61, Sec. 1, Chongqing S. Rd., Zhongzheng Dist., Taipei City 100, Taiwan (R.O.C.)
電　　話：(02)2370-3310　傳　真：(02) 2370-3210
總經銷：紅螞蟻圖書有限公司
地　　址：台北市內湖區舊宗路二段 121 巷 19 號
電　　話:02-2795-3656　傳真:02-2795-4100　網址：
印　　刷 ：京峯彩色印刷有限公司（京峰數位）

　　本書版權為西南財經大學出版社所有授權崧博出版事業有限公司獨家發行電子書及繁體書繁體版。若有其他相關權利及授權需求請與本公司聯繫。

定價：600元

發行日期：2018 年 10 月第四版

◎ 本書以POD印製發行